高等职业教育“十三五”规划教材（软件技术专业）

ASP.NET（C#）网站开发

（第二版）

主　编　张志明　王　辉

副主编　李　礼　张一帆　高翠玲　赵　洋

中国水利水电出版社
www.waterpub.com.cn
·北京·

内 容 提 要

本书由教学和教材编写经验丰富的一线教师编写，结合高职教学特点和要求，针对课程知识点的具体应用，提供相应的任务范例，详细介绍任务的操作步骤和原理。全书内容深入浅出、循序渐进、突出应用，具有很强的可读性和可操作性。本书从计算机基础知识和基本操作出发，以软件应用为主线，以案例驱动为手段，详细介绍了 ASP.NET 网站开发所需要的专业知识，并提供真实的企业网站开发案例进行综合训练，使得本书的全部内容形成了一个有机的整体，有助于读者对知识的掌握。

本书既可作为高职院校计算机网络技术和信息管理专业理论与实践一体化教材，也可作为 ASP.NET 动态网站开发爱好者的自学教材。

本书提供电子教案和代码源文件，读者可以从中国水利水电出版社网站以及万水书苑下载，网址为：http://www.waterpub.com.cn/softdown/或 http://www.wsbookshow.com。

图书在版编目（CIP）数据

ASP.NET(C#)网站开发 / 张志明，王辉主编. -- 2版
. -- 北京 : 中国水利水电出版社，2019.8
高等职业教育“十三五”规划教材. 软件技术专业
ISBN 978-7-5170-7953-8

Ⅰ. ①A… Ⅱ. ①张… ②王… Ⅲ. ①网页制作工具－程序设计－高等职业教育－教材 Ⅳ. ①TP393.092.2

中国版本图书馆CIP数据核字(2019)第196788号

策划编辑：石永峰　责任编辑：张玉玲　加工编辑：张青月　封面设计：梁　燕

书　名	高等职业教育“十三五”规划教材（软件技术专业） ASP.NET（C#）网站开发（第二版） ASP.NET（C#） WANGZHAN KAIFA
作　者	主　编　张志明　王　辉 副主编　李　礼　张一帆　高翠玲　赵　洋
出版发行	中国水利水电出版社 （北京市海淀区玉渊潭南路 1 号 D 座　100038） 网址：www.waterpub.com.cn E-mail：mchannel@263.net（万水） sales@waterpub.com.cn 电话：（010）68367658（营销中心）、82562819（万水）
经　售	全国各地新华书店和相关出版物销售网点
排　版	北京万水电子信息有限公司
印　刷	三河市鑫金马印装有限公司
规　格	184mm×260mm　16 开本　13.75 印张　335 千字
版　次	2014 年 1 月第 1 版　2014 年 1 月第 1 次印刷 2019 年 8 月第 2 版　2019 年 8 月第 1 次印刷
印　数	0001—3000 册
定　价	39.00 元

第二版前言

随着社会信息化程度的不断提高和电子商务在各行各业的广泛运用，很多企业越来越重视企业形象的动态展示和产品的信息推广，纷纷开设了自己的门户网站和主页。动态网站开发技术已经成为计算机类专业毕业生所必须掌握的专业技术之一。而基于美国微软公司.NET平台的 ASP.NET 开发工具，是初学动态网站开发的理想选择。

本书从动态网站开发的实际需求出发，为满足课程教学“必须，够用”的要求，所述内容均结合案例进行展开。本书合理安排知识结构，从网站开发基础知识开始，由浅入深、循序渐进地讲解了 Visual Studio 软件安装、网站服务器搭建、常用控件使用、ADO.NET 数据访问、文件处理和网站外观设计等内容，并在本书的最后一章，结合企业实际案例进行本书知识点的综合训练。本书共分为 11 章：第 1 章 ASP.NET 开发环境；第 2 章 C#编程基础；第 3 章 常用标准控件；第 4 章 数据验证控件；第 5 章 ADO.NET 数据访问；第 6 章 ADO.NET 数据显示控制；第 7 章 ASP.NET 内置对象；第 8 章 文件处理；第 9 章 外观设计；第 10 章 页面导航；第 11 章 综合实例编程。

本书图文并茂、条理清晰、通俗易懂，在讲解每个知识点时都配有相应的实例，并为每一个实例制作了微课视频，读者可以扫描二维码进行观看，从而方便读者学习。同时，对难以理解和掌握的部分内容给出相应介绍，使读者能够在充分理解知识点的基础上快速提高操作技能。此外，本书在 1～10 章结尾处配有知识拓展，使读者在对该章内容进行巩固提高的基础上，对下一章的内容进行一定的接触，起到了承上启下的作用。

本书由河南牧业经济学院的张志明、王辉担任主编，李礼（武汉软件工程职业学院）、张一帆、高翠玲（河南农业职业学院）、赵洋担任副主编。武茜、许朝侠、段红玉、孙雅娟、马金素也参与了本书的编写和微课录制工作。本书在编写过程中参阅了大量的文献和著作，并得到了一些学院的领导、专家和许多老师的大力支持，在此深表感谢。

由于编者水平有限，加之时间仓促，书中不妥之处在所难免，恳请广大读者批评指正。本书参考和借鉴了一些网络上和书本上的资料，已在参考文献中列出，在此对这些资料的提供者表示感谢，不当之处敬请批评指正。

编 者

2019 年 5 月

第一版前言

随着社会信息化程度的不断提高和电子商务在各行各业的广泛运用，企业越来越重视企业动态和产品的信息推广，各行各业普遍开设了自己的门户网站和公司主页。动态网站开发技术已经成为计算机类专业毕业生所必须掌握的专业技术之一。而基于微软公司.NET平台的ASP.NET开发工具是初学动态网站开发的理想选择。

本书从动态网站开发实际需求出发，本着高职教育“必须，够用”的原则，所用教学内容结合案例教学展开。合理安排知识结构，从网站开发基础知识开始，由浅入深、循序渐进地讲解了Visual Studio软件安装、网站服务器搭建、常用控件使用、ADO.NET数据访问、文件处理和网站外观设计等内容。并在本书的最后一章，结合企业实际案例进行本书知识点的综合训练。本书共分为10章：第1章 ASP.NET开发环境；第2章 常用标准控件；第3章 数据验证控件；第4章 ADO.NET数据访问；第5章 ADO.NET数据显示控制；第6章 ASP.NET内置对象；第7章 文件处理；第8章 外观设计；第9章 页面导航；第10章 综合实例编程。

本书图文并茂、条理清晰、通俗易懂，在讲解每个知识点时都配有相应的实例，方便读者上机实践。同时，在难以理解和掌握的部分内容上给出相应介绍，让读者能够在充分理解知识点的基础上，快速提高操作技能。此外，本书在1～10章的结尾处配有知识拓展，让读者在对该章内容进行巩固提高的基础上，对未来章节内容有一定的接触，起到承上启下的作用。

本书由河南牧业经济学院张志明、王辉任主编，陈炎龙、马金素、张一帆任副主编。其中，王辉编写了第1章和第9章；张志明编写了第4章和第6章；陈炎龙编写了第2章和第3章；张一帆、李建荣编写了第5章和第10章；马金素编写了第7章和第8章。同时，武茜、段红玉、郝玉东、吴慧玲也参与了本书部分编写工作。在本书的编写过程中，参阅了大量的文献和著作，并得到了学院领导、专家和广大老师的鼎力支持，在此深表感谢。

由于编者水平有限，时间仓促，不妥之处在所难免，衷心地希望广大读者批评指正。本书应用了大量的网络和书本资料，个别参考文献可能没有一一显示在参考文献中，敬请作者谅解。

编 者

2013年12月

目　　录

第 1 章　ASP.NET 开发环境

【学习目标】

通过本章知识的学习，读者首先对 Web 基础知识有些初步了解；在此基础上，学习、掌握 ASP.NET 开发环境的安装、配置、测试方法，并利用 Visual Studio 2017（VS2017）开发环境创建一个动态网站。通过本章内容的学习，读者可以达到以下学习目的。

- 了解 Web 系统三层结构的含义。
- 掌握 IIS、Framework 和 Visual Studio 2017 的安装方法。
- 掌握 ASP.NET 网站开发环境的配置方法。
- 了解 ASP.NET 网站页面处理过程。
- 掌握利用 VS2017 创建网站的方法。

1.1　情景分析

ASP.NET（Active Server Pages .NET）作为当前最流行的动态网站开发工具之一，具有可管理性强、安全系数高、易于部署等诸多优点。但有不少初学者在配置互联网信息服务（Internet Information Services，IIS）、.NET Framework（微软 Microsoft .NET 框架结构）和虚拟目录时，无从下手。其实 IIS、.NET Framework 和虚拟目录，以及 Visual Studio 的安装和配置并不复杂，只要掌握正确的安装顺序和配置方法，实际操作还是相当容易的。

通过对本章内容的学习，读者可以掌握 ASP.NET 网站环境设置的相关知识，并可成功创建一个能够动态显示用户登录信息的 ASP.NET 网页（根据用户输入的不同用户名，动态显示用户信息），效果如图 1-1 所示。

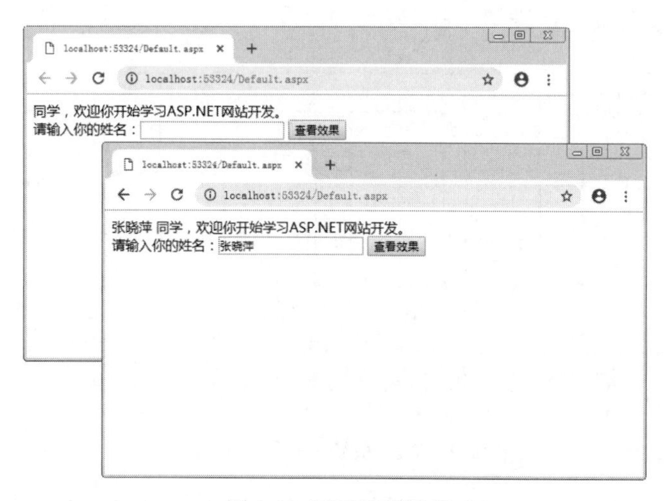

图 1-1　网页运行效果

1.2 Web 基础知识

1.2.1 C/S 结构和 B/S 结构

C/S（Client/Server，客户端/服务器端）结构是软件系统的一种常见体系结构，它可以充分利用 Client 端和 Server 端的硬件条件优势，将任务合理地分配到客户端和服务器端来完成，从而达到有效降低系统通信开销的目的。目前，大多数应用软件开发都是利用 C/S 形式的两层结构来实现的。未来的应用软件正在向分布式 Web 应用发展。由于 Web 和 C/S 应用都可以进行同样的业务处理，只是应用了不同的模块共享逻辑组件。因此，内部的和外部的用户都可以访问新的和已有的应用程序，通过现有应用系统中的逻辑扩展出新的应用系统，这也是未来应用系统的一个发展方向。

B/S（Browser/Server，浏览器/服务器）结构是随着 Internet 技术的兴起，对 C/S 结构进行的一种变化或者改进的结构。在这种结构下，用户工作界面通过 WWW 浏览器来实现，极少部分事务逻辑在前端浏览器（Browser）实现，而主要事务逻辑集中在服务器端（Server）实现，形成三层结构。这样就大大减轻了客户端计算机的负担，减轻了系统维护与升级的成本和工作量，客户端只需要安装浏览器，就可以完成相应的操作。

相比较而言，C/S 结构是建立在局域网基础上的，而 B/S 结构则主要是建立在广域网基础上的。以目前的网络发展和开发技术来看，采用 B/S 结构通过 Internet/Intranet 模式进行数据库访问的网络应用，能够实现不同接入方式（如 LAN、WAN、Internet/Intranet 等）的访问和操作，在系统开发难易程度和数据库安全，以及系统的后期维护等多个方面都具有显著优势，因而被广大软件开发人员所青睐。

1.2.2 Web 系统三层架构

Web 系统的三层架构，指的是将系统的整个业务应用划分为表示层、业务逻辑层和数据访问层，如图 1-2 所示。架构中的层与层之间相互独立，任何一层的改变都不影响其他层的功能，因此有利于系统的开发、维护、部署和后期扩展。

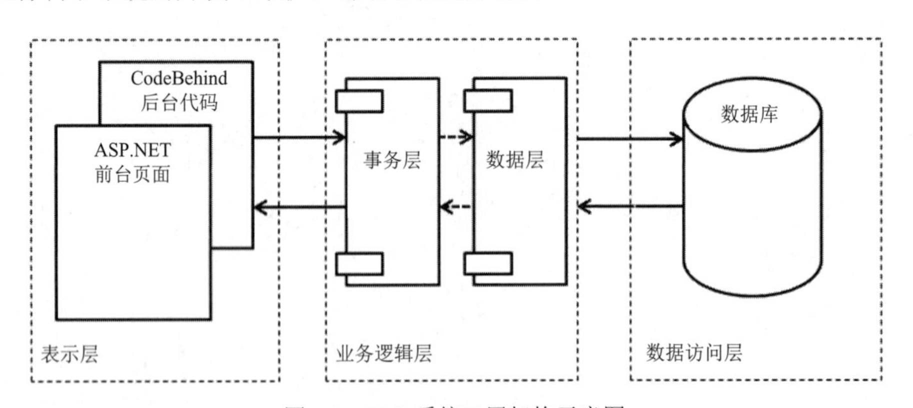

图 1-2 Web 系统三层架构示意图

（1）表示层：负责直接与用户进行交互，一般是指系统界面，用于数据输入和结果显示等，完成人机之间的交互。

（2）业务逻辑层：主要负责系统数据有效性的验证工作，以便更好地保证程序运行的健壮性，如数据输入的格式、值域范围验证等。

（3）数据访问层：负责完成对后台数据库的数据操作，如执行数据的添加、修改和删除等命令。

1.2.3　ASP.NET 工作原理

ASP.NET 作为网络应用程序开发的先进工具，其工作原理是以网络传输为基础的，符合 Web 系统三层架构特点。

为了方便介绍 ASP.NET 的工作原理，下面首先来介绍一下传统的 ASP 应用程序工作原理。客户端通过浏览器向 Web 服务器发送访问请求，然后 Web 服务器再向数据库服务器提出操作请求，数据库服务器根据请求对数据进行相应的数据处理，再把数据处理结果返回到 Web 服务器，Web 服务器将最终结果显示到客户端浏览器，如图 1-3 所示。此过程是典型的动态网页工作原理。

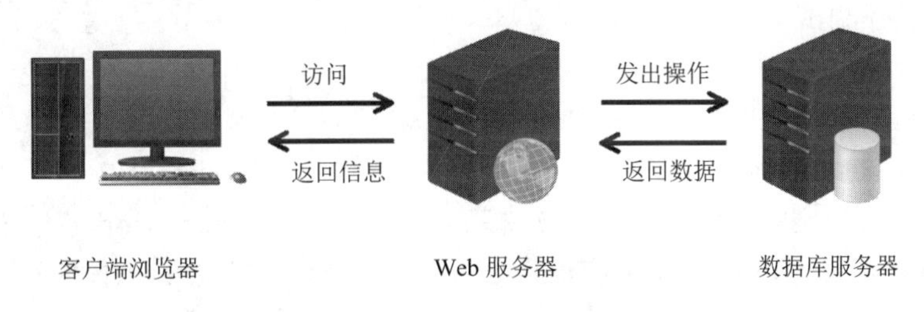

图 1-3　ASP 应用程序工作原理

与 ASP 应用程序的工作原理类似，ASP.NET 同样也是采用上述的工作方式，其不同之处在于 ASP.NET 程序在被访问时要预先编译成 MSIL（Microsoft Intermediate Language）语言，然后，MSIL 再进一步被编译成机器语言进而执行。MSIL 包含装载、初始化、调用对象的方法等指令及操作，与机器语言十分接近，具有执行速度快的特点。使用 MSIL 具有以下 3 个方面的好处。

（1）通过 JIT（Just In Time）编译器将 MSIL 编译成机器码，由于不同的计算机系统支持不同的 JIT 编译器，因此将相同的 MSIL 通过不同的 JIT 编译器编译后，便能实现 MSIL 的跨平台运行。

（2）采用 MSIL 实现了.NET 框架对多种程序语言的支持，因为任何可编译成 MSIL 的程序语言，都可以被.NET 应用程序所使用，如常见的 C#、VB 等。

（3）ASP.NET 程序在第一次被访问时，先被编译成 MSIL，再被调用执行。相对于 ASP 程序而言，该处理时间似乎变得更长。然而，当 ASP.NET 程序被再次调用时，系统将直接把 MSIL 编译后执行，其执行速度要明显快于 ASP 程序。由此一来，程序的总体执行效率得到了大幅度的提高。

1.3 ASP.NET 开发环境配置

1.3.1 ASP.NET 的运行环境

1. 软件环境

（1）操作系统。Windows 7 SP1、Windows Server 2012 R2、Windows 8.1、Windows Server 2016，或者 Windows 10 及其以上等各版本均可。本书采用 Windows 7 专业版操作系统进行介绍，其他版本的操作系统与之类似，读者可以参考 Windows 7 系统进行操作。

（2）服务器软件。Internet Information Services（IIS）6.1、.NET Framework 4.6、Microsoft Data Access Components（MDAC），或者此版本以上的高级软件版本均可。本书主要采用的是 IIS 6.1，.NET Framework V4.5 和 MDAC 2.6 版本。

（3）客户端软件。Chrome 30.0、Internet Explorer（IE）6.0 以上版本均可。本书主要采用谷歌浏览器 Chrome 70.0 版本进行演示，为了获得更好的网页浏览效果，建议读者采用主流的高版本浏览器，如谷歌浏览器 Chrome、微软 Edge 浏览器和火狐浏览器 Firefox 等。本书主要使用 Chrome 进行测试。

提示：

- Windows 7 家庭普通版，不支持本地 Web 应用程序开发。
- Windows 2000 Datacenter Server 系统不能安装 Visual Studio 2017。
- 安装 Visual Studio 2017 前，系统应安装 IIS 6.1 和.NET Framework 4.5，或者更高版本，以便顺利安装。否则，Visual Studio 2017 的部分功能可能会被限制。

2. 硬件环境

（1）中央处理器 CPU。CPU 要求主频为 1.8GHz，或性能更高的主流处理器。

（2）内存 RAM。最低要求 2GB 内存以上，为了保证程序反应速度，建议使用 4GB 以上内存。

（3）磁盘驱动器。典型安装需要 20～50GB 的磁盘空间，所需具体硬盘空间取决于软件安装的功能模块选择。

上述软件运行环境为满足 Visual Studio 2017 社区版能够正常运行的最低要求。为了提高开发效率，建议读者采用高性能计算机，正可谓“工欲善其事，必先利其器”，就是说的这个道理。

1.3.2 安装 IIS 服务

扫码看视频

IIS（Internet Information Services）是微软 Microsoft Windows 平台集成的重要 Web 技术。它的可靠性、安全性和可扩展性都非常出色，能够很好地同时支持多个 Web 站点，是微软公司主推的 Web 服务器。IIS 为用户提供了简捷的方式共享信息、建立和部署企业应用程序、建立和管理 Web 网站。借助于 IIS，用户可以轻松地完成测试、发布、应用和管理 Web 页面和 Web 站点。

一般情况下，服务器版的 Windows 操作系统中，IIS 会作为系统组件预装在计算机操作系统里，而非服务器版的 Windows 需要读者自行安装。IIS 的安装比较简单，大约需要几分钟时间。下面以 Windows 7 专业版为例，介绍 IIS 6.1 的安装方法。

（1）单击“开始”菜单，选择“控制面板”命令打开“控制面板”窗口。

（2）调整“控制面板”的“查看方式”为“类别”，然后选择“程序”组下的“卸载程序”命令打开“程序和功能”窗口，如图 1-4 所示。

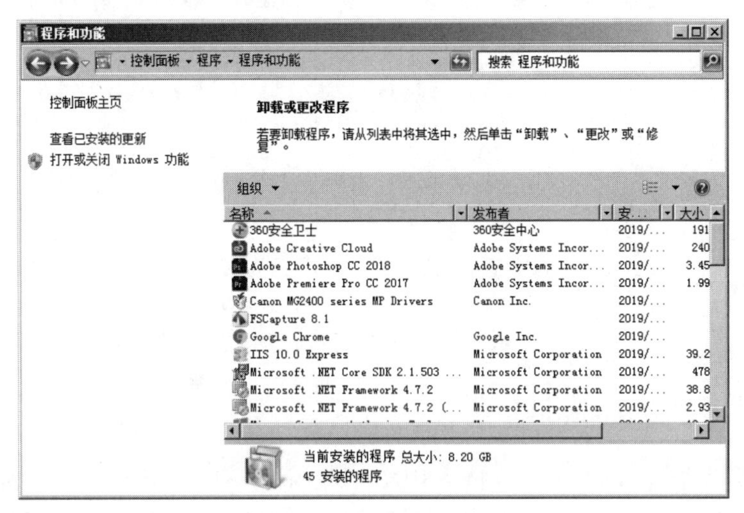

图 1-4　“程序和功能”窗口

（3）选择窗口左侧的“打开或关闭 Windows 功能”命令打开“Windows 功能”窗口（1）。展开“Internet 信息服务”项，选择“Web 管理工具”项，并依次展开“万维网服务”下的“安全性”项目，选择该项目下的“Windows 身份验证”和“请求筛选”选项，如图 1-5 所示。

（4）展开“万维网服务”下的“应用程序开发功能”项目，选择该项目下的“.NET 扩展性”和“ASP.NET”选项，以及与之相关联的“ISAPI 扩展”和“ISAPI 筛选器”选项，如图 1-6 所示。

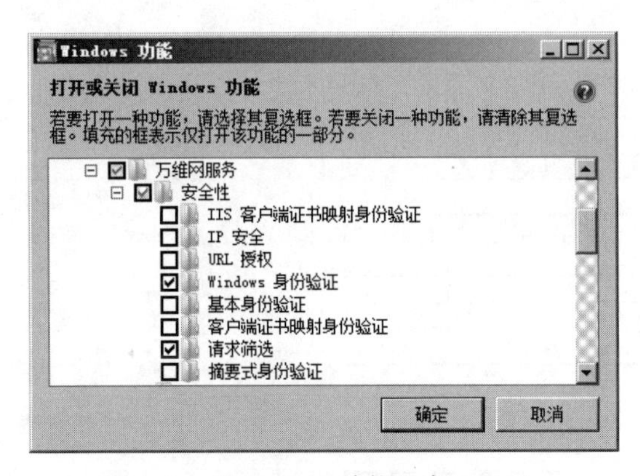

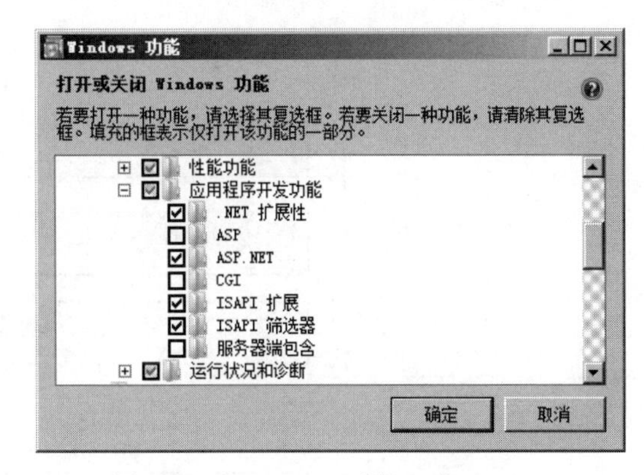

图 1-5　“Windows 功能”窗口（1）

图 1-6　“Windows 功能”窗口（2）

（5）完成上述各项功能服务选择后，单击“确定”按钮，启动“Windows 功能”对话框，逐步完成软件安装。

IIS 安装成功后，建议重启计算机。可以通过“控制面板”对上述设置进行验证。设置“控制面板”的查看方式为“大图标”，选择“管理工具”命令打开“管理工具”窗口，若该窗口中出现“Internet 信息服务（IIS）管理器”图标，即表示 IIS 安装成功，如图 1-7 所示。

图 1-7　“管理工具”窗口

1.3.3　安装.NET Framework

IIS 信息服务安装完成后，为了支持 ASP.NET 应用程序工作，还必须安装.NET Framework，用户可以通过微软官网（https://www.microsoft.com/en-us/download/details.aspx?id=48130）进行下载。如果前期已安装了 Visual Studio 2017（以后简称 VS2017）软件，则软件安装过程中会默认绑定安装.NET Framework 4.5，若未安装 VS2017 软件，则需自行下载安装。由于.NET Framework 的安装过程简单，在此不再赘述。需要提醒读者的是，在安装.NET Framework 之前，应首先安装 IIS 信息服务。

扫码看视频

.NET Framework 是.NET 平台的核心，它主要由公共语言运行库（Common Language Runtime，CLR）和.NET Framework 类库（Framework Class Library，FCL）两部分构成。.NET Framework 的组成如图 1-8 所示。

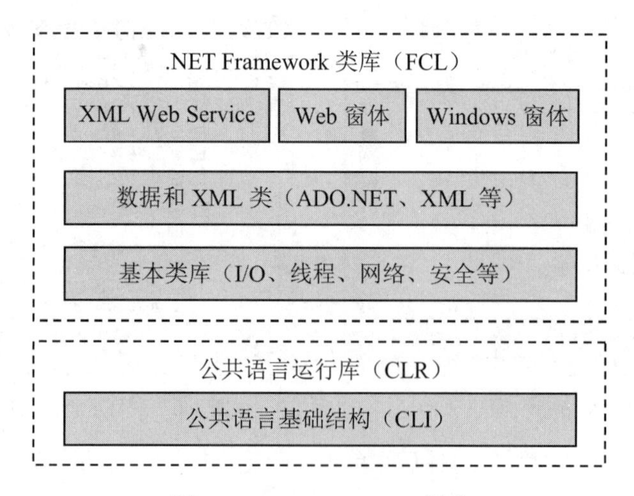

图 1-8　.NET Framework 组成

1.3.4　测试 ASP.NET 环境

成功安装 IIS 信息服务和.NET Framework 后，系统就具备了运行 ASP.NET 应用程序的环境。下面我们通过运行一个简单的 ASP.NET 程序来进行环境测试。

扫码看视频

【例 1-1】使用记事本创建第一个 ASP.NET 程序（Ex01.aspx）。

```
<%@ Page Language="C#" %>
<%
    Response.Write("这是一个 ASP.NET 环境测试程序。");
%>
```

把文件保存为 Ex01.aspx（aspx 是 ASP.NET 网页文件的扩展名），并移动到“C:\inetpub\wwwroot”目录下（该目录为 IIS 信息服务默认站点的保存位置）。然后启动浏览器，在地址栏里输入 http://localhost/Ex01.aspx，按 Enter（回车）键则启动上述网页文件，运行效果如图 1-9 所示。

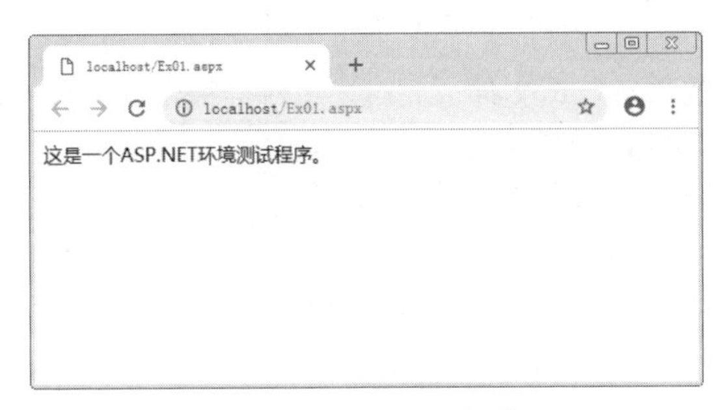

图 1-9　Ex01.aspx 运行结果

提示：

- 上述网页文件的保存位置是由 IIS 下的默认站点位置决定，默认在“C:\inetpub\wwwroot”目录下。
- 用户也可以将文件保存至其他网站目录下，这需要用户在 IIS 下事先创建网站，具体的网站创建方法，请读者参阅 1.5 节内容。

1.3.5　安装 Visual Studio

扫码看视频

开发 ASP.NET 应用程序可以通过多种工具实现，如 Dreamweaver、文本编辑工具等。但 ASP.NET 的主流开发工具是微软公司推出的 Visual Studio 软件，它提供了优秀的设计和开发环境，集成了 Visual C#、Visual J#、Visual C++、Visual Basic 等多种内置开发语言，有助于创建混合语言解决方案。

目前，市场上主要有 VS2008、VS2010、VS2015 和 VS2017 等多个版本，而每个版本又可以进一步细分为社区版、标准版、专业版和团队协作版等不同版本。根据教学的需要，本书所有内容均采用 VS2017 社区版（Visual Studio Community 2017）来进行讲述。VS2017 社区版和其他商业版本相比有下述特点，它是免费的且包含了创建 Web 应用程序所需的所有功能和工具，与商用版兼容，非常适合学习和进行中小企业网站开发。

安装 VS2017 社区版时，要求系统必须安装有.NET Framework 4.6 以上版本软件作为基础，所以用户要事先安装.NET Framework 4.6 软件，安装方法前面已经进行了介绍。下面我们以

VS2017 社区版的安装为例，详细介绍其安装方法。

（1）访问微软官方网站 https://visualstudio.microsoft.com/zh-hans/downloads/，单击“社区”所对应的“免费下载”链接，即可下载 VS2017 社区版安装引导程序，如图 1-10 所示。

图 1-10　微软 VS2017 社区版下载界面

（2）下载完成后，双击运行该文件。此时，系统会提示安装提示，如图 1-11 所示。用户只需单击“继续”按钮即可启动 VS2017 安装引导程序。

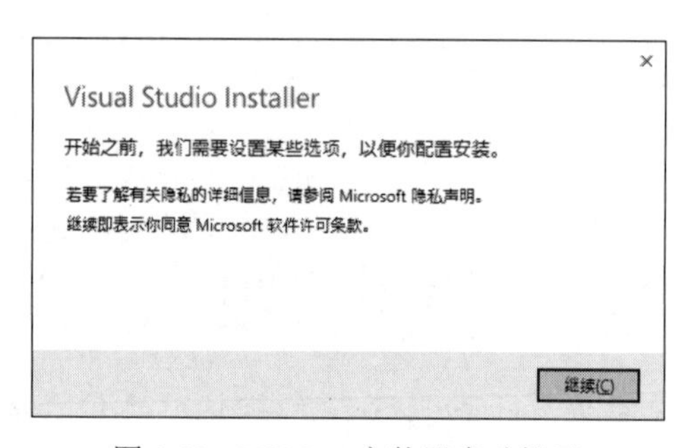

图 1-11　VS2017 安装器启动提示

（3）VS2017 安装引导程序会连接微软服务器，下载 VS2017 社区版安装器，并自动开始安装。安装器安装完成后，会启动 VS2017 安装选项窗口，如图 1-12 所示。

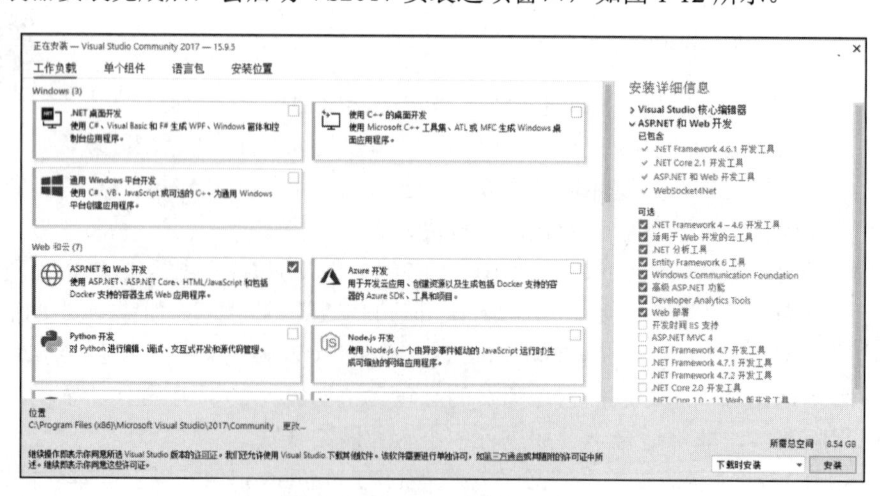

图 1-12　VS2017 安装选项窗口

（4）在安装选项窗口中，选择“ASP.NET 和 Web 开发”选项，此时窗口右侧会出现该选项所对应的详细工具和组件。软件默认安装在系统分区上。读者可以通过“安装位置”选项卡修改软件的安装路径。

（5）设置完成后，单击“安装”按钮启动 VS2017 安装程序，连接微软官方网站下载和安装，如图 1-13 所示。

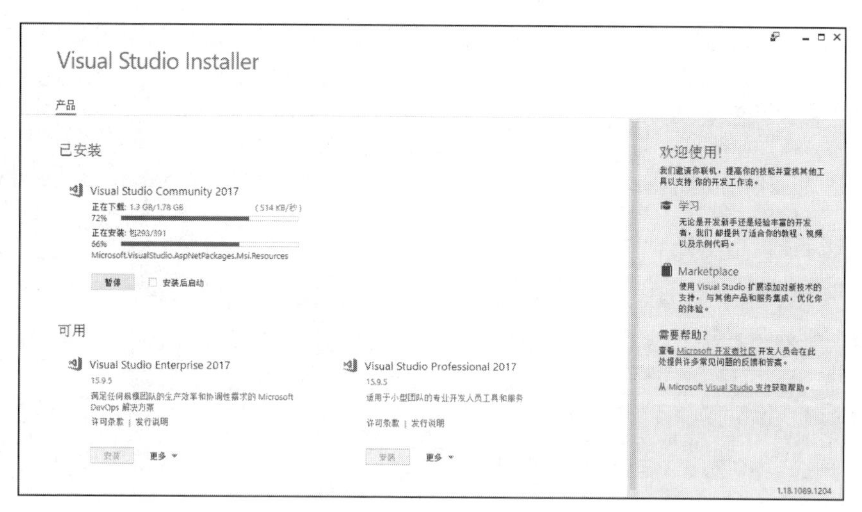

图 1-13　VS2017 安装界面

（6）VS2017 安装器为了节约安装时间，采用的是边下载边安装的方法。同时，在软件安装界面，默认勾选了“安装后启动”选项，即安装完成后启动 VS2017。由于 VS2017 安装完成后，系统需要重启电脑，所以建议取消“安装后启动”选项。安装完成后，系统会出现安装成功和“需要重启”提示，如图 1-14 所示。

图 1-14　VS2017 安装成功

（7）单击“重启”按钮重启电脑，并完成 VS2017 软件的安装。

1.4　初识 Visual Studio 2017

1.4.1　Visual Studio 简介

编写 ASP.NET 应用程序，并不是必须安装 Visual Studio 2017 软件。因为 VS2017 提供了非常优秀的设计和开发环境，如所见即所得的界面设计、简单快捷的代码智能感知编程、灵活实用的代码分离思想，以及动态调试和跟踪等实用功能设计，为开发人员编辑、调试 ASP.NET 程序带来了极大的方便，所以建议读者在编写 ASP.NET 应用程序时，安装 VS2017 软件。

下面以打开网页文件 Default.aspx 的界面为例来介绍 VS2017 的主要开发界面。默认情况下，VS2017 工作环境中显示多个窗口，考虑到开发过程中的使用频率与操作便捷性，用户可以通过单击“自动隐藏”按钮将相应的窗口隐藏，也可以单击“关闭”按钮将不常用的窗口在工作界面上关闭。这里根据作者的习惯，仅保留了部分常用窗口，如图 1-15 所示。

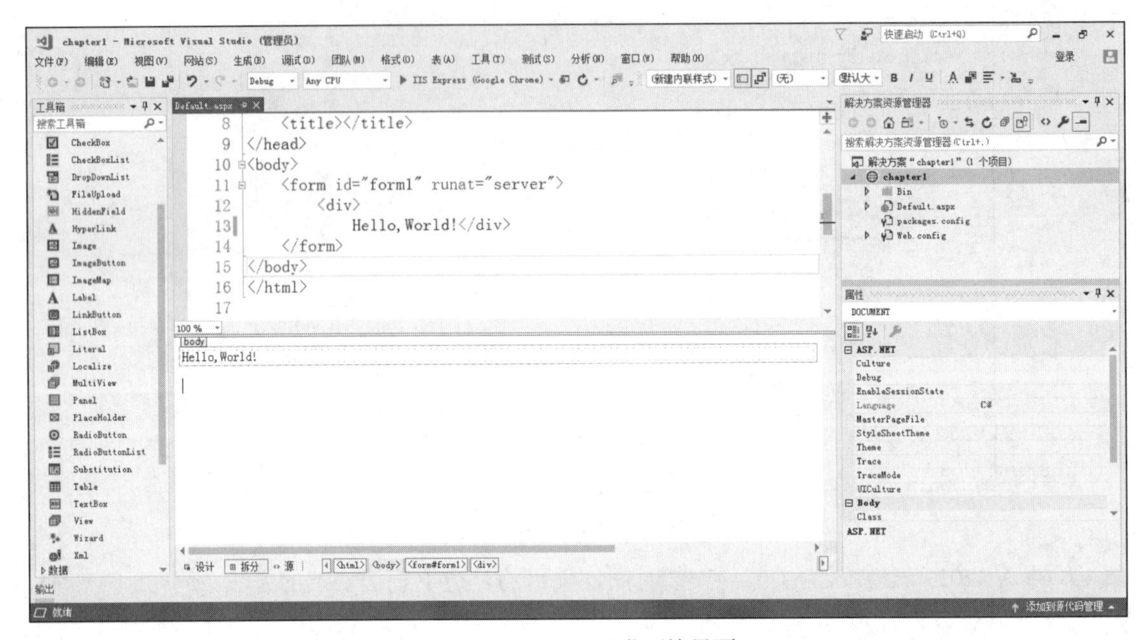

图 1-15　VS2017 开发环境界面

VS2017 开发界面的上方是菜单栏，它提供了软件的所有可视操作功能。菜单栏下面是工具栏（默认包括“标准”和“格式设置”两部分），它提供了部分常用菜单项的快捷方式。界面左侧有“工具箱”窗口，它会针对不同类型的页面，提供不同组合的控件列表。界面右侧为“解决方案资源管理器”和“属性”窗口。其中，“解决方案资源管理器”是组织、管理目前正在编辑的项目，通过它可以完成创建、重命名、删除等文件操作。用户可以通过“属性”窗口设置控件和网页元素的属性值，非常适用于初学者。界面中间部分是 VS2017 开发界面的主窗口，它是页面设计和代码编写的主要场所。该编辑区有“设计”“拆分”和“源”三种视图显示方式。其中，“设计”视图呈现页面的设计界面，“拆分”视图同时显示设计和源代码界面，“源”视图显示页面的源代码。用户可以通过单击该界面上的相应按钮，根据需要进行视图显示方式的切换。

上述的每个窗口都有一个“自动隐藏”按钮，它表示当用户不再使用此窗口时，窗口会自动隐藏到界面的边缘。单击“自动隐藏”按钮，图标会变成。此时，窗口将一直展开直到用户再次单击它为止。用户若不需要此窗口也可以单击“关闭按钮”，将其关闭。

这些窗口可以自由设置、调整、组合，给开发编程提供了极大的方便。下面就几个常用的窗口进行介绍。

1. “工具箱”窗口

在 VS2017 开发环境中，工具箱窗口主要包含了分类显示的各种控件列表，如“标准”“数据”“验证”等。在 Web 窗体设计视图下，用户可以直接通过拖拽（或双击）工具箱中的控件，实现相应控件的添加。

2. “解决方案资源管理器”窗口

在 VS2017 中，属于同一应用程序的一组相关内容称为解决方案。“解决方案资源管理器”窗口显示了每个项目的树状列表，包括各个项目的引用和组件。该窗口顶部有一系列按钮，这些按钮根据所选项目不同而显示不同。通过这些按钮，用户可以实现查看项目中的所有文件、文件属性、文件代码和视图设计器等操作。

3. “属性”窗口

在设计 Web 窗体应用程序界面时，读者可以直接通过“属性”窗口来设置所选控件的属性，省去了编写代码的烦琐，提高了系统开发效率。

1.4.2　创建 ASP.NET 网站

通过前面内容的学习，读者对 ASP.NET 已经有了初步了解。下面我们就利用 VS2017 开发一个简单的 Web 应用程序实例，以此来简要说明 VS2017 的使用方法。

【例 1-2】使用 VS2017 创建管理方案，并在该管理方案下创建一个 ASP.NET 网站。

扫码看视频

（1）启动 VS2017 程序，依次执行“文件”→“新建”→“项目”命令打开“新建项目”对话框，如图 1-16 所示。

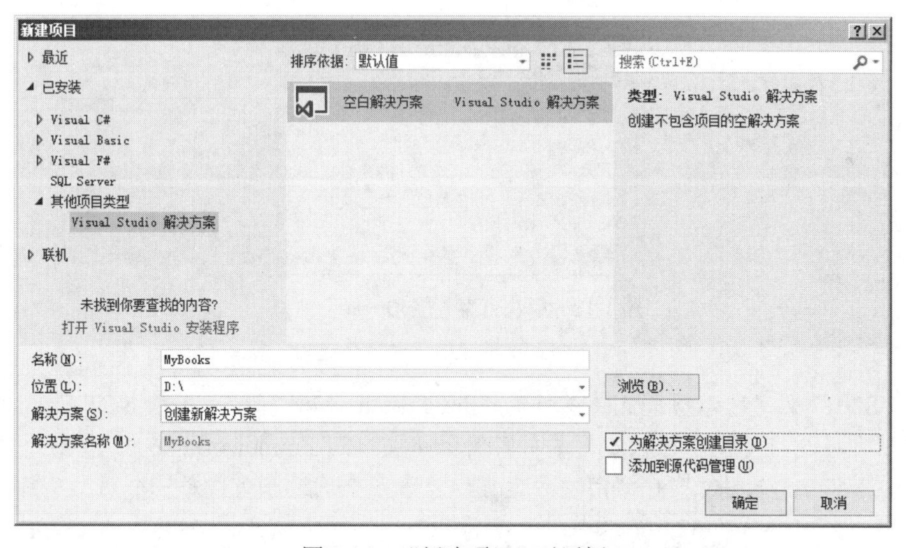

图 1-16　“新建项目”对话框

（2）选择“新建项目”对话框左侧的“其他项目类型”→“Visual Studio 解决方案”命令，并选择右侧窗口中的“空白解决方案”选项，然后依次输入项目“名称”、存储“位置”，勾选“为解决方案创建目录”复选框，单击“确定”按钮，即可完成项目的创建。

（3）项目创建完成后，VS2017 会自动打开该项目。用户可以通过右击“解决方案资源管理器”窗口的“解决方案 MyBooks”，依次执行快捷菜单中的“添加”→“新建项目”命令，打开“添加新项目”对话框，如图 1-17 所示。

图 1-17 “添加新项目”对话框

（4）依次选择“添加新项目”对话框左侧的“Visual C#”→“Web”→“先前版本”命令，并在右侧详细项目中选择“ASP.NET 空网站”选项。然后为新网站项目输入“名称”和选择“框架”版本号，单击“确定”按钮完成网站项目的创建。此时“解决方案资源管理器”窗口中的内容如图 1-18 所示。

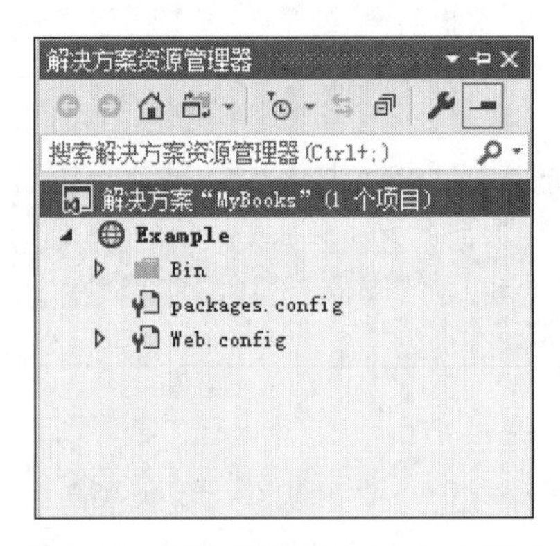

图 1-18 解决方案“MyBooks”窗口

提示：

- VS2017 新建网站项目支持多版本的.NET Framework，除了支持.NET Framework 4.6 外，还支持早期多种版本。本书实例全部按.NET Framework 4.6 版本进行讲解。
- 在 VS2017 软件中，一个解决方案可以包含多个网站项目，每一个网站项目都是一个独立的 Web 应用程序。本书所涉及的案例，全部以 MyBooks 解决方案和 Example 网站项目为背景。
- 本书中所采用的编程语言全部是“C#”语言，今后不再特别说明。

（5）网站创建完成后，系统会自动创建两个网站配置文件 packages.config 和 Web.config，以及一个系统文件夹 Bin。以后创建的网页文件都将存放在 Example 文件夹内。

1.4.3 创建 Web 页面

完成 ASP.NET 网站的创建后，接下来的工作就是创建 Web 页面了。通常，一个 ASP.NET

网页由可视元素文件和逻辑编程文件组成。可视元素文件（扩展名为 aspx）包括网页元素的标记、服务器控件和静态元素等内容；逻辑编程文件（扩展名为 aspx.cs）包括事件处理程序和其他程序代码。

【例 1-3】在 Example 网站中创建 Default 页面，实现在文本框中输入用户姓名，单击“查看效果”按钮后，用户姓名动态地添加到欢迎语句（Default.aspx）。

扫码看视频

（1）在“解决方案资源管理器”窗口中，右击“Example”网站，依次执行“添加”→“添加新项”快捷命令，打开“添加新项 - Example”对话框，如图 1-19 所示。

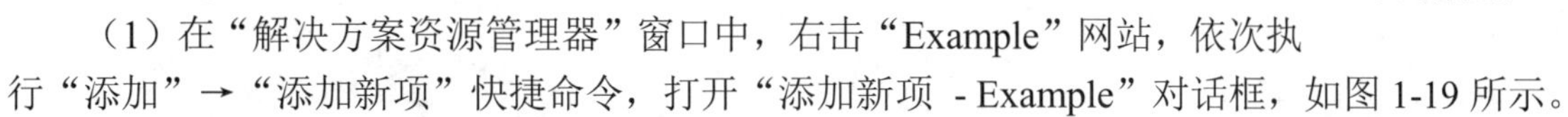

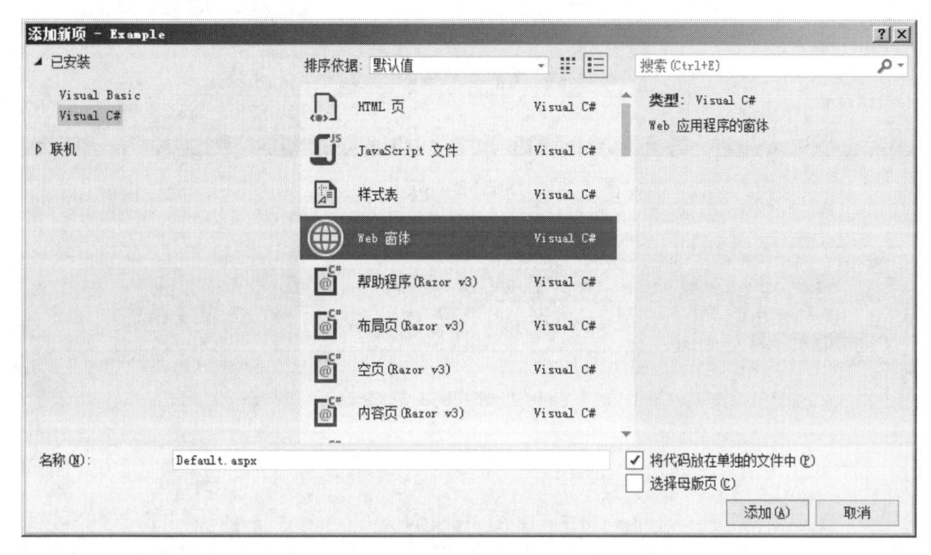

图 1-19　“添加新项 - Example”对话框

（2）在窗口左侧选择“已安装”→“Visual C#”命令，在窗口右侧详细项目列表中选择“Web 窗体”项，勾选“将代码放在单独的文件中”复选框，并输入名称 Default.aspx，然后单击“添加”按钮，完成网页文件的添加。

（3）Default.aspx 文件创建完成后，系统会自动打开该文件。我们在“设计”视图下，通过双击工具箱“标准”控件组下的 Label 控件（或者用鼠标拖拽 Label 控件到网页文件），将该控件添加到网页，然后选择该控件，在“属性”窗口中分别设置其 ID 和 Text 属性，ID 属性为 lblname，Text 属性为空值。

（4）在 Label 控件后输入“同学，欢迎你开始学习 ASP.NET 网站开发！”。按 Enter 键换行，继续输入“请输入你的姓名：”，随后用工具箱添加一个 TextBox 控件和一个 Button 控件。分别设置 TextBox 控件的 ID 属性为 txtname、Button 控件的 Text 属性为“查看效果”，如图 1-20 所示。

（5）双击“查看效果”按钮，打开代码文件 Default.aspx.cs 编辑窗口。将光标定位到 Button1_Click 事件内，输入下面代码，如图 1-21 所示。

```
lblname.Text = txtname.Text;
```

（6）完成后，保存文件，并单击工具栏上的“IIS Express（Google Chrome）”按钮（或者按 F5 键）运行 Web 应用程序调试，即可启动浏览器，显示的网页效果如图 1-1 所示。

图 1-20　Default.aspx 编辑窗口

```
10      protected void Page_Load(object sender, EventArgs e)
11      {
12
13      }
14
15      protected void Button1_Click(object sender, EventArgs e)
16      {
17          lblname.Text = txtname.Text;
18      }
19  }
```

图 1-21　Default.aspx.cs 编辑窗口

该案例中的页面由两个文件组成，即 Default.aspx 页面文件和 Default.aspx.cs 事件代码文件。Default.aspx 中的主要内容（源代码）如下：

```
<asp:Label ID="lblname" runat="server"></asp:Label>
同学，欢迎你开始学习 ASP.NET 网站开发！<br />
请输入你的姓名：<asp:TextBox ID="txtname" runat="server"></asp:TextBox>
<asp:Button ID="Button1" runat="server" onclick="Button1_Click" Text="查看效果" />
```

程序说明：

- Label、TextBox 和 Button 控件的 runat 属性值为"server"，表示该控件在 Server 端执行，控件属于服务器控件。
- 控件的 ID 属性是控件的唯一标识，相当于控件的身份证号。如果程序代码中要引用该控件，就必须知道控件的 ID 属性。

- 控件的 Text 属性是控件所要显示的内容，而非控件标识，且允许为空值。
- Button 控件的 onclick 事件属性值，表示该控件被单击时所要激发的后台事件名称。

Default.aspx.cs 文件中的主要内容（事件代码）如下：

```
public partial class _Default : System.Web.UI.Page
{
    protected void Page_Load(object sender, EventArgs e)
    {
    }
    protected void Button1_Click(object sender, EventArgs e)
    {
        lblname.Text = txtname.Text;
    }
}
```

代码说明：

- 该页面中有 Page_Load 和 Button1_Click 两个事件，前者是网页加载时所要激发的事件，后者是 Button1 控件被单击时要激发的事件。若事件内容为空，则表示没有任何事件代码被激发。
- Button1_Click 事件代码的含义是，当 Button1 被单击时，lblname 控件的 Text 属性被赋值为 txtname 控件的 Text 属性值。

1.5　知识拓展

扫码看视频

1.5.1　IIS 创建网站

在 VS2017 环境下，选择“调试”→“启动调试”菜单命令，或者单击工具栏上的“IIS Express（Google Chrome）”按钮，或者按 F5 键，都可以调试网站。但以这几种方式调试网站的时候，用户不能同时对网站内容进行编辑。而且，利用这几种调试方式必须安装 Visual Studio 软件环境，而一旦脱离 Visual Studio 软件，网站将不能正常执行。在此情况下，就需要用 IIS 创建网站的方法了。

IIS 的默认网站主目录位于操作系统所在分区的“inetpub”文件夹，较为常见的是位于“C:\inetpub\ wwwroot”文件夹下。而更多的时候，用户开发的网站并不在此文件下，而是存放在其他比较随意的位置。我们通过 IIS 创建网站管理，就可以将目录文件从逻辑上包含到某个网站中来，从而使得其他目录中的文件内容也能通过网站进行发布，这在一定程度上提高了网站的安全性和保密性。

【例 1-4】在 IIS 中创建网站，实现脱离 VS2017 软件环境浏览网站。

扫码看视频

（1）依次启动“控制面板”→“管理工具”→“Internet 信息服务（IIS）管理器”，打开“Internet 信息服务（IIS）管理器”窗口，如图 1-22 所示。

（2）依次展开“本地计算机”→“网站”，右击“网站”文件夹，在弹出的快捷菜单中选择“添加网站”命令打开“添加网站”对话框。在该对话框中，依次输入网站名称、物理路径、本机 IP 地址和端口号，如图 1-23 所示。

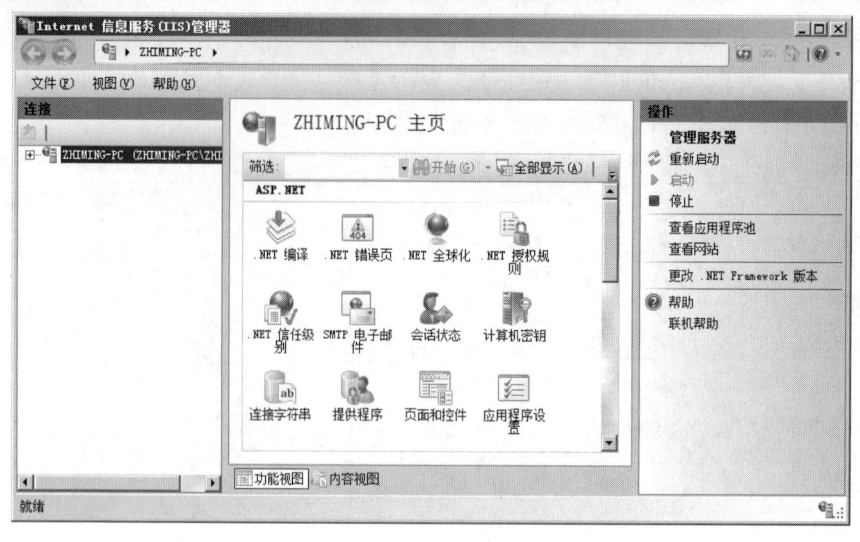

图 1-22　“Internet 信息服务（IIS）管理器”窗口

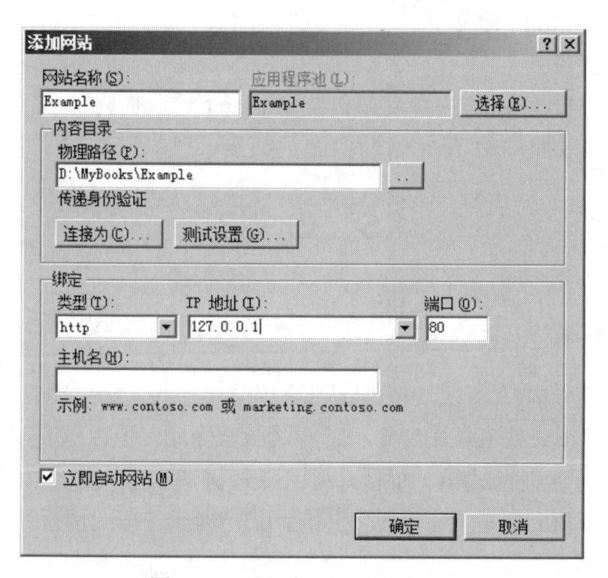

图 1-23　“添加网站”对话框

（3）完成设置后，单击“确定”按钮启动网站。

（4）考虑到.NET Framework 版本和 32 位系统兼容性问题，还需要对该网站对应的应用程序池进行设置。首先单击“IIS 管理器”左侧的“应用程序池”选项，在右侧列表中找到刚才创建的网站名称（如 Example），右击该名称，选择“高级设置”快捷命令，启动“高级设置”对话框，如图 1-24 所示。

（5）在“高级设置”对话框中，分别设置“常规”下的“.NET Framework 版本”为 V4.0，“启用 32 位应用程序”为 True，单击“确定”按钮完成设置。

（6）在 IIS 中选择该网站，在右侧窗口中单击下方的“内容视图”选项卡，切换到“内容视图”界面，如图 1-25 所示。

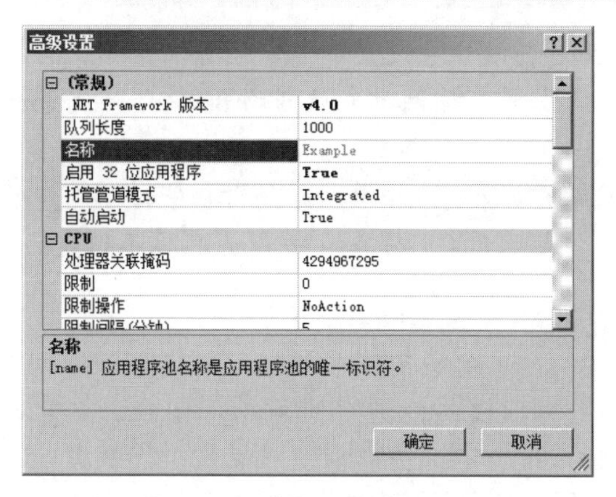

图 1-24　“高级设置”对话框

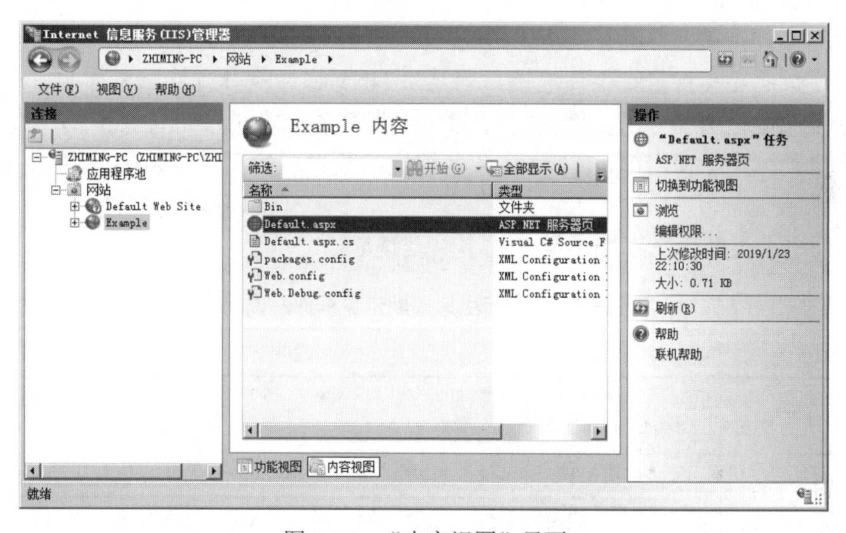

图 1-25　“内容视图”界面

（7）右击需要浏览的网页文件，执行“浏览”快捷命令，即可启动浏览器打开该页面，效果如图 1-26 所示。

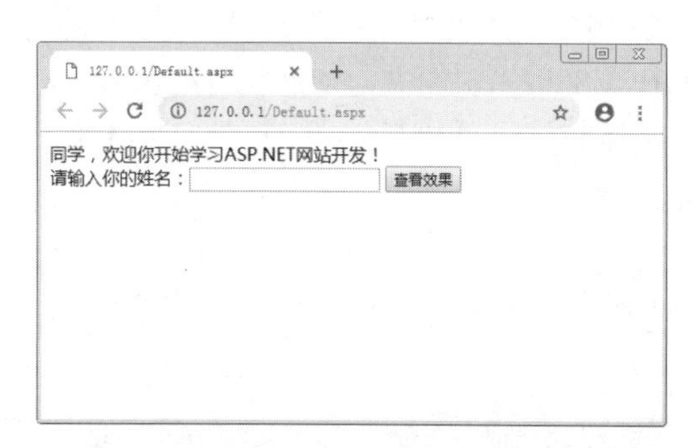

图 1-26　浏览页面

提示：

- 当前浏览器中的地址是 http://127.0.0.1/ Default.aspx，而利用 VS2017 调试网页时，地址是 http://localhost:51431/Default. aspx，两者有着本质区别。

- 在IIS中创建网站，其端口号设置不能与已有端口号相同，否则会出现冲突。如默认网站的端口号80，如果新建网站也设置为80的话，就会出现冲突，用户要合理进行选择。
- 当用户创建的网站首页未将IIS中网站的“功能视图”中的IIS默认文档包含在其列表的话，需要在列表里面进行添加，并设置其位于列表的最上层。

1.5.2 页面处理过程

一个ASP.NET网页运行时将经历一个生命周期，在该生命周期中，其进行一系列的处理步骤。这些步骤包括页面初始化、控件实例化、还原和维护状态、运行事件处理程序代码，以及浏览器的页面呈现。了解页面生命周期非常重要，它有助于用户在适当的生命周期编写相应的程序代码，从而达到预期效果。

在页面生命周期的每个阶段都可以引发一些事件。事件被引发时会执行相应的事件处理代码。同时，页面还支持自动事件连接，即ASP.NET将寻找具有特定名称的方法，并在引发特定事件时自动运行这些方法。例如，将@Page指令的AutoEventWireup属性设置为True，页面事件将自动绑定至使用Page_Event命名约定的事件，如页面加载事件Page_Load和页面初始化事件Page_Init。

表1-1列出了页面生命周期中常见的事件及说明。

表1-1 页面生命周期常见事件及说明

事件名称	说明
Page_PreInit 事件	网页生命周期中最早期引发的一个事件。常用于动态设置主题、母版页和创建动态控件
Page_Load 事件	页面加载时引发该事件，并以递归方式对页面中的每个控件元素执行加载操作
控件事件	用户自定义的控件事件，如Button的Click事件、TextBox的TextChanged事件等
Page_Unload 事件	该事件首先针对每个控件发生，继而针对页面发生。完成页面呈现后，程序完成后的清理工作，如断开数据库连接、删除对象和关闭文件等

【例1-5】利用页面IsPostBack属性判断网页是否为第一次加载（Ex1-2.aspx）。

扫码看视频

（1）在VS2017软件中，依次执行“文件”→“打开”→“项目/解决方案”命令，找到并打开我们前面创建的“D:\MyBooks\MyBooks.sln”解决方案文件。

（2）在右侧“解决方案资源管理器”窗口中，右击Example网站，依次执行快捷命令“添加”→“Web窗体”，从而打开“指定项名称”对话框，如图1-27所示。

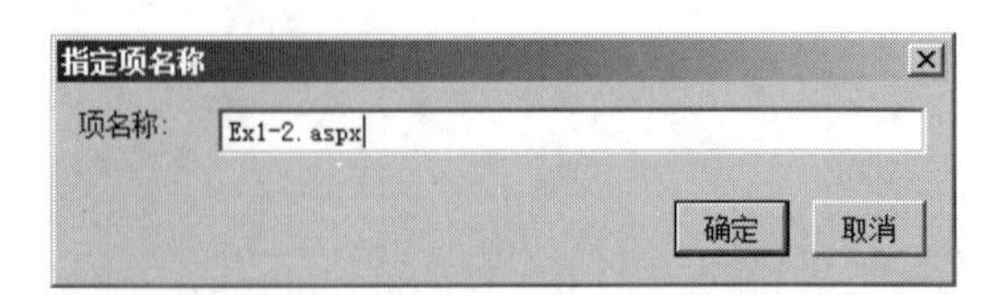

图1-27 “指定项名称”对话框

（3）在“项名称”中输入网页名称，如“Ex1-2.aspx”，单击“确定”按钮，完成网页的添加，并启动该网页的编辑。

（4）设置 Ex1-2.aspx 编辑界面为“设计”视图，并通过窗口左侧的工具箱在页面上添加一个 Button 控件，如图 1-28 所示。

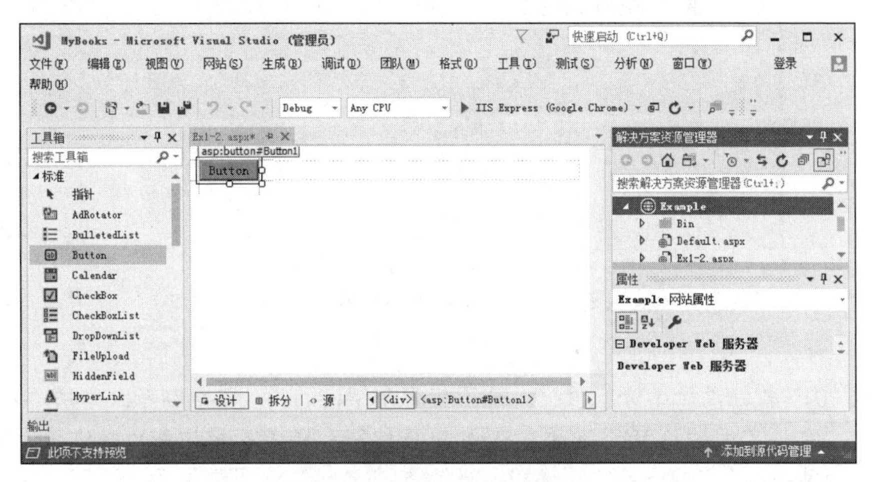

图 1-28　Ex1-2.aspx 编辑界面

（5）在 Ex1-2.aspx 编辑区空白处双击鼠标，打开 Ex1-2.aspx.cs 代码编辑界面，光标定位在页面的 Page_Load 事件中，在该位置输入以下代码，然后保存文件。

```
protected void Page_Load(object sender, EventArgs e)
{
    if(!IsPostBack)
    {
        Response.Write("页面是第一次加载。");
    }
    else
    {
        Response.Write("注意，页面已经不是第一次加载了！");
    }
}
```

（6）按 F5 键进行页面测试，程序运行效果如图 1-29 所示。

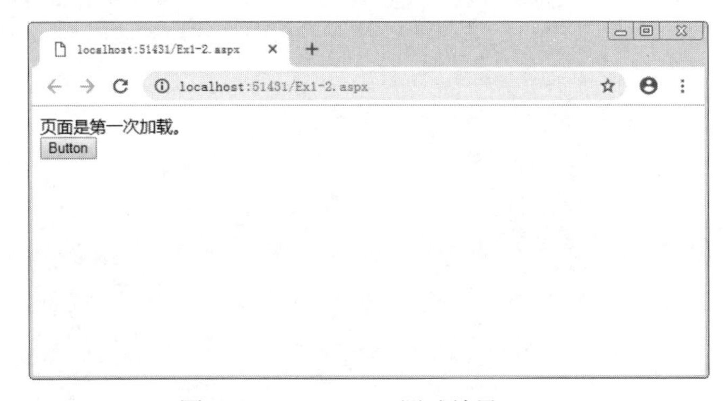

图 1-29　Ex1-2.aspx 测试效果（1）

（7）单击网页中的 Button 按钮，网页显示效果如图 1-30 所示。

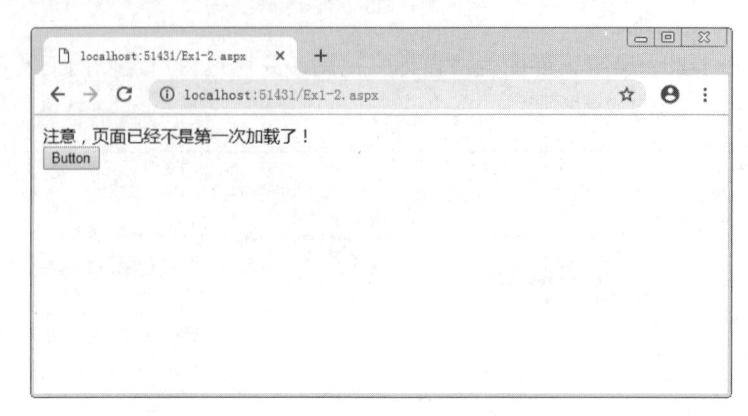

图 1-30　Ex1-2.aspx 测试效果（2）

提示：

- VS2017 软件设计十分人性化，除了前面介绍过的用“添加新项”方法添加 Web 窗体外，它将常用的与 Web 窗体、Web 用户控件和样式表等相关的操作简化到了快捷命令的第一层。
- 在上述这个例子中，我们使用了网页文件的页面加载事件 Page_Load。该事件发生在网页加载过程中，用户也可以笼统理解为网页显示前。
- Button 控件作为服务器控件，每一次单击它都会引发一次服务器访问，根据 ASP.NET 网页工作原理，我们不难理解，这是要重新再次加载网页，从而获取服务器发送过来的反馈。
- IsPostBack 是 Page 页面对象的一个属性，可以用来检查网页是否为第一次被加载，在网站开发过程中经常会被用到。当页面的 IsPostBack 值为 False 时，表示页面是第一次被加载；当值为 True 时，表示非第一次被加载。代码中的“!”是逻辑运算符的求非运算，其作用是对逻辑值取相反值。

第 2 章　C#编程基础

【学习目标】

通过本章知识的学习，读者首先了解 C#、.NET Framework 基础知识和 C#编程规范，掌握常见数据类型、变量和运算符等基础知识，以及在此基础上掌握顺序、选择和循环结构等流程控制，并利用本章知识设计和实现网站管理员登录页面。通过本章内容的学习，读者可以达到以下学习目的。

- 了解 C#和.NET Framework 基础知识。
- 了解 C#常见数据类型、常量、变量和运算符，以及编程规范。
- 掌握顺序、选择和循环等流程控制结构的编程方法。
- 掌握自定义操作类的使用方法。
- 掌握随机数获取和使用方法。

2.1　情景分析

网站管理是动态网站的必备功能，为了增加网站的安全性，进入网站后台管理页面之前，必须进行管理员身份验证（即管理员登录）。只有在管理员用户名和密码信息完全正确时，才可以根据网站预先分配的权限进行后台管理。

网站管理员登录页面包含用户名、密码和随机校验码 3 项内容，如图 2-1 所示。首先，页面对用户输入的校验码进行核对，只有校验码输入正确时才可以进行管理员身份验证；其次，判断用户名和密码是否正确，正确之后才能登录后台管理页面，如图 2-2 所示。该案例暂不涉及数据库查询。有关数据库的操作内容，我们将在后面章节进行详细介绍。

图 2-1　管理员登录页面

图 2-2　后台管理页面

2.2　C#基础

C#是美国 Microsoft 公司推出的一种全新编程语言，与.NET Framework 关系密不可分。要掌握 C#编程，必须掌握下述的一些基础知识。

1. C#概述

C#是 Microsoft 专门为.NET 量身打造的编程语言，与.NET Framework 和公共语言运行库（Common Language Runtime，CLR）关系密切。.NET Framework 是一个独立发布的软件包，包含了 CLR、类库以及相关的语言编辑器等工具，为 C#提供各种数据类型和类库。CLR 负责 C#的类型安全检查、结构化异常处理等。

C#语言是一种面向对象编程语言，是为开发.NET 框架上的程序而设计的，不仅适用于 Web 应用程序开发，也适用于 Windows 应用程序开发，主要具备以下特点。

- 安全性高。C#代码是在.NET Framework 提供的环境下运行的，并不直接操作内存，从而增强了安全性。
- 程序健壮性强。使用 C#编程能够实现垃圾自动回收，即 C#能将不再使用的对象从内存中清除。同时，C#异常处理功能提供了结构化和可扩展的错误检测和恢复方法，能够很好地提高程序健壮性。
- 类型统一。所有的 C#类型都继承于根类型 Object，共享一组通用操作。
- 编程简易。C#完全支持组件编程，即 C#可以将包含和自描述功能的软件组件，通过属性、方法和事件的方式提供编程模型，网页文件可以直接调用使用，从而大幅度降低编程的难度。

2. .NET Framework 命名空间

.NET Framework 提供了多种的类，用于对系统功能的访问。这些类是建立应用程序、组件和控件的基础。在.NET Framework 中，组织这些类的方式称为命名空间。

在 ASP.NET 网站中使用命名空间时，要采用 using 语句来实现。如“using System;”表示导入 System 命名空间。编程时，对已导入的命名空间所包含的类进行操作时，可以省略命名空间部分代码。如在没有导入 System 命名空间时，语句“string strcall="Hello";”会出现编译错误，这是因为 string 属于 System 命名空间中的对象，需要对命名空间进行事先引用，即“using System;”。当然，用户也可以输入“System.String strcall="Hello";”来实现。常见的命名空间见表 2-1。

表 2-1 常见命名空间表

命名空间名称	描述
System	处理内建数据、数学计算、随机数的产生、环境变量、垃圾回收器及一些常见的异常和特征
System.Collections	包含了一些与集合相关的类型，比如列表、队列、位数组、哈希表和字典等
System.Collections.Generic	定义泛型集合的接口和类，泛型集合允许用户创建强类型集合，能提供更好的类型安全性和性能
System.Linq	支持使用语言集成查询的查询
System.Web	包含启用浏览器/服务器通信的类和接口，用于管理到客户端的 HTTP 输出和读取 HTTP 请求
System.Web.UI	包含 Web 窗体的类，包括 Page 类和用于创建 Web 用户界面的其他标准类
System.Web.UI.WebControls	包含创建服务器控件的类，这些控件将呈现浏览器特定的 HTML 和脚本，用于创建和设备无关的 Web 用户界面
System.Data	包含了数据访问使用的一些主要类型
System.Data.OleDb	包含了一些操作 OLEDB 数据源的类型
System.Data.Sql	能枚举安装在当前本地网络的 SQLServer 实例
System.Data.SqlClient	包含了操作 SQL Server 数据库的类型，提供了和 System.Data.OleDb 相似的功能
System.Configuration	包含用于以编程方式访问.NetFramework 配置设置并处理配置文件中错误的类
System.Management	提供的类用于管理一些信息和事件，它们关系到系统、设备和 WMI 基础结构所使用的应用程序

3. 编程规范

规范程序编写代码有助于提高程序的可读写和可维护性。读者在编写代码时，可以借助于 XML 文档注释方法（如单行代码注释采用“//注释内容”，多行代码注释采用“/*注释内容*/”）提高程序可读性。

读者在撰写代码时要注意变量和控件的命名，要尽可能采用“见名知义”的命名方法。命名通常要考虑字母大小写规则。常见的命名方法有 Pascal（帕斯卡）命名法和 Camel（骆驼式）命名法。其中，Pascal 命名法采用每个单词首字母大写；Camel 命名法采用第一个单词首字母小写，其余单词首字母大写。

为了能够更好地编写程序代码，下面给大家一些参考建议。

- 定义常量时，常量名称全部采用大写字母（如 PI）。
- 定义变量名称时，变量名不得采用单个字符（如 i），局部变量除外。
- 定义变量名称时，可以采用“变量类型缩写+英文描述”形式（如，strMail）。
- 定义控件名称时，可以采用“控件名缩写+英文描述”形式（如，txtName）。

2.3　常量与变量

2.3.1　常量

常量是指在程序运行过程中，其值不能被改变的量。合理使用常量，可以增加程序的可读写和易维护性。声明一个常量，必须使用 const 关键字，同时对其初始化。常量的数据类型可以是数值类型和引用类型，常量的访问修饰符有 public、private 等。

【例 2-1】定义一个常量 PI，根据输入的半径值，计算圆形的面积（Ex2-1.aspx）。

扫码看视频

（1）右击“解决方案资源管理器”中的 Example 网站，依次执行快捷菜单中的“添加”→“添加新项”命令，打开“添加新项”对话框。在该对话框左侧语言项中选择“Visual C#”，输入网页文件名称“Ex2-1.aspx”，并选择右侧的“将代码放在单独的文件中”复选项。

（2）在页面设计视图下输入相应提示文字，并依次添加 1 个 TextBox 控件、1 个 Button 控件和 1 个 Label 控件。设置 TextBox 控件 ID 属性值为 txtRadii；设置 Button 控件 Text 属性值为“计算”；设置 Label 控件 ID 属性值为 lblResult、ForeColor 属性值为 Red、Font-Bold 属性值为 True，如图 2-3 所示。

图 2-3　Ex2-1.aspx 页面视图

（3）双击“计算”按钮，界面切换到源视图，在对应的 Button1_Click 事件内输入以下代码。

```
protected void Button1_Click(object sender, EventArgs e)
{
    double radii = Convert.ToDouble(txtRadii.Text);
    lblResult.Text = (radii * radii * PI).ToString();
}
```

（4）在 Page_Load 事件前面添加代码：

```
public static double PI = 3.14;
```

（5）保存文件，按 F5 运行调试，效果如图 2-4 所示。

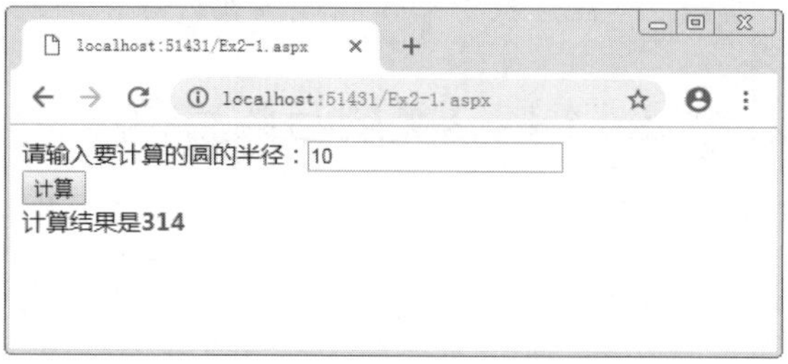

图 2-4　Ex2-1.aspx 运行效果

程序说明：

- 代码“public static double PI = 3.14;”声明了一个双精度的静态全局常量 PI，并为 PI 赋值 3.14。其中，public 声明 PI 的访问权限为公开，static 声明 PI 为静态常量，double 声明 PI 为双精度浮点数。
- 代码“double radii = Convert.ToDouble(txtRadii.Text);”声明了一个 double 双精度变量，并赋值。由于 txtRadii.Text 是文本类型，需要转化为 double 类型才可以进行数据计算，所以用了 Convert.ToDouble()进行数据类型转换。
- 代码“lblResult.Text = (radii * radii * PI).ToString();”，这里面使用常量 PI 来代替 3.14。同时，使用了 ToString()方法实现数据类型转换。

2.3.2　变量

变量是指在程序的运行过程中，根据计算可以发生变化的量。变量用于存放程序中临时数据。输入变量用于给程序传递信息；输出变量用于记录程序的运行结果，或者向用户显示运行结果。在代码中可以只使用一个变量，也可以使用多个变量。变量中可以存放字符、数值、日期，以及控件属性等数据信息。

变量具有在程序运行过程中值可以变化的特性，必须先声明后使用。变量名长度任意，可以由数字、字母、下划线等组成，但第一个字符必须是字母或下划线。C#变量名是区分大小写的。变量的修饰符有 public、private、static、protected 等，见表 2-2。

表 2-2　C#变量访问修饰符

修饰符	描述
public	变量是公有的，是类型和类型成员的访问修饰符，且对其访问没有限制
internal	变量是内部的，是类型和类型成员的访问修饰符。同一个程序集中的所有类都可以访问该变量
private	变量是私有的，是一个成员访问修饰符。只有在声明它们的类和结构中才可以访问该变量
protected	变量是受保护的，是一个成员访问修饰符。只能在它的类和它的派生类中访问该变量
protected internal	变量的访问级别为 internal 或 protected。即“同一个程序集中的所有类，以及所有程序集中的子类都可以访问该变量

变量需要在它的作用范围内才可以被使用，这个作用范围称为变量的作用域。在程序中，

变量一定会被定义在某一对大括号内，该大括号所包含的代码区域便是这个变量的作用域。变量的作用域在编程中尤其重要，不注意变量的作用域很容易导致错误，读者务必小心。

2.4　数据类型与运算符

2.4.1　数据类型

C#是一门强类型的编程语言，它对变量的数据类型有严格规定。在定义变量的时候，必须事先声明变量的数据类型。同时，为变量赋值时也必须为其赋同类型的值，否则程序会报错。常用的基础数据类型有整数类型、浮点数类型、字符类型、布尔类型和日期时间类型等。

1. 整数类型

整数数据类型用来存储整数数据，即没有小数点的数值。在 C#中，整数类型根据占用存储空间不同又分为字节型（byte）、短整型（short）、整型（int）和长整型（long）4 类。其中，byte 型占用 1 字节存储空间，取值范围为-2^{7}～$2^{7}-1$；short 型占用 2 字节存储空间，取值范围为-2^{15}～$2^{15}-1$；int 型占用 32 字节存储空间，取值范围为-2^{31}～$2^{31}-1$；long 型占用 64 字节存储空间，取值范围为-2^{63}～$2^{63}-1$。

2. 浮点数类型

浮点数类型用来存储小数数值。在 C#中，浮点数分为单精度浮点数（float）和双精度浮点数（double）两种，默认小数是双精度浮点数。其中，单精度浮点数占 4 字节存储空间，双精度浮点数占 8 字节存储空间。双精度浮点数表示的浮点数要比单精度浮点数更精确，取值范围更大。

3. 字符类型

字符数据类型用来存储字符数据。在 C#中，有存储单个字符的 char 类型，以及存储多个字符组成的字符串的 string 类型。其中，使用 char 类型存储单个字符时，要用单引号将字符括起来，如'A'; 用 string 类型存储字符串时，字符串要用双引号将字符串括起来，如"Hello China"。

4. 布尔类型

布尔类型用来存储布尔值 true 和 false，在 C#中用 bool 表示，如“bool flag = true;”。

5. 日期时间类型

日期时间类型用来存储日期时间数据，在 C#中用 DateTime 表示，如“DateTime dt = DateTime.Now;”。

除了上述数据类型外，C#还有枚举类型、结构型、引用类型和数组等多种数据类型，鉴于篇幅限制，不再一一介绍，后期用到时再做说明。

2.4.2　数据类型转换

在程序中，把一种数据类型的值赋给另一种数据类型的变量时，需要对数据类型进行转换。在 C#中，根据转换方式不同，数据类型转换可以分为自动数据类型转换和强制数据类型转换两种。

1. 自动数据类型转换

自动数据类型转换也叫隐式数据类型转换，指的是两种数据类型在转换过程中不需要显式声明，就可以完成数据类型的转换。要进行自动类型数据转换必须满足两个条件，一是两种数据类型必须兼容；二是目标数据类型的取值范围要大于源数据类型的取值范围。常见的自动数据类型转换有以下 3 种。

（1）byte 类型转换为 int 类型，int 类型转换为 long 类型。

（2）float 类型转换为 double 类型，int 类型转换为 float 类型。

（3）char 类型转换为 string 类型。

2. 强制数据类型转换

强制数据类型转换也叫显式类型转换，指的是两种数据类型之间的转换需要显式进行声明。如当两种数据类型不兼容，或者目标类型的取值范围小于源数据类型，自动类型转换不能实现时，就需要使用强制数据类型转换来完成。常见的强制数据类型转换有以下 4 种。

（1）整数类型、浮点数类型和布尔类型转换为 string 类型，即数值转换为字符串，通常可以借助于 ToString()方法实现。

（2）日期时间类型转换为 string 类型，可以借助于 ToString()方法实现。

（3）日期格式的 string 类型转换为日期时间类型，可以借助于 Convert.ToDateTime()方法实现。

（4）string 类型转换为 int、float 或 double 类型，可以借助于 Convert.ToInt32()或 int.Parse()方法实现。

【例 2-2】使用多种数据类型变量，实现数据类型之间的转换，运行效果如图 2-5 所示（Ex2-2.aspx）。

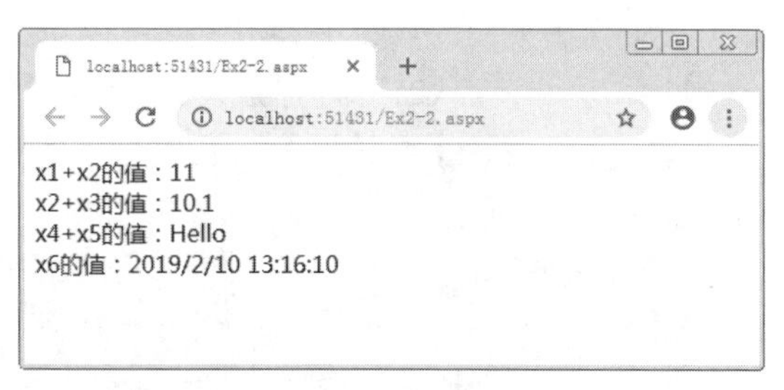

图 2-5　Ex2-2.aspx 运行效果

Ex2-2.aspx 文件代码如下：

```
<!DOCTYPE html>
<html xmlns="http://www.w3.org/1999/xhtml">
<head runat="server">
<meta http-equiv="Content-Type" content="text/html; charset=utf-8"/>
    <title></title>
</head>
<body>
    <form id="form1" runat="server">
        <div>
            x1+x2 的值：<asp:Label ID="lblres1" runat="server" Text="Label"></asp:Label><br />
            x2+x3 的值：<asp:Label ID="lblres2" runat="server" Text="Label"></asp:Label><br />
            x4+x5 的值：<asp:Label ID="lblres3" runat="server" Text="Label"></asp:Label><br />
            x6 的值：<asp:Label ID="lblres4" runat="server" Text="Label"></asp:Label>
```

```
        </div>
    </form>
</body>
</html>
```

Ex2-2.aspx.cs 文件中主要代码如下：

```
protected void Page_Load(object sender, EventArgs e)
    {
        byte x1 = 1;
        int x2 = 10;
        double x3 = 0.1;
        char x4 = 'H';
        string x5 = "ello";
        DateTime x6 = DateTime.Now;
        lblres1.Text = (x1 + x2).ToString();            /*x1+x2 属于自动数据类型转换*/
        lblres2.Text = (x2 + x3).ToString();            /*x2+x3 属于自动数据类型转换*/
        lblres3.Text= (x4 + x5).ToString();             /*x4+x5 属于自动数据类型转换*/
        lblres4.Text = x6.ToString();                   /*强制数据类型转换*/
    }
```

程序说明：

- 后台代码中，依次声明了 byte、int、double、char 和 string 变量，并赋值。
- 代码“DateTime x6 = DateTime.Now;”声明了一个 DateTime 类型变量，并为其赋值当前系统日期时间。
- 代码“(x1+x2).ToString()”中的 x1 和 x2 数据类型不同，但都是数值型变量，能够实现数据类型的自动转换，就“(x1+x2)”而言结果为 int 型。同时，由于 Label 的 Text 属性属于文本，所以要进一步将 int 型结果转换为文本，这里使用了 Tostring()方法完成了强制数据类型转换。

2.4.3 运算符

运算符是具有计算意义的术语或符号，用于执行程序代码运算。它接收一个或多个操作数表达式，经过计算返回运算结果。根据操作数的个数不同，运算符被分为一元运算符、二元运算符和三元运算符。如取反运算符“！”是一元运算符；求和运算符“+”是二元运算符；条件运算符“?:”是三元运算符。

C#常用运算符可以分为算术运算符、关系运算符、逻辑运算符和赋值运算符等，表 2-3 根据运算符的计算优先级进行了从高到低的排列。

表 2-3 C#运算符

类别	运算符	描述
算术运算符	+	把两个操作数相加，20+30 将得到 50
	-	从第一个操作数中减去第二个操作数，20-30 将得到-10
	*	把两个操作数相乘，2*30 将得到 60
	/	分子除以分母，30/2 将得到 15

续表

类别	运算符	描述
算术运算符	%	取模（求余）运算符，整除后的余数，32 %5 将得到 2
	++	自增运算符，整数值增加 1。若 a=10，则 a++将得到 11
	--	自减运算符，整数值减少 1。若 a=10，则 a-- 将得到 9
关系运算符	==	检查两个操作数的值是否相等，如果相等则条件为真
	!=	检查两个操作数的值是否相等，如果不相等则条件为真
	>	检查左操作数的值是否大于右操作数的值，若是则条件为真
	<	检查左操作数的值是否小于右操作数的值，若是则条件为真
	>=	检查左操作数的值是否大于等于右操作数的值，若是则条件为真
	<=	检查左操作数的值是否小于等于右操作数的值，若是则条件为真
逻辑运算符	&&	逻辑与运算符，若两个操作数都非零，则条件为真
	||	逻辑或运算符，若两个操作数中有任意一个非零，则条件为真
	!	逻辑非运算符，若条件为真则逻辑非运算符将使其为假
赋值运算符	=	简单的赋值运算符，把右边操作数的值赋给左边操作数
	+=	加且赋值运算符，把右边操作数加上左边操作数的结果赋值给左边操作数
	-=	减且赋值运算符，把左边操作数减去右边操作数的结果赋值给左边操作数
	*=	乘且赋值运算符，把右边操作数乘以左边操作数的结果赋值给左边操作数
	/=	除且赋值运算符，把左边操作数除以右边操作数的结果赋值给左边操作数
条件运算符	? :	条件表达式，如“Z?X:Y”，若条件操作数 Z 为真，则返回操作数 X，否则返回操作数 Y

2.5 流程控制

2.5.1 顺序结构

C#采用完全面向对象的程序设计方法，通常采用 3 种语句结构，即顺序结构、选择结构和循环结构进行编程解决问题。

顺序结构最为简单，它不包含选择和循环语句，程序从左到右、从上到下顺序执行。顺序结构是一种线性结构，也是程序设计中最简单、最常用的基本结构。其特点是按照语句的先后出现顺序，依次逐块执行。一个程序通常可分为输入、处理和输出三个部分。

【例 2-3】编程实现在运行界面上依次出现“想制作一个网站，怎么办？”“一起学习 ASP.NET。”和“我成功了！”。每句话显示在单独的一行，运行效果如图 2-6 所示（Ex2-3.aspx）。

扫码看视频

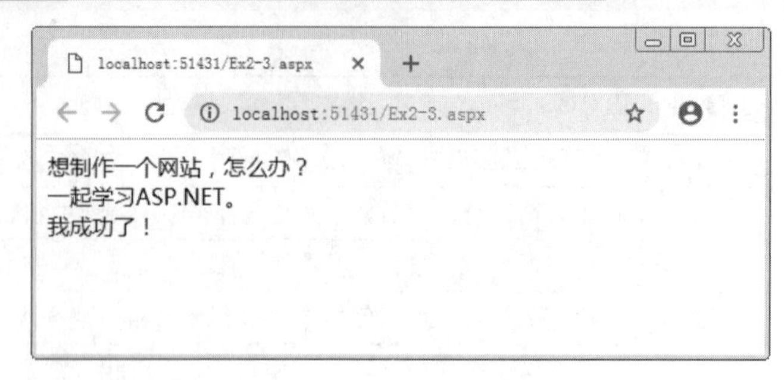

图 2-6　Ex2-3.aspx 运行效果

Ex2-3.aspx.cs 文件中主要代码如下：

```
protected void Page_Load(object sender, EventArgs e)
    {
        string strbr = "<br/>";
        Response.Write("想制作一个网站，怎么办？");
        Response.Write(strbr);
        Response.Write("一起学习 ASP.NET。");
        Response.Write(strbr);
        Response.Write("我成功了！");
    }
```

程序说明：

- 该案例前台不添加任何对象，在前台页面双击进入后台代码 Page_Load 编辑区，进行代码输入即可。
- 代码“string strbr = "<br/>";”声明了一个 string 类型的变量，并为其赋值为 HTML 换行标签。借助于“Response.Write(strbr);”语句，实现换行操作。
- 整个程序从上到下顺序执行，依次输出结果，属于典型的顺序结构。

2.5.2　选择结构

选择结构是通过执行判断进行不同的操作。在条件语句中，作为判断依据的表达式称为条件表达式。条件表达式的取值为布尔值，即真（true）或假（false）。在 C#中，选择结构有 if 语句和 switch 语句两种。

1. if 语句

if 语句是最常用的条件语句，它的功能是根据布尔表达式的值，选择要执行的语句序列。if 语句的语法结构有 if 格式和 if...else 格式两种。

（1）if 格式。其语法格式如下：

```
if(条件表达式){语句系列}
```

程序首先计算“条件表达式”的值，若值为 true，则执行后面的“语句系列”；否则，不执行该“语句系列”。

（2）if...else 格式。其语法格式如下：

```
if(条件表达式){语句系列 1}
else{语句系列 2}
```

程序首先计算“条件表达式”的值，若值为 true，则执行后面的“语句系列 1”；否则，执行 else 后面的“语句系列 2”。“语句系列 1”和“语句系列 2”永远不会都被执行。

【例 2-4】制作一个考试成绩评价网页，根据输入的成绩值，判断是否及格，运行效果如图 2-7 所示（Ex2-4.aspx）。

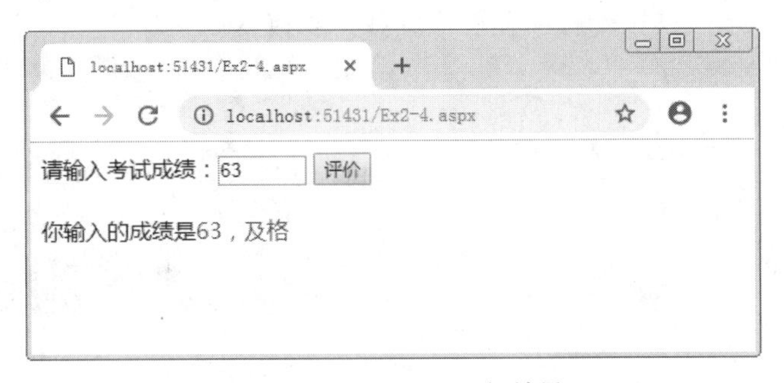

图 2-7 Ex2-4.aspx 运行效果

Ex2-4.aspx 文件代码如下：

```
<html xmlns="http://www.w3.org/1999/xhtml">
<head runat="server">
<meta http-equiv="Content-Type" content="text/html; charset=utf-8"/>
    <title></title>
</head>
<body>
    <form id="form1" runat="server">
        <div>
            请输入考试成绩：<asp:TextBox ID="txtscore" runat="server" Width="60px"></asp:TextBox>
            <asp:Button ID="Button1" runat="server" OnClick="Button1_Click" Text="评价" /><br />
            你输入的成绩是<asp:Label ID="lblmes" runat="server" ForeColor="Red"></asp:Label>
        </div>
    </form>
</body>
</html>
```

Ex2-4.aspx.cs 文件中的主要代码如下：

```
protected void Button1_Click(object sender, EventArgs e)
    {
        double dbScore = Convert.ToDouble(txtscore.Text);
        if (dbScore >= 60)
            lblmes.Text = dbScore.ToString() + "，及格";
        else
            lblmes.Text = dbScore.ToString() + "，不及格";
    }
```

程序说明：

- 考虑到考试成绩可能出现小数，故采用 double 数据类型存储成绩。
- 代码“Convert.ToDouble(txtscore.Text);”使用了强制数据类型转换，实现文本类型数值转换为 double 类型。
- 采用“if...else”选择结构，判断逻辑表达式“dbScore >= 60”是否成立，然后返回不同的结果。

2. switch 语句

当程序要实现两路分支功能的时候，使用 if...else 语句十分方便。但要实现多路分支功能时，虽然使用嵌套的 if...else 语句也可以实现此功能，但这样效率就会明显降低。这种情况下，使用 switch 语句则能很方便地实现多路分支功能。其语法格式如下：

```
switch(控制表达式)
{
    case 常量 1:
        语句序列 1
    case 常量 2:
        语句序列 2
    ……
    default:
        语句序列 n
}
```

程序首先计算“控制表达式”的值，然后依次与 case 后面的常量比对。比对的结果是相同时执行该 case 块中的语句序列。若“控制表达式”的值与所有 case 后面的常量值不同，则执行 default 块中的语句序列。

【例 2-5】制作一个能够根据系统时间，判断当前是凌晨（0:00－6:00）、上午（6:00－12:00）、下午（13:00－18:00），还是晚上（18:00－22:00），运行效果如图 2-8 所示（Ex2-5.aspx）。

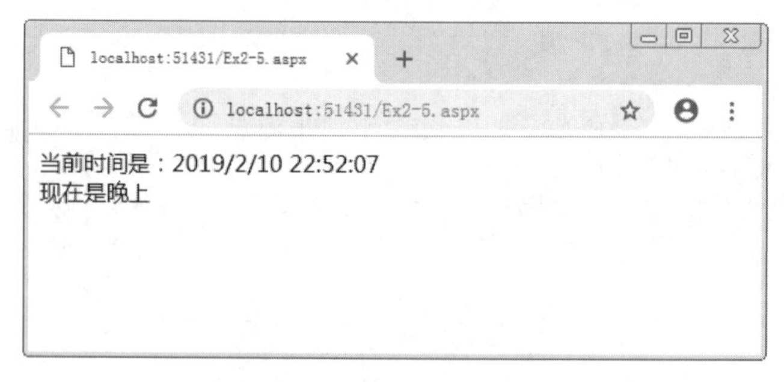

图 2-8　Ex2-5.aspx 运行效果

Ex2-5.aspx 文件代码如下：

```
<html xmlns="http://www.w3.org/1999/xhtml">
<head runat="server">
<meta http-equiv="Content-Type" content="text/html; charset=utf-8"/>
    <title></title>
</head>
<body>
    <form id="form1" runat="server">
        <div>
            当前时间是：<asp:Label ID="lbltime" runat="server" Text="Label"></asp:Label><br />
            现在是<asp:Label ID="lblmes" runat="server" Text="Label"></asp:Label>
        </div>
    </form>
</body>
</html>
```

Ex2-5.aspx.cs 文件中的主要代码如下：

```
protected void Page_Load(object sender, EventArgs e)
    {
        DateTime dtnow = DateTime.Now;
        lbltime.Text = dtnow.ToString();
        int an = dtnow.Hour/6;
        switch(an)
        {
            case 0:
                lblmes.Text = "凌晨";
                break;
            case 1:
                lblmes.Text = "上午";
                break;
            case 2:
                lblmes.Text = "下午";
                break;
            default:
                lblmes.Text = "晚上";
                break;
        }
    }
```

程序说明：

- 代码“DateTime dtnow = DateTime.Now;”定义了一个 DateTime 变量，用于存储当前的系统时间。
- 代码“lbltime.Text = dtnow.ToString();”使用了强制数据类型转换，将日期时间类型转换为字符串。
- 代码“int an = dtnow.Hour/6;”中，“dtnow.Hour”获取日期时间中的小时，然后进行除法运算，结果 an 为整数类型，从而完成凌晨、上午、下午和晚上的判断。
- 在 switch 结构中，表达式 an 必须是一个有确定值的常量。该常量支持数值型、字符型和枚举型等多种数据类型。
- 在 switch 结构中的每一个 case 语句序列中，都应该包含“break;”语句，强制该 case 语句序列结束。否则，处理程序除了执行对应的 case 语句序列，还会执行后面的其他语句。

2.5.3 循环结构

循环结构用于重复执行一个程序语句序列，如实现 1+2+3+...+100，则需重复计算 99 次加法运算。针对这种问题，使用循环结构就可以很简单地完成任务。在 C#中，循环结构有 for、while、do...while 和 foreach 等 4 种语句。

1. for 语句

for 循环常用于已知循环次数的情况，循环体内语句序列可能执行 0 次或多次。其语法格式如下：

```
for(循环变量初始化;条件表达式;循环控制表达式)
{循环语句序列}
```

程序首先进行“循环变量初始化”，并给该循环变量赋初值；然后根据“条件表达式”进行判断，当满足条件时，执行“循环语句序列”，否则结束循环；执行“循环语句序列”结束后，执行“循环控制表达式”对循环变量值进行修改；然后再重复执行“条件表达式”进行判断，重复上述过程。使用循环结构时，要避免出现“死循环”。可以合理使用 break 语句强行结束循环结构。

【例 2-6】制作一个页面，能够实现数字累加运算 1+2+3+...+n（n 由用户输入决定），运行效果如图 2-9 所示（Ex2-6.aspx）。

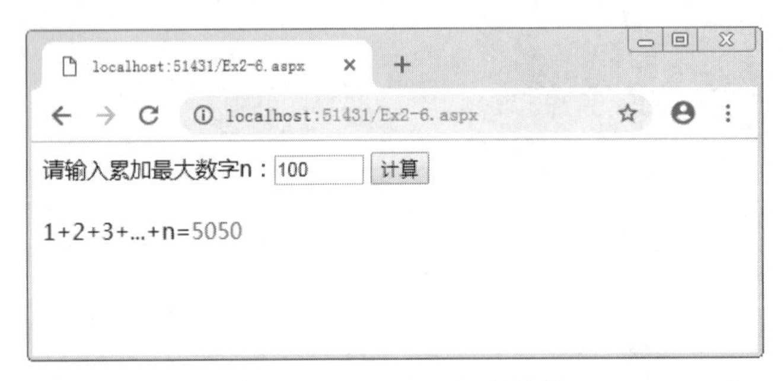

图 2-9　Ex2-6.aspx 运行效果

Ex2-6.aspx 文件代码如下：

```
<%@ Page Language="C#" AutoEventWireup="true" CodeFile="Ex2-6.aspx.cs" Inherits="Ex2_6" %>
<!DOCTYPE html>
<html xmlns="http://www.w3.org/1999/xhtml">
<head runat="server">
<meta http-equiv="Content-Type" content="text/html; charset=utf-8"/>
    <title></title>
</head>
<body>
    <form id="form1" runat="server">
        <div>
            请输入累加最大数字 n：<asp:TextBox ID="txtmax" runat="server" Width="60px">
                </asp:TextBox>
            <asp:Button ID="Button1" runat="server" OnClick="Button1_Click" Text="计算" /><br />
            1+2+3+...+n=<asp:Label ID="lblmes" runat="server" ForeColor="#FF3300" Text="Label">
                </asp:Label>
        </div>
    </form>
</body>
</html>
```

Ex2-6.aspx.cs 文件中主要代码如下：

```
protected void Button1_Click(object sender, EventArgs e)
    {
        int sum = 0;
        for(int i = 1; i <= int.Parse(txtmax.Text); i++)
```

```
            sum += i;
        lblmes.Text = sum.ToString();
    }
```

程序说明：

- 后台代码中，首先定义了一个存储求和结果的 int 型变量 sum，并给其赋值 0。
- 代码“for(int i = 1; i <= int.Parse(txtmax.Text); i++)”使用了 for 循环结构，i 为循环变量，初始值为 1；循环结构中的“i <= int.Parse(txtmax.Text)”使用了 int.Parse()方法完成数据类型转换。
- 由于 for 循环体内只有一句命令，所以 for 循环的“{}”可以省略不写。
- 由于代码中使用 int 类型变量 sum 存储求和结果，所以累加求和不能超出 int 类型的存储范围，即 n 的值不能过大，否则程序会报错。

2. while 语句

while 语句属于前测型循环结构，即首先判断条件表达式是否成立，成立时执行循环，否则结束循环。其语法格式如下：

```
while(条件表达式)
{循环语句序列}
```

程序首先判断“条件表达式”的值，当值为真时执行第一轮“循环语句序列”，否则结束循环。第一轮循环结束，再重复判断“条件表达式”，进入下一轮循环，直到条件表达式为假，结束循环。

【例 2-7】制作一个页面，实现连续输出 26 个“*”号，运行效果如图 2-10 所示（Ex2-7.aspx）。

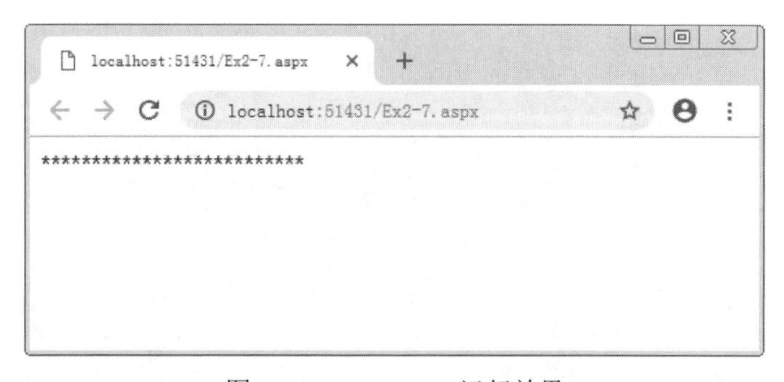

图 2-10 Ex2-7.aspx 运行效果

扫码看视频

Ex2-7.aspx.cs 文件中主要代码如下：

```
protected void Page_Load(object sender, EventArgs e)
    {
        int i = 1;
        while (i <= 26)
        {
            Response.Write("*");
            i++;
        }
    }
```

程序说明：

- 前台界面不需要任何代码和控件，只需要在后台代码 Page_Load 事件中添加 while 循环语句即可。
- 程序首先定义一个 int 型变量 i 用于计数，并为其赋值 1。当“while (i <= 26)”条件成立时，进行循环。每一次循环输入一个“*”，并将变量 i 的值加 1，之后再判断循环条件，直至循环条件不成立为止。

3. do...while 语句

do...while 语句属于后测型循环结构，即先执行循环语句序列，再判断条件表达式是否成立，成立时继续循环，否则结束循环。与 while 语句相比，do...while 语句中的循环语句序列至少被执行一次。do...while 语法格式为：

```
do
{循环语句序列}
while(条件表达式);
```

程序首先执行“循环语句序列”，然后判断“条件表达式”的值，当“条件表达式”值为真时再进行下一轮循环，否则结束循环。

【例 2-8】制作一个页面，实现数学阶乘计算 n!，其中 n 由用户指定，运行效果如图 2-11 所示（Ex2-8.aspx）。

扫码看视频

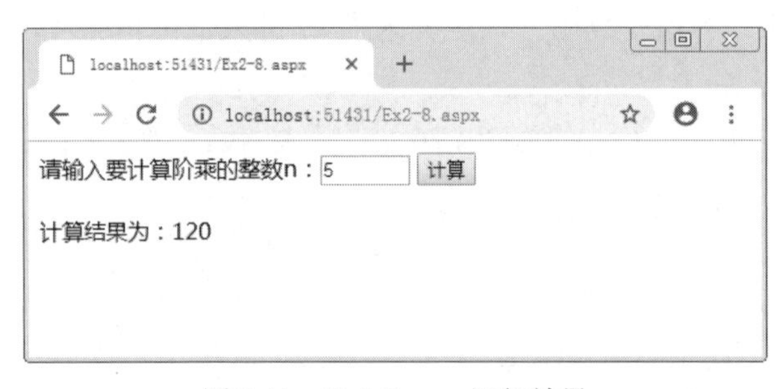

图 2-11　Ex2-8.aspx 运行效果

Ex2-8.aspx 文件中主要代码如下：

```
<%@ Page Language="C#" AutoEventWireup="true" CodeFile="Ex2-8.aspx.cs" Inherits="Ex2_8" %>
<!DOCTYPE html>
<html xmlns="http://www.w3.org/1999/xhtml">
<head runat="server">
<meta http-equiv="Content-Type" content="text/html; charset=utf-8"/>
    <title></title>
</head>
<body>
    <form id="form1" runat="server">
        <div>
            请输入要计算阶乘的整数 n：<asp:TextBox ID="txtkey" runat="server" Width="60px">
                </asp:TextBox>
            <asp:Button ID="Button1" runat="server" OnClick="Button1_Click" Text="计算" /><br />
            计算结果为：<asp:Label ID="lblmes" runat="server" Text="Label"></asp:Label>
        </div>
```

```
    </form>
</body>
</html>
```

Ex2-8.aspx.cs 文件中主要代码如下：

```
protected void Button1_Click(object sender, EventArgs e)
    {
        int ss = 1,i=1;
        do
        {
            ss *= i;
            i++;
        }
        while (i <= int.Parse(txtkey.Text));
        lblmes.Text = ss.ToString();
    }
```

程序说明：

- 程序在运行 do...while 结构之前，必须先声明循环变量 i 和用于存储结果的 ss，并分别赋值 1。
- 程序中的“ss *= i;”相当于“ss = ss * i;”。同时，由于 ss 是 int 类型，要考虑它能够存储的数据范围，即输入的 n 值不易过大。

4. foreach 语句

foreach 语句主要用于逐个读取枚举数组、集合中的每一个元素，并针对每一个元素执行循环体内的语句序列。其语法格式如下：

```
foreach(数据类型 循环变量 in 集合)
{循环语句序列}
```

程序中的“循环变量”依次读取“集合”中的每一个元素，并依次执行循环体中的“循环语句序列”，直到集合中的每一个元素全部循环一遍，foreach 语句结束。

【例 2-9】制作一个页面，使用 foreach 语句完成数组元素的读取，运行效果如图 2-12 所示（Ex2-9.aspx）。

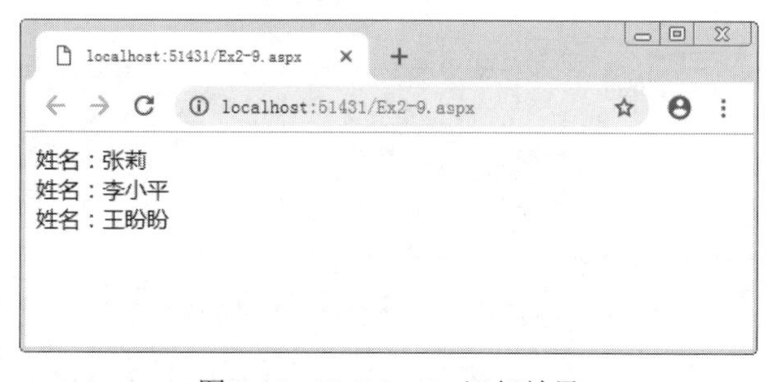

图 2-12　Ex2-9.aspx 运行效果

Ex2-9.aspx.cs 文件中主要代码如下：

```
protected void Page_Load(object sender, EventArgs e)
    {
        string[] strname = { "张莉", "李小平", "王盼盼" };
```

```
        foreach(string sn in strname)
            Response.Write("姓名：" + sn + "<br/>");
    }
```

程序说明：

- 前台界面不需要任何代码和控件，只需要在后台代码 Page_Load 事件中添加 foreach 循环语句即可。
- 后台代码“string[] strname = { "张莉", "李小平", "王盼盼" };”定义了一个 string 类型的一维数组，并初始化包含三个元素。
- 程序采用“foreach(string sn in strname)”对数据元素进行读取，这里需要注意的是变量 sn 的数据类型必须和数组元素的数据类型相匹配，否则程序会报错。

2.5.4 异常处理

程序在执行过程中会出现一些异常，如算术运算的除数为零、数组索引越界等，使得操作无法正常运行。异常处理能够使程序变得更加健壮，也能为程序员提供更多提示信息。在日常操作中，try...catch...finally 结构是最常见的异常处理形式。其语法格式如下：

```
try{可能出错的语句序列}
catch(异常声明){捕获异常后执行的语句序列}
finally{语句序列}
```

程序首先执行 try 块的“可能出错的语句序列”，当出现异常错误时，终止当前 try 程序块内容，转由 catch 捕获异常信息，并执行相应的“捕获异常后执行的语句序列”。若 try 块未出现错误，则不再执行 catch 代码块。同时，程序无论是否出现异常，都会执行 finally 代码块“语句序列”。

【例 2-10】制作一个页面，实现两个数字相除并给出计算结果（商），使用 try...catch...finally 语句实现程序异常捕获，运行效果如图 2-13 所示（Ex2-10.aspx）。

扫码看视频

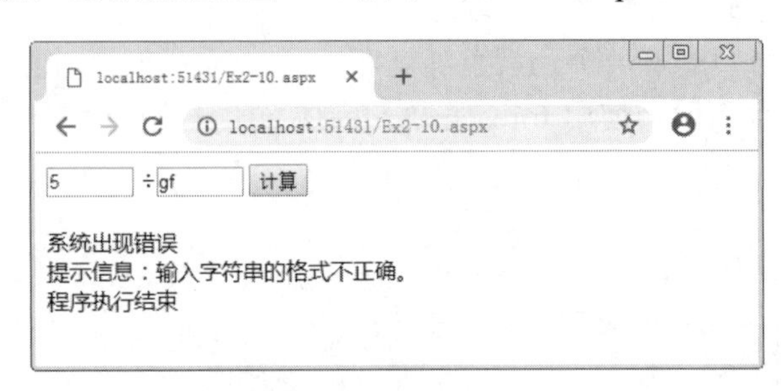

图 2-13　Ex2-10.aspx 运行效果

Ex2-10.aspx 文件中主要代码如下：

```
<%@ Page Language="C#" AutoEventWireup="true" CodeFile="Ex2-10.aspx.cs" Inherits="Ex2_10" %>
<!DOCTYPE html>
<html xmlns="http://www.w3.org/1999/xhtml">
<head runat="server">
<meta http-equiv="Content-Type" content="text/html; charset=utf-8"/>
    <title></title>
</head>
<body>
```

```
        <form id="form1" runat="server">
            <asp:TextBox ID="txtNum1" runat="server" Width="60px"></asp:TextBox>
            ÷<asp:TextBox ID="txtNum2" runat="server" Width="60px"></asp:TextBox>
            <asp:Button ID="Button1" runat="server" OnClick="Button1_Click" Text="计算" /><br />
            <asp:Label ID="lblmes" runat="server" Text="Label"></asp:Label>
        </form>
    </body>
    </html>
```

Ex2-10.aspx.cs 文件中主要代码如下：

```
protected void Button1_Click(object sender, EventArgs e)
    {
        try
        {
            double n1 = Convert.ToDouble(txtNum1.Text);
            double n2 = Convert.ToDouble(txtNum2.Text);
            lblmes.Text ="结果是："+ (n1 / n2).ToString()+"<br/>";
        }
        catch(Exception ee)
        {
            lblmes.Text="系统出现错误<br/>";
            lblmes.Text += "提示信息：" + ee.Message + "<br/>";
        }
        finally
        {
            lblmes.Text += "程序执行结束";
        }
    }
```

程序说明：

- 程序在进行正常的两个数字相除时，可以顺利完成计算，并显示结果。该情况下，程序执行了 try 和 finally 两个语句块内容，catch 语句块内容未被执行。
- 若用户输入字符来进行除法运算，系统则出现错误。该情况下，程序在执行 try 语句块时，未能正常运行，然后转向 catch 语句块，因此执行了 catch 和 finally 语句块内容，而 try 语句块内容执行未完成，且程序进行了回滚。

2.6 管理员登录页面设计

扫码看视频

通过本章知识的学习，我们已经掌握了 C#的选择结构和循环结构的使用方法。下面我们设计一个管理员登录界面，实现网站后台管理的入口，效果如图 2-1 和图 2-2 所示。

具体操作步骤如下：

（1）在解决方案资源管理器中创建一个网页文件 manager.aspx。

（2）在 manager.aspx 前台页面中，添加一个 5 行 2 列的表格，并分别将第 1 行和第 5 行单元格合并。

（3）依次输入“网站后台管理登录”“用户名”“密码”“校验码”等文本，并在相应的单元格中添加三个 TextBox 控件：txtname 用于输入用户名、txtpwd 用于输入密码、txtcheck 用于输入校验码，添加一个 Label 控件 lblcheck 用于显示校验码，添加一个 Button 控件 Button1 用于登录。

（4）设置 txtpwd 控件的 TextMode 属性为“Password”，用密码显示格式。

（5）设置 Button1 控件的 OnClick 属性为“Button1_Click”、Text 属性为“登录”。

（6）创建一个网页文件 webmain.aspx，并在后台代码 Page_Load 事件中输入“Response.Write("欢迎你进行后台管理："+Session["admin"]);”。

manager.aspx 文件中主要代码如下：

```
<%@ Page Language="C#" AutoEventWireup="true" CodeFile="manager.aspx.cs" Inherits="manager" %>
<!DOCTYPE html>
<html xmlns="http://www.w3.org/1999/xhtml">
<head runat="server">
<meta http-equiv="Content-Type" content="text/html; charset=utf-8"/>
    <title></title>
    <style type="text/css">
        .auto-style1 {width: 392px;height: 253px;}
        .auto-style2 {text-align: right;}
    </style>
</head>
<body>
    <form id="form1" runat="server">
        <div>
            <table align="center" cellpadding="0" cellspacing="0" class="auto-style1">
                <tr>
                    <td colspan="2" style="text-align: center; background-color: #FF9933;">网站后台
                        管理登录</td>
                </tr>
                <tr>
                    <td class="auto-style2">用户名：</td>
                    <td>
                        <asp:TextBox ID="txtname" runat="server"></asp:TextBox>
                    </td>
                </tr>
                <tr>
                    <td class="auto-style2">密码：</td>
                    <td>
                        <asp:TextBox ID="txtpwd" runat="server" TextMode="Password"></asp:TextBox>
                    </td>
                </tr>
                <tr>
                    <td class="auto-style2">校验码：</td>
                    <td>
                        <asp:TextBox ID="txtcheck" runat="server" Width="50px"></asp:TextBox>
                        <asp:Label ID="lblcheck" runat="server"></asp:Label>
                    </td>
```

```
                </tr>
                <tr>
                    <td colspan="2" style="text-align: center; background-color: #FF9933;">
                        <asp:Button ID="Button1" runat="server" OnClick="Button1_Click" Text="登录" />
                    </td>
                </tr>
            </table>
        </div>
    </form>
</body>
</html>
```

manager.aspx.cs 文件中主要代码如下：

```
protected void Page_Load(object sender, EventArgs e)
{
    if(!IsPostBack)
    {
        Random rdnum = new Random();
        lblcheck.Text= rdnum.Next(1000, 1999).ToString();
    }
}
protected void Button1_Click(object sender, EventArgs e)
{
    try
    {
        if (txtcheck.Text == lblcheck.Text)
        {
            if (txtname.Text == "admin" && txtpwd.Text == "123")
            {
                Session["admin"] = txtname.Text;
                Response.Redirect("webmain.aspx");
            }
            else
                Response.Write("<script>alert('用户名或密码有误，请重新输入');</script>");
        }
        else
            Response.Write("<script>alert('校验码输入不一致，请重新输入');</script>");
    }
    catch(Exception ee)
    {
        Response.Write("程序运行错误，请检查:"+ee.Message);
    }
}
```

程序说明：

- manager.aspx.cs 文件的 Page_Load 事件代码用于实现生成一个 1000～1999 的随机整数作为校验码，这里使用了 Random 对象的 Next 方法。
- Page_Load 事件代码中的“if(!IsPostBack)”不能缺少，否则校验码会随页面加载不断更新，导致无法匹配。

- 在“Button1_Click”事件中，使用了 try...catch 结构和 if...else 结构的嵌套，在实际开发中会时常用到多种程序结构的嵌套，读者要理清思路。
- 在“Button1_Click”事件中，代码“Session["admin"] = txtname.Text;”使用了 Session 对象存储用户信息，它可以用于网站跨页面数据共享。即在该网站中的其他页面中也可以使用该对象，该案例就调用了该对象。
- 在“Button1_Click”事件中，代码“Response.Redirect("webmain.aspx");”实现页面跳转，Response.Redirect 方法是最常用的一种页面跳转方法，必须牢记。

2.7 知识拓展

用随机数实现网页验证码在网页开发过程中经常被使用。.Net Framework 提供了一个专门产生随机数的类 System.Random，该类默认已被导入，用户编程时可以直接使用。例如，

```
Random rd = new Random();
int rdkey = rd.Next(100);
```

这里 Random()以系统时间做为参数，以此产生一个最大值为 100 的随机数。除此之外，我们还可以为随机数函数规定一个精确的范围，如 100～999，代码如下：

```
Random rd = new Random();
int rdkey = rd.Next(100,999);
```

除了产生随机数字外，我们还可以对上述方法进行进一步改造，实现随机显示图像。比如我们将图像文件名统一为带数字格式（如，tu01.jpg），然后进行读取即可。

【例 2-11】制作一个页面，实现随机显示图片，运行效果如图 2-14 所示（Ex2-11.aspx）。

扫码看视频

图 2-14　Ex2-11.aspx 运行效果

Ex2-11.aspx 文件中主要代码如下：

```
<%@ Page Language="C#" AutoEventWireup="true" CodeFile="Ex2-11.aspx.cs" Inherits="Ex2_11" %>
<!DOCTYPE html>
<html xmlns="http://www.w3.org/1999/xhtml">
<head runat="server">
<meta http-equiv="Content-Type" content="text/html; charset=utf-8"/>
    <title></title>
</head>
<body>
```

```
        <form id="form1" runat="server">
            <div>
                <asp:Label ID="lblnum" runat="server" Text="Label"></asp:Label><br />
                <asp:Image ID="imgpic" runat="server" />
            </div>
        </form>
    </body>
    </html>
```

Ex2-11.aspx.cs 文件中主要代码如下：

```
protected void Page_Load(object sender, EventArgs e)
    {
        Random rd = new Random();
        int rdkey = rd.Next(1,4);
        lblnum.Text ="图像："+ rdkey.ToString();
        imgpic.ImageUrl = "imgs/图像" + rdkey.ToString() + ".jpg";
    }
```

程序说明：

- 首先在网站根目录下创建一个文件夹 imgs 用于存放图像文件，将事先准备好的图像文件“图像 1.jpg”“图像 2.jpg”“图像 3.jpg”和“图像 4.jpg”保存到该文件夹里。
- 在网页的 Page_Load 事件中，借助于 Random 对象的 Next 方法，以及字符串连接功能实现对图像文件的随机显示。

第 3 章　常用标准控件

【学习目标】

通过本章知识的学习，读者首先可对服务器控件有一些初步了解；掌握 TextBox、Label、Button、DropDownList 等常用控件的使用方法；掌握利用表格进行网页页面布局的方法和技巧；并利用本章知识设计和实现用户注册页面。通过本章内容的学习，读者可以达到以下学习目的。

- 了解服务器控件基础知识。
- 掌握文本控件（Label、TextBox）的使用方法。
- 掌握选择控件（RadioButtonList、CheckBoxList、DropDownList 等）的使用方法。
- 掌握按钮控件（Button、LinksButton、ImageButton 等）的使用方法。
- 掌握利用表格进行页面布局的方法。
- 掌握网页设计中容器控件的使用方法。

3.1　情景分析

在动态网站开发过程中，经常会遇到用户与服务器进行交互的情况。例如，用户通过页面填写个人信息提交给服务器，服务器将用户信息收集、保存，然后根据实际情况做出相应的处理操作。

企业网站为了给会员提供具有针对性的服务，需要建立会员注册、登录和会员管理等页面。首先，要求用户通过 Web 页面填写个人信息，从而注册会员；其次，将会员信息提交给数据库服务器，保存数据；然后，用户再次访问网站时就可以输入会员账号和密码进行登录、查询，或者修改个人信息。本章的会员注册案例，仅完成会员注册信息的填写（如图 3-1 所示）和会员信息显示功能（如图 3-2 所示），用户信息并未保存到数据库。有关数据库的操作内容，我们将在后面进行详细介绍。

图 3-1　会员注册页面

图 3-2　会员信息显示

3.2　服务器控件概述

ASP.NET 服务器控件是运行在服务器端的，并且封装了用户界面和其他功能的工具组件。控件的含义表明它不仅是具有呈现外观作用的元素，而且还是一种对象，是一种定义了 Web 应用程序用户界面的组件。VS2017 提供了多种类型的服务器控件，如 Web 标准服务器控件、验证控件和数据控件等。

1. 服务器控件的属性和事件

服务器控件的属性，是指控件中具有的与用户界面特征相关的，或者与运行状态有关的字段。大部分服务器控件的属性可分为布局、数据、外观、行为和杂项等 5 类。布局类属性与页面控件元素的设置有关，如控件尺寸、大小等；数据类属性包括与数据绑定相关的属性，如 DataSource 等；外观类属性包括背景色、字体格式等；行为类属性与控件的运行相关，如 Enable 和 Visible 等；杂项表示除此之外的其他属性。

服务器控件的事件是指程序得以运行的触发器（如 Button 控件的 Click 事件等）。当用户与 Web 页面进行交互时，控件被触发，并通过执行事件程序做出相应的响应。与传统客户端窗体中的事件，或者基于客户端的 Web 应用程序中的事件相比，由服务器控件引发的事件在工作方式上稍有不同。前者在客户端引发和处理事件，而后者则是与服务器控件关联的事件在客户端引发，由 ASP.NET 页面框架在 Web 服务器上处理。对于在客户端引发的事件，Web 窗体控件事件模型要求在客户端捕获事件信息，并且通过 HTTP 将事件消息传输到服务器。页面框架解释该发送以确定所发生的事件，然后在要处理该事件的服务器上调用代码中的相应方法。

2. 服务器控件的特点

服务器控件具有如下特点：

- 公共对象模型。服务器控件是基于公共对象模型的，因此它们可以相互共享大量属性，这也是软件复用思想的体现。例如，Label 控件和 Button 控件都有设置背景颜色的属性，它们都使用同一属性 BackColor。
- 保存视图状态。传统的 HTML 元素是无视图状态的。当页面在服务器端和客户端之间来回传送时，服务器控件会自动保存视图状态。
- 数据绑定模型。ASP.NET 服务器控件为使用多种数据源提供了方便，可以快速实现数据绑定和访问，大大简化了动态网页的数据访问进程。
- 用户定制。服务器控件为网页开发者提供了多种机制来定制属于自己的页面。例如，可以通过设置服务器控件的 CSS 属性来设置其外观。
- 配置文件。服务器控件在 Web 应用程序级别上，可通过 web.config 文件对程序进行配置，这使得开发人员可对程序的行为进行统一的控制或改变，而无须对应用程序本身进行重新编译或生产。
- 创建浏览器特定的 HTML。当浏览器申请某个页面时，服务器控件会确定浏览器的类型，然后灵活生成适合该浏览器显示的 HTML 代码。

3.3　常用服务器控件

3.3.1　文本控件

1. Label 控件

Label 控件用于在页面上显示文本信息，它不但支持静态文本显示，而且重点是支持用户以编程方式动态显示文本。Label 控件常用的属性有 ID、Text 和 Font 等。其中，ID 表示控件标识，Text 表示控件显示的文本内容，Font 表示字体格式设置，如大小、颜色等。

【例 3-1】利用 Label 控件动态显示和改变文本内容与显示格式（Ex3-1.aspx）。

扫码看视频

（1）右击“解决方案资源管理器”中的 Example 网站，依次执行快捷菜单中的“添加”→“添加新项”命令打开“添加新项”对话框，在该对话框左侧的语言项中选择“Visual C#”，在“名称”文本框中输入网页文件名称“Ex3-1.aspx”，并取消选择右侧的“将代码放在单独的文件中”复选项，具体设置如图 3-3 所示。

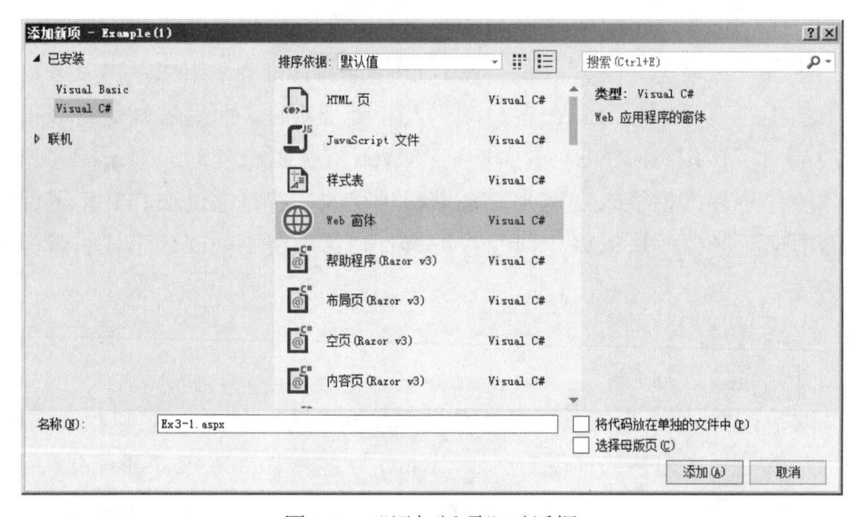

图 3-3　“添加新项”对话框

（2）在页面设计视图下输入“注意查看显示效果:”，并依次添加 1 个 Label 控件和 1 个 Button 控件。设置 Label 控件 ID 属性值为“lblmess”，Text 属性值为“Label 控件内容”。设置 Button 控件的 Text 属性值为“改变内容”，如图 3-4 所示。

（3）双击“改变内容”按钮，界面切换到源视图，在对应的 Button1_Click 事件内输入以下代码。

```
protected void Button1_Click(object sender, EventArgs e)
{
    lblmes.Text = DateTime.Now.ToString();
    lblmes.ForeColor = System.Drawing.Color.Red;
    lblmes.Font.Bold = true;
}
```

网页的代码视图如图 3-5 所示。

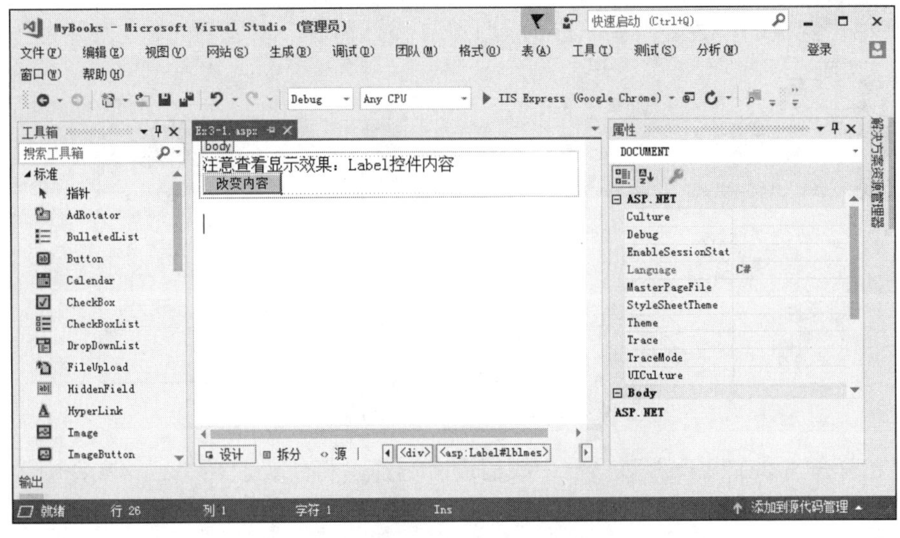

图 3-4　Ex3-1.aspx 页面视图

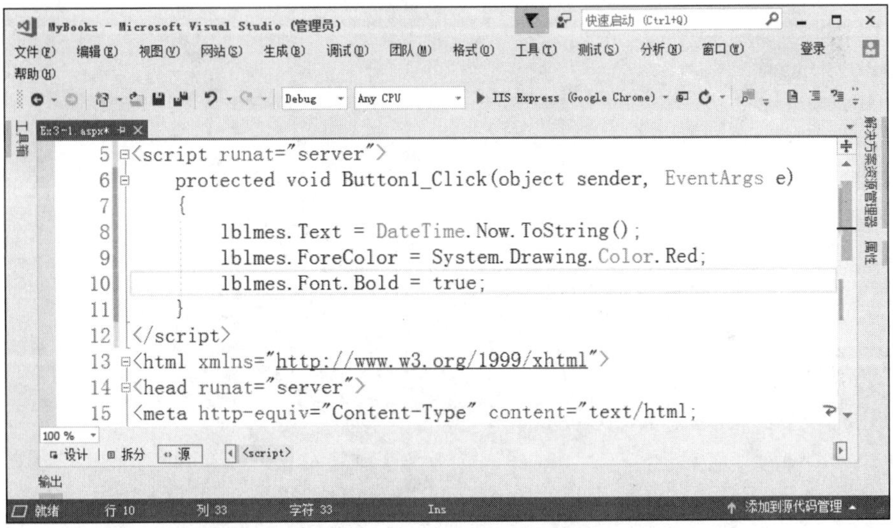

```
5  <script runat="server">
6      protected void Button1_Click(object sender, EventArgs e)
7      {
8          lblmes.Text = DateTime.Now.ToString();
9          lblmes.ForeColor = System.Drawing.Color.Red;
10         lblmes.Font.Bold = true;
11     }
12 </script>
13 <html xmlns="http://www.w3.org/1999/xhtml">
14 <head runat="server">
15 <meta http-equiv="Content-Type" content="text/html;
```

图 3-5　Ex3-1.aspx 代码视图

（4）保存文件。

（5）按 F5 键启动调试，运行效果如图 3-6 所示。

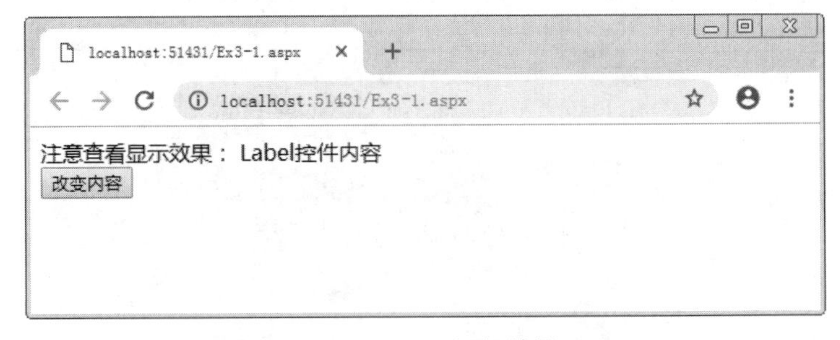

图 3-6　Ex3-1.aspx 运行效果（1）

（6）单击网页的“改变内容”按钮，“Label 控件内容”变成了红色、加粗的当前日期时间，如图 3-7 所示。

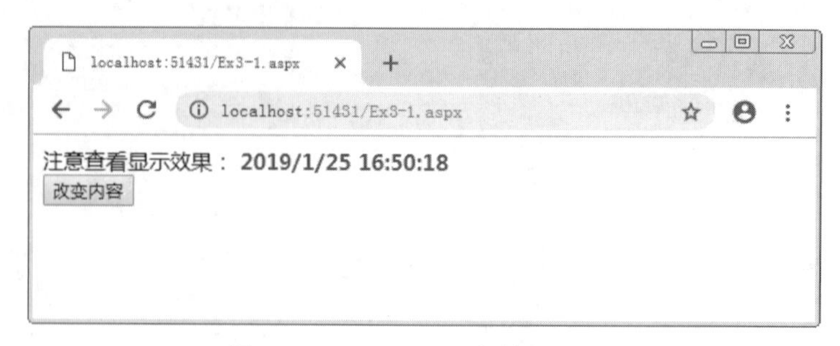

图 3-7　Ex3-1.aspx 运行效果（2）

由于之前在“添加新项”对话框中我们没有选择“将代码放在单独的文件中”复选项，导致该案例采用了单文件模式创建网页，即网页的 HTML 标记和事件代码内容都保存在了一个以 aspx 为扩展名的文件里。在这里只是想告诉大家，VS2017 支持单文件方式，但作者不建议这样创建网页文件。

Ex3-1.aspx 源代码如下：

```
<%@ Page Language="C#" %>
<!DOCTYPE html>
<script runat="server">
    protected void Button1_Click(object sender, EventArgs e)
    {
        lblmes.Text = DateTime.Now.ToString();
        lblmes.ForeColor = System.Drawing.Color.Red;
        lblmes.Font.Bold = true;
    }
</script>
<html xmlns="http://www.w3.org/1999/xhtml">
<head runat="server">
<meta http-equiv="Content-Type" content="text/html; charset=utf-8"/>
    <title></title>
</head>
<body>
    <form id="form1" runat="server">
        <div>
            注意查看显示效果：
            <asp:Label ID="lblmes" runat="server" Text="Label 控件内容"></asp:Label><br />
            <asp:Button ID="Button1" runat="server" onclick="Button1_Click" Text="改变内容" />
        </div>
    </form>
</body>
</html>
```

程序说明：

- “lblmes.Text = DateTime.Now.ToString();”语句中，DateTime.Now 属性的作用是获取

一个 DateTime 对象，并将其设置为系统当前日期和时间。ToString()方法的作用是返回当前对象的字符串。

- “lblmes.ForeColor = System.Drawing.Color.Red;”语句中，lblmes.ForeColor 指的是 lblmes 控件的 ForeColor 属性；System.Drawing.Color.Red 表示 System.Drawing 命名空间的颜色值。
- “lblmes.Font.Bold = true;”表示 lblmes 控件的 Font（字体）的 Bold 属性值为 true，即控件文本字体以加粗格式显示。

提示：通常情况下，页面上显示的静态文本应首先采用 HTML 标签或静态文字显示，而不使用 Label 控件。因为 Label 控件作为服务器控件，会占用一定的服务器资源，影响系统性能。另外，虽然 VS2017 支持单文件模式创建网页文件，但从代码分离的设计思想出发，建议读者选择“将代码放在单独的文件中”复选项，将网页前台和后台代码分开操作，这样便于代码阅读和维护。

2. TextBox 控件

TextBox 控件又称文本框控件，是用于输入任何类型的文本、数字或其他字符的文本区域。同时，TextBox 控件也可以设置为只读控件，用于文本显示。

TextBox 控件的常用属性及说明见表 3-1。

表 3-1 TextBox 控件的常用属性及说明

属性	说明
ID	控件唯一标识
Text	控件要显示的文本
TextMode	控件的输入模式，有 SingleLine（单行）、MultiLine（多行）和 Password（密码）三种，默认为 SingleLine
Width	控件的宽度
MaxLength	控件可接收的最大字符数
AutoPostBack	控件内容修改后，是否自动回发到服务器，常和控件的 TextChanged 事件配合使用
Visible	控件是否可见
Enabled	控件是否可用
Rows	控件中文本显示的行数，该属性在 TextMode 为 MultiLine 时有效

【例 3-2】利用 TextBox 和 Button 控件制作用户登录页面，用户名最多支持 3 个字符。光标移出姓名文本框时，屏幕上出现动态提示文字。密码输入时，以黑点或星号显示。单击“登录”按钮后，显示用户登录信息（Ex3-2.aspx）。

扫码看视频

（1）在页面上输入文本“姓名：”，并添加 1 个 TextBox 控件，分别设置该 TextBox 控件的 ID 属性为 txtname、Width 属性为 80px、MaxLength 属性为 3、AutoPostBack 属性为 True。

（2）选中文本控件 txtname 的基础上，单击属性窗口上的事件图标，将属性窗口切换到事件窗口。双击 TextChanged 事件（或者双击 txtname 控件），打开网页后台代码编辑区 Ex3-2.aspx.cs，并在 txtname_TextChanged 事件区域内输入以下代码。

```
protected void txtname_TextChanged(object sender, EventArgs e)
{
    Response.Write("你的姓名是：" + txtname.Text);
}
```

（3）在 Ex3-2.aspx 页面视图窗口，继续输入“密码:”，并添加 1 个 TextBox 控件，设置该 TextBox 控件的 ID 属性为 txtpwd、TextMode 属性为 Password。

（4）在页面上再添加 1 个 Button 控件，设置其 Text 为“登录”。双击该控件打开网页后台代码编辑区 Ex3-2.aspx.cs，在 Button1_Click 事件区域内输入以下代码。

```
protected void Button1_Click(object sender, EventArgs e)
{
    Response.Write("你是姓名是：" + txtname.Text + "<br/>密码是：" + txtpwd.Text);
}
```

（5）完成上述工作后，保存全部文件，按快捷键 F5 启动调试，运行效果如图 3-8 所示。

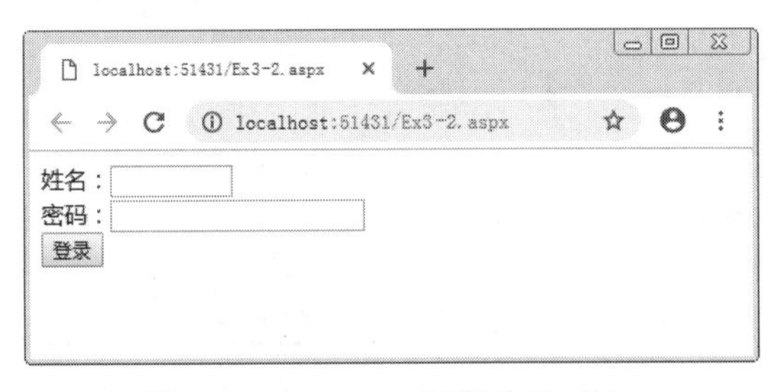

图 3-8　Ex3-2.aspx 运行效果（1）

（6）在“姓名”文本框输入“张晓萍”，将光标移至其他位置时，网页上会显示“你的姓名是：张晓萍”，运行效果如图 3-9 所示。

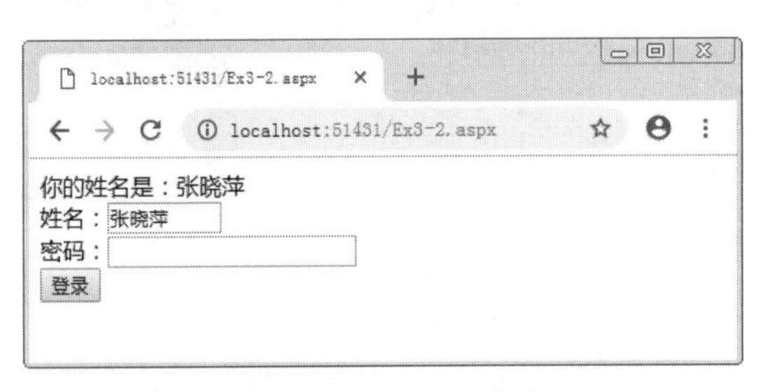

图 3-9　Ex3-2.aspx 运行效果（2）

（7）在“密码”文本框输入密码后，该文本框显示黑点（或星号）。单击“登录”按钮后，用户登录信息显示在网页上，运行效果如图 3-10 所示。

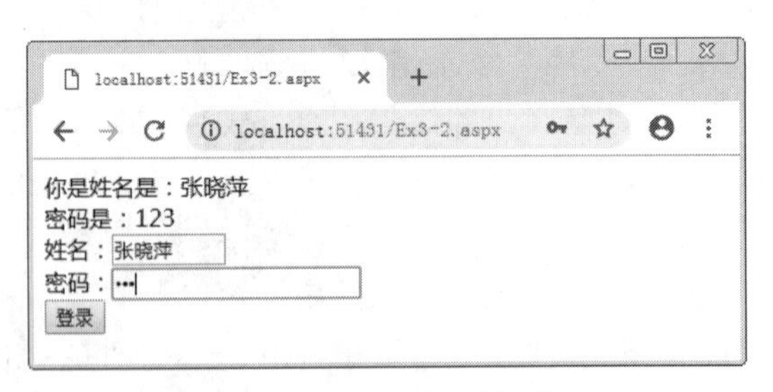

图 3-10　Ex3-2.aspx 运行效果（3）

Ex3-2.aspx 文件代码如下：

```
<%@ Page Language="C#" AutoEventWireup="true" CodeFile="Ex3-2.aspx.cs" Inherits="Ex3_2" %>
<html xmlns="http://www.w3.org/1999/xhtml">
<head runat="server">
    <title>Ex3-2</title>
</head>
<body>
    <form id="form1" runat="server">
    <div>
    姓名：<asp:TextBox ID="txtname" runat="server" AutoPostBack="True" Width="80px" MaxLength="3"
        ontextchanged ="txtname_TextChanged" />
    <br />
    密码：<asp:TextBox ID="TextBox2" runat="server" TextMode="Password" />
    <br />
    <asp:Button ID="Button1" runat="server" Text="登录" />
    </div>
    </form>
</body>
</html>
```

Ex3-2.aspx.cs 文件主要代码如下：

```
public partial class Ex3_2 : System.Web.UI.Page
{
    protected void Page_Load(object sender, EventArgs e)
    {
    }
    protected void txtname_TextChanged(object sender, EventArgs e)
    {
        Response.Write("你的姓名是：" + txtname.Text);
    }
    protected void Button1_Click(object sender, EventArgs e)
    {
        Response.Write("你的姓名是：" + txtname.Text + "<br/>密码是：" + txtpwd.Text);
    }
}
```

程序说明：

- TextBox 控件的内容被修改并失去焦点后，则引发该控件的 TextChanged 事件，即执行后台文件所对应的事件代码。这里需要读者注意的是，要想使 TextChanged 事件正常工作，还必须设置 TextBox 控件的 AutoPostBack 属性为 True，即自动向服务器进行信息回传。
- Response.Write 的作用是向客户端浏览器输出指定字符串。其中，参数中的“+”是字符串连接运算符，起到连接字符串的作用，如“中国”+“你好”等价于“中国你好”。

3.3.2 选择控件

1. RadioButton 控件

RadioButton 是单选按钮控件。当用户选择某个单选按钮时，同组中的其他按钮不能被同时选中。RadioButton 控件的常用属性及说明见表 3-2。

表 3-2 RadioButton 控件的常用属性及说明

属性	说明
ID	控件唯一标识
Text	控件关联的文本标签
GroupName	控件所属的控件组名
Checked	控件是否被选中
AutoPostBack	单击控件时是否自动回发到服务器
Enabled	判断控件是否可用

【例 3-3】利用 RadioButton 控件来获取用户性别信息，如图 3-11 所示（Ex3-3.aspx）。

扫码看视频

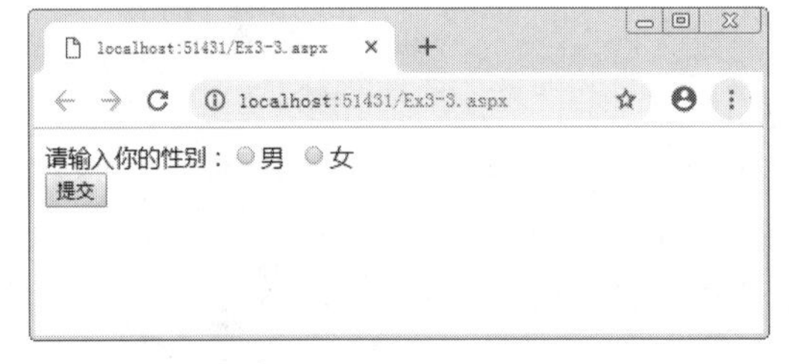

图 3-11 Ex3-3.aspx 运行效果

Ex3-3.aspx 文件代码如下：

```
<%@ Page Language="C#" AutoEventWireup="true" CodeFile="Ex3-3.aspx.cs" Inherits="Ex3_3" %>
<!DOCTYPE html>
<html xmlns="http://www.w3.org/1999/xhtml">
<head runat="server">
<meta http-equiv="Content-Type" content="text/html; charset=utf-8"/>
    <title></title>
</head>
<body>
    <form id="form1" runat="server">
        <div>
            请输入你的性别：<asp:RadioButton ID="rdbtnnan" runat="server" GroupName="Gsex" Text="
男" />
 <asp:RadioButton ID="rdbtnv" runat="server" GroupName="Gsex" Text="女" /><br />
            <asp:Button ID="Button1" runat="server" OnClick="Button1_Click" Text="提交" /><br />
            <asp:Label ID="lblmes" runat="server"></asp:Label>
        </div>
    </form>
</body>
</html>
```

Ex3-3.aspx.cs 文件的主要代码如下：

```
protected void Button1_Click(object sender, EventArgs e)
    {
```

```
        //没有选择性别（男或女）
        if (rdbtnnan.Checked == false && rdbtnv.Checked == false)
            lblmes.Text = "你没有选择性别，请重新选择";
        else
        {
            //选择了一种性别（男或女）
            if (rdbtnnan.Checked == true)
                lblmes.Text = "你选择了男性";
            if(rdbtnv.Checked)
                lblmes.Text = "你选择了女性";
        }
    }
```

程序说明：

- 例子中的两个 RadioButton 控件的 GroupName 属性值必须一致，如都是 Gsex。因为只有 GroupName 属性值相同，才能保证这些控件成为一组，选择时它们相互排斥。
- 在后台代码文件中，以“//”标记开头表示该行为注释行，该标记所在行的命令语句不被执行。
- “if(rdbtnnan.Checked == true)”语句中的 rdbtnnan.Checked 的值为 true 时，表示控件 rdbtnnan 被选中；值为 false 时，表示未被选中。该语句可简化为 if(rdbtnnan.Checked)。
- “if(rdbtnnan.Checked == false && rdbtnv.Checked == false)”语句中，“&&”是“逻辑并”运算符。如有逻辑表达式 A&&B，当且仅当 A、B 值都为 true 时，A&&B 值才为 true。相对地，运算符“||”表示“逻辑或”运算，A||B 表示只要 A、B 值有一个为 true，则 A||B 结果为 true。

2. RadioButtonList 控件

由于 RadioButton 控件都是相互独立的，在同一组中的 RadioButton 控件才可以相互排斥。若判断同组中的多个 RadioButton 控件是否被选中，则需要判断所有 RadioButton 控件的 Checked 属性，效率太低。RadioButtonList 控件作为 RadioButton 组列表的升级，有效地解决了上述问题，它为读者提供了一组 RadioButton，大大方便了操作。RadioButtonList 控件的常用属性及说明见表 3-3。

表 3-3　RadioButtonList 控件的常用属性及说明

属性	说明
ID	控件唯一标识
AutoPostBack	单击控件时是否自动回发到服务器，响应 OnSelectedIndexChanged 事件
CellPading	各项目之间的距离，单位是像素
Items	返回 RadioButtonList 控件中的 ListItem 的对象
RepeatDirection	选择项目的排列方向，默认为 Vertical
RepeatColumns	设置一行旋转选择项目的个数，默认为 0（表示忽略该项）
SelectedItem	返回被选择的 ListItem 对象
TextAlign	设置各项目所显示文字在按钮左边还是右边，默认为 Right（右边）

【例 3-4】利用 RadioButtonList 控件实现考试系统中单选题的操作，运行效果如图 3-12 所示。同时，设置 RadioButtonList 控件的 AutoPostBack 属性和 OnSelectedIndexChanged 事件，实现单选选项时，能够实现文字提示的即时更新，运行效果如图 3-13 所示（Ex3-4.aspx）。

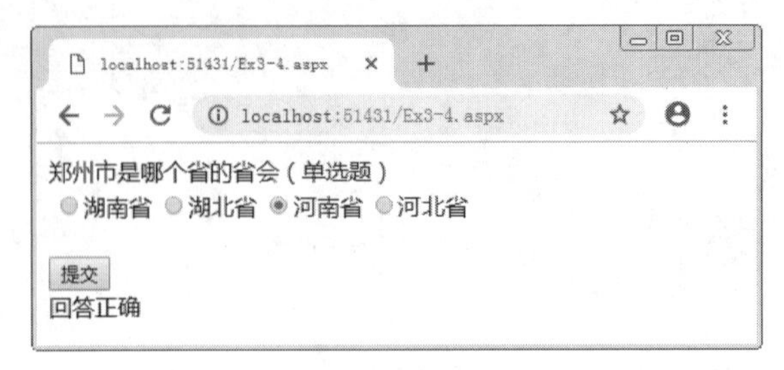

图 3-12　Ex3-4.aspx 运行效果图（1）

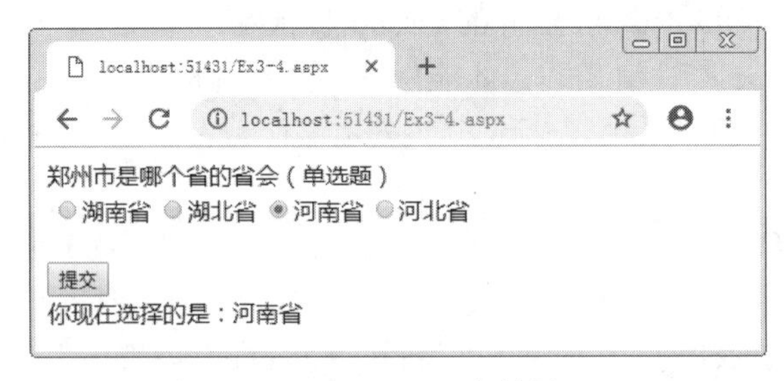

图 3-13　Ex3-4.aspx 运行效果（2）

Ex3-4.aspx 文件代码如下：

```
<%@ Page Language="C#" AutoEventWireup="true" CodeFile="Ex3-4.aspx.cs" Inherits="Ex3_4" %>
<!DOCTYPE html>
<html xmlns="http://www.w3.org/1999/xhtml">
<head runat="server">
<meta http-equiv="Content-Type" content="text/html; charset=utf-8"/>
    <title></title>
</head>
<body>
    <form id="form1" runat="server">
        <div>
            郑州市是哪个省的省会（单选题）<br />
            <asp:RadioButtonList ID="rdbtnpre" runat="server" AutoPostBack="True" OnSelectedIndex
Changed="rdbtnpre_SelectedIndexChanged" RepeatDirection="Horizontal">
                <asp:ListItem Value="1">湖南省</asp:ListItem>
                <asp:ListItem Value="2">湖北省</asp:ListItem>
                <asp:ListItem Value="3">河南省</asp:ListItem>
                <asp:ListItem Value="4">河北省</asp:ListItem>
            </asp:RadioButtonList><br />
            <asp:Button ID="Button1" runat="server" OnClick="Button1_Click" Text="提交" /><br />
            <asp:Label ID="lblmes" runat="server"></asp:Label>
        </div>
    </form>
```

```
</body>
</html>
```

Ex3-4.aspx.cs 文件主要代码如下：

```
protected void rdbtnpre_SelectedIndexChanged(object sender, EventArgs e)
    {
        lblmes.Text = "你现在选择的是：" + rdbtnpre.SelectedItem.Text;
    }
    protected void Button1_Click(object sender, EventArgs e)
    {
        if (rdbtnpre.SelectedItem.Value == "3")
            lblmes.Text = "回答正确";
        else
            lblmes.Text = "回答错误";
    }
```

程序说明：

- RadioButtonList 控件的候选项由 ListItem 实现，如<asp:ListItem Value="1">湖南省</asp:ListItem>、<asp:ListItem Value="2">湖北省</asp:ListItem>、<asp:ListItem Value="3">河南省</asp:ListItem>和<asp:ListItem Value="4">河北省</asp:ListItem>。
- “lblmes.Text="你现在选择的是："+rdbtnpre.SelectedItem.Text;”语句中的 rdbtnpre.SelectedItem.Text 表示 rdbtnpre 控件当前被选择项的 Text 值，即 ListItem 控件的 Text 值；而 rdbtnpre.SelectedItem.Value 表示 rdbtnpre 控件当前被选择项的 Value 值，即 ListItem 控件的 Value 值。
- 若使控件的 SelectedIndexChanged 事件即时生效，必须设置该控件的 AutoPostBack 属性为 True，这与前面的 TextBox 控件的 TextChanged 事件用法类似。

提示：对于 RadioButtonList 控件所涉及的 ListItem 选择项，读者可以在选中控件时单击控件右上方的 按钮，选择“RadioButtonList 任务”中的“编辑项”命令，通过图形界面来实现选择项的添加和编辑。

3. CheckBox 控件

CheckBox 控件用来表示是否选取了某个选项，常用于具有是/否、真/假选项的多项选择。CheckBox 控件和 RadioButton 控件类似，两者的区别在于 CheckBox 允许多选。由于 CheckBox 控件和 RadioButton 控件的常用属性大体相同，在此不再单独罗列。

【例 3-5】制作网站，包含“我已经阅读了相关条款”和“我同意开通账号”复选项，运行效果如图 3-14 所示（Ex3- 5.aspx）。

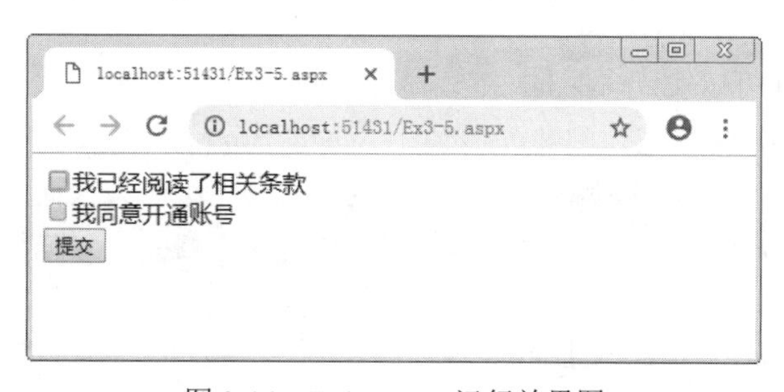

图 3-14　Ex3-5.aspx 运行效果图

Ex3-5.aspx 文件代码如下：

```
<%@ Page Language="C#" AutoEventWireup="true" CodeFile="Ex3-5.aspx.cs" Inherits="Ex3_5" %>
<!DOCTYPE html>
<html xmlns="http://www.w3.org/1999/xhtml">
<head runat="server">
<meta http-equiv="Content-Type" content="text/html; charset=utf-8"/>
    <title></title>
</head>
<body>
    <form id="form1" runat="server">
        <div>
            <asp:CheckBox ID="ckbsee" runat="server" Text="我已经阅读了相关条款" /><br />
            <asp:CheckBox ID="ckbok" runat="server" Text="我同意开通账号" /><br />
            <asp:Button ID="Button1" runat="server" OnClick="Button1_Click" Text="提交" />
        </div>
    </form>
</body>
</html>
```

Ex3-5.aspx.cs 文件主要代码如下：

```
protected void Button1_Click(object sender, EventArgs e)
    {
        if(ckbok.Checked && ckbsee.Checked)
        {
            Response.Write("<script>alert('成功提交信息');</script>");
        }
        else
        {
            if(ckbok.Checked==false)
                Response.Write("<script>alert('开通账号必须选择');</script>");
            if (ckbsee.Checked == false)
                Response.Write("<script>alert('相关条款必须选择已经阅读');</script>");
        }
    }
```

程序说明：

- if(ckbok.Checked)和 if(ckbok.Checked==true)的作用相同，表示 ckbok 控件被选中；if(!ckbok.Checked)和 if(ckbok.Checked==false)的作用相同，表示 ckbok 控件未被选中。

4. CheckBoxList 控件

用 CheckBox 控件可以实现项目的多选，但在判断某一个项目是否被选中的时候，需要对每一个项目的 Selected 属性进行判断。而使用 CheckBoxList 控件，在对控件中全部项目的 Selected 属性进行判断时，可以采用 foreach 循环来完成，从而大大简化了程序开发效率。同时，CheckBoxList 控件和 RadioButtonList 控件在前端设计方面十分相似，十分便于用户理解和使用。

【例 3-6】利用 CheckBoxList 控件实现在线考试的多选题，效果如图 3-15 所示。根据用户所选择的项目，判断是否正确（Ex3-6.aspx）。

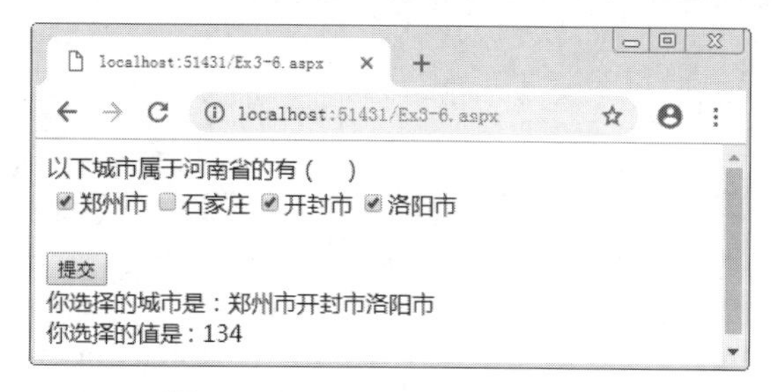

图 3-15　Ex3-6.aspx 运行效果图

Ex3-6.aspx 文件主要代码如下：

```
<%@ Page Language="C#" AutoEventWireup="true" CodeFile="Ex3-6.aspx.cs" Inherits="Ex3_6" %>
<!DOCTYPE html>
<html xmlns="http://www.w3.org/1999/xhtml">
<head runat="server">
<meta http-equiv="Content-Type" content="text/html; charset=utf-8"/>
    <title></title>
</head>
<body>
    <form id="form1" runat="server">
        <div>
            以下城市属于河南省的有（  ）<br />
            <asp:CheckBoxList ID="ckblcity" runat="server" RepeatDirection="Horizontal">
                <asp:ListItem Value="1">郑州市</asp:ListItem>
                <asp:ListItem Value="2">石家庄</asp:ListItem>
                <asp:ListItem Value="3">开封市</asp:ListItem>
                <asp:ListItem Value="4">洛阳市</asp:ListItem>
            </asp:CheckBoxList><br />
            <asp:Button ID="Button1" runat="server" OnClick="Button1_Click" Text="提交" /><br />
            <asp:Label ID="lblmes" runat="server"></asp:Label>
        </div>
    </form>
</body>
</html>
```

Ex3-6.aspx.cs 文件主要代码如下：

```
protected void Button1_Click(object sender, EventArgs e)
    {
        string ss = "", tt = "";
        foreach(ListItem li in ckblcity.Items)
        {
            if(li.Selected)
            {
                ss += li.Text;
                tt += li.Value;
            }
        }
        lblmes.Text = "你选择的城市是：" + ss + "<br/>你选择的值是：" + tt;
```

```
        if (tt == "134")
            Response.Write("<script>alert('回答正确');</script>");
        else
            Response.Write("<script>alert('回答错误');</script>");
    }
```

程序说明：

- “foreach(ListItem li in ckblcity.Items)”语句中，ckblcity.Items 表示 CheckBoxList 控件所有的列表项。利用 foreach 循环，可以方便地实现获取所有选项的 Selected 属性值，从而判断该项目是否被选中。
- “if(li.Selected)”语句中，li 是在 foreach 语句中定义的 ListItem 变量，用于遍历 ckblcity 控件的所有项目。“li.Selected”表示相应的选项被选中，与“li.Selected==true”等价。需要注意的是，CheckBoxList 选项是否被选中要用 Selected 值来判断，而非 Checked 值。

5. DropDownList 控件

DropDownList 控件是一个下拉式列表控件，其功能和 RadioButtonList 控件类似，用户可以从预定义的下拉列表框中选择单一选项。DropDownList 控件适合具有较多选项的情况，能够使程序界面更加紧凑。

【例 3-7】利用 DropDownList 控件实现用户出生地选择功能，如图 3-16 所示。根据用户所选择的出生地不同，单击“提交”按钮后提示不同的信息（Ex3-7.aspx）。

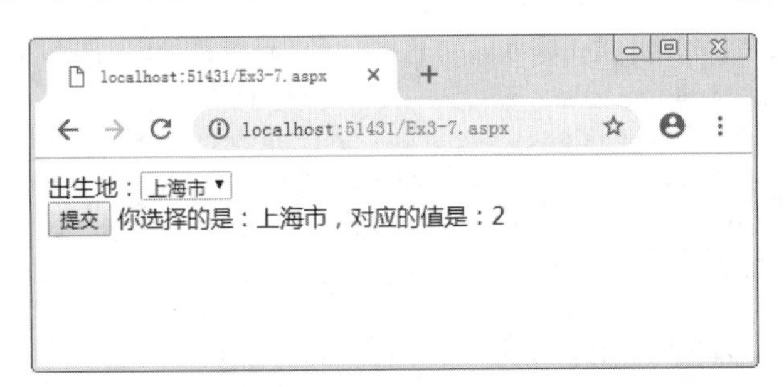

图 3-16　Ex3-7.aspx 运行效果图

Ex3-7.aspx 文件代码如下：

```
<%@ Page Language="C#" AutoEventWireup="true" CodeFile="Ex3-7.aspx.cs" Inherits="Ex3_7" %>
<!DOCTYPE html>
<html xmlns="http://www.w3.org/1999/xhtml">
<head runat="server">
<meta http-equiv="Content-Type" content="text/html; charset=utf-8"/>
    <title></title>
</head>
<body>
    <form id="form1" runat="server">
        <div>
            出生地：<asp:DropDownList ID="ddlhome" runat="server">
                <asp:ListItem Value="1">北京市</asp:ListItem>
                <asp:ListItem Value="2">上海市</asp:ListItem>
                <asp:ListItem Value="3">广州市</asp:ListItem>
                <asp:ListItem Value="4">深圳市</asp:ListItem>
                <asp:ListItem Selected="True" Value="5">郑州市</asp:ListItem>
```

```
            </asp:DropDownList><br />
            <asp:Button ID="Button1" runat="server" Text="提交" OnClick="Button1_Click" />
            <asp:Label ID="lblmes" runat="server" Text="Label"></asp:Label>
        </div>
    </form>
</body>
```

Ex3-7.aspx.cs 文件主要代码如下：

```
protected void Button1_Click(object sender, EventArgs e)
    {
        lblmes.Text = "你选择的是："+ddlhome.SelectedItem.Text+"，对应的值是："+ ddlhome.SelectedValue;
    }
```

程序说明：

- 代码“<asp:ListItem Selected="True" Value="5">郑州市</asp:ListItem>”中，Selected="True"的作用是将该选项设置为默认选中项。
- DropDownList 控件所包含的选项是由<asp:ListItem></asp:ListItem>构成的，用户除了可以借助于项目列表输入外，还可以通过后台编程实现输入。
- 后台代码“ddlhome.SelectedItem.Text”指的是选项对应的显示文本，如“上海市”。代码“ddlhome.SelectedValue”指的是对应选项的 Value 值，如“上海市”对应的值为 2。

6. Calendar 控件

Calendar 控件是日历控件，用于选择日期，可以结合 TextBox 控件一起使用，实现日期输入，从而用规范和简化的日期数据格式实现输入。

【例 3-8】利用 Calendar 控件实现用户入团日期输入功能，效果如图 3-17 所示。用户通过 Calendar 控件选择日期，使选中的日期出现在对应的文本框中，同时自动隐藏日历控件（Ex3-8.aspx）。

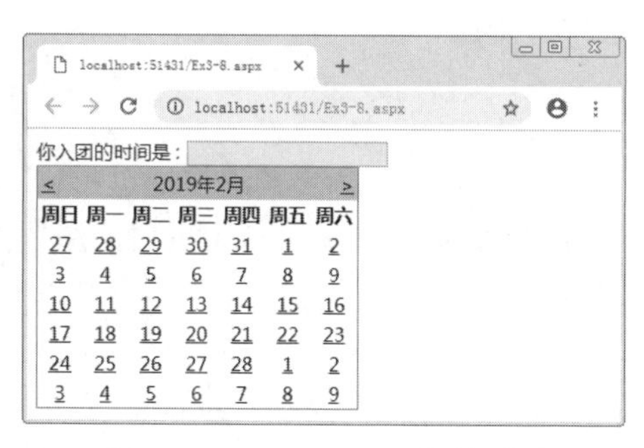

扫码看视频

图 3-17　Ex3-8.aspx 运行效果图

Ex3-8.aspx 文件代码如下：

```
<%@ Page Language="C#" AutoEventWireup="true" CodeFile="Ex3-8.aspx.cs" Inherits="Ex3_8" %>
<!DOCTYPE html>
<html xmlns="http://www.w3.org/1999/xhtml">
<head runat="server">
<meta http-equiv="Content-Type" content="text/html; charset=utf-8"/>
    <title></title>
</head>
```

```
<body>
    <form id="form1" runat="server">
        <div>
            你入团的时间是：<asp:TextBox ID="txtdate" runat="server" Enabled="False" ></asp:TextBox>
            <asp:Calendar ID="clddate" runat="server" Height="16px" OnSelectionChanged=
                    "clddate_SelectionChanged" Width="276px"></asp:Calendar>
        </div>
    </form>
</body>
</html>
```

Ex3-8.aspx.cs 文件主要代码如下：

```
protected void clddate_SelectionChanged(object sender, EventArgs e)
    {
        txtdate.Text = clddate.SelectedDate.ToShortDateString();
        clddate.Visible = false;
    }
```

程序说明：

- 在代码“<asp:TextBox ID="txtdate" runat="server" Enabled="False" >”中，“Enabled="False"”表示控件不可编辑。
- 使用 Calendar 控件时，用户可以通过控件右上方的按钮展开“Calendar 任务”，通过设置“自动套用格式”来设置控件外观。
- 后台代码“clddate.SelectedDate.ToShortDateString()”实现将 Calendar 控件选中的日期以短日期格式显示到文本框。

提示：由于 Calendar 控件占用页面较多，从页面美观出发，可以在 TextBox 控件后添加一个按钮，用于控制 Calendar 控件显示，对应的后台代码为“Calendar1.Visible = true;”。

3.3.3 按钮控件

1．Button 控件

Button 控件是用户使用频率最高的控件之一。用户通过单击 Button 控件来执行该控件的 Click 事件。Button 控件的常用属性有 Id 和 Text，OnClick 事件是该控件的常用事件。

扫码看视频

下面在例 3-8 的基础上继续操作，添加 1 个 Button 控件控制 Calendar 控件的显示。

【例 3-9】利用 Button 控件控制 Calendar 控件的显示，效果如图 3-18 所示。单击“显示日历”按钮，出现如图 3-19 所示的日历。用户选择日期后，日期出现在文本框中，日历窗口被关闭（Ex3-9.aspx）。

Ex3-9.aspx 文件主要代码如下：

```
<%@ Page Language="C#" AutoEventWireup="true" CodeFile="Ex3-9.aspx.cs" Inherits="Ex3_9" %>
<!DOCTYPE html>
<html xmlns="http://www.w3.org/1999/xhtml">
<head runat="server">
<meta http-equiv="Content-Type" content="text/html; charset=utf-8"/>
    <title></title>
```

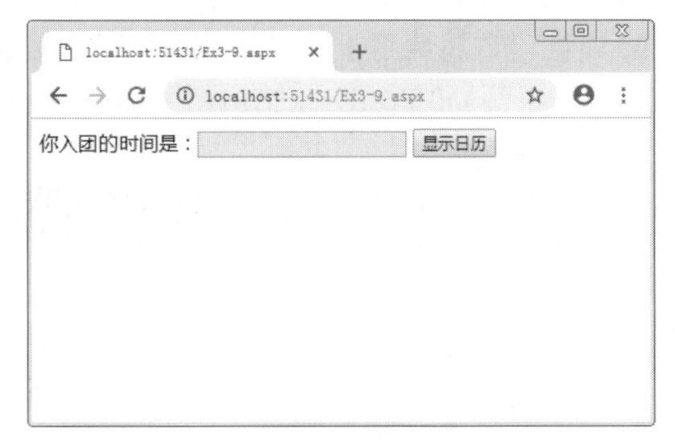

图 3-18 Ex3-9.aspx 运行效果图(1)

图 3-19 Ex3-9.aspx 运行效果图(2)

```
</head>
<body>
    <form id="form1" runat="server">
        <div>
            你入团的时间是：<asp:TextBox ID="txtdate" runat="server" Enabled="False"></asp:TextBox>
            <asp:Button ID="Button1" runat="server" OnClick="Button1_Click" Text="显示日历" />
            <asp:Calendar ID="clddate" runat="server" Height="16px" OnSelectionChanged=
                "clddate_SelectionChanged" Width="276px"></asp:Calendar>
        </div>
    </form>
</body>
</html>
```

Ex3-9.aspx.cs 文件主要代码如下：

```
protected void Page_Load(object sender, EventArgs e)
    {
        clddate.Visible = false;
    }
 protected void Button1_Click(object sender, EventArgs e)
    {
        clddate.Visible = true;
    }
 protected void clddate_SelectionChanged(object sender, EventArgs e)
    {
        txtdate.Text = clddate.SelectedDate.ToShortDateString();
        clddate.Visible = false;
    }
```

程序说明：

- 后台代码在 Page_Load 事件中，使用代码“clddate.Visible = false;”将 Calendar 控件隐藏。在按钮控件的 Button1_Click 事件中，通过代码“clddate.Visible = true;”将其显示。又在日历控件的 clddate_SelectionChanged 事件中，将其隐藏。
- 该案例中，Page_Load 事件在页面加载时被触发；Button1_Click 事件在单击相应 Button 控件时被触发；clddate_SelectionChanged 事件在 Calendar 控件选项改变时被触发。

2. LinkButton 控件

LinkButton 控件又称超链接按钮控件。该控件在功能上与 Button 控件相同，但样式以超链接形式显示。LinkButton 控件有一个 PostBackUrl 属性，该属性用于设置单击控件时链接到的网址。需要注意的是，如果以后同时设定了 Click 事件代码和 PostBackUrl 属性，控件会优先转向 PostBackUrl 所指向的网页，而不再执行 Click 事件代码。

【例 3-10】利用 LinkButton 控件的 PostBackUrl 属性实现超链接功能，如图 3-20 所示。用户单击“Ex3-9.aspx”链接，页面将转向 Ex3-9.aspx 页面（Ex3-10.aspx）。

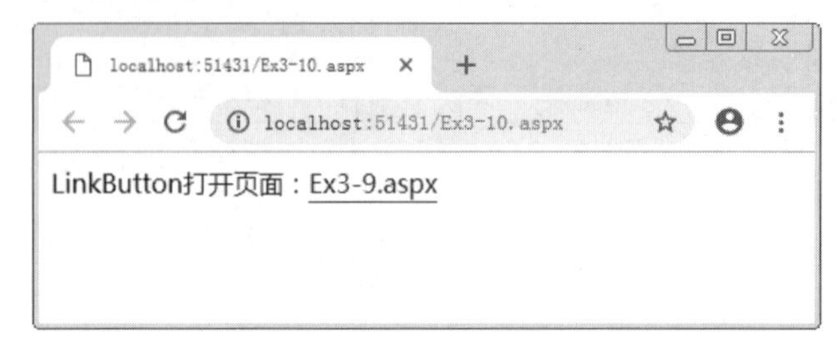

图 3-20　Ex3-10.aspx 运行效果图

Ex3-10.aspx 文件代码如下：

```
<%@ Page Language="C#" AutoEventWireup="true" CodeFile="Ex3-10.aspx.cs" Inherits="Ex3_10" %>
<!DOCTYPE html>
<html xmlns="http://www.w3.org/1999/xhtml">
<head runat="server">
<meta http-equiv="Content-Type" content="text/html; charset=utf-8"/>
    <title></title>
</head>
<body>
    <form id="form1" runat="server">
        <div>
            LinkButton 打开页面：<asp:LinkButton ID="lbtnweb" runat="server" OnClick="LinkButton1_
                Click" PostBackUrl="~/Ex3-9.aspx">Ex3-9.aspx</asp:LinkButton>
        </div>
    </form>
</body>
</html>
```

Ex3-10.aspx.cs 文件代码如下：

```
protected void lbtnweb_Click(object sender, EventArgs e)
    {
        Response.Write("<script language='javascript'>alert('提示文本');</script>");
    }
```

程序说明：

- 尽管该案例设定了 LinkButton 控件的 Click 事件，但由于其 PostBackUrl 属性指定了跳转页面，所以其 Click 事件代码不能被执行。
- 代码“PostBackUrl="~/Ex3-9.aspx"”中，“~/”表示相对路径的同级目录，即 Ex3-9.aspx 和 Ex3-10.aspx 应保存在同一个文件夹。

3．ImageButton 控件

ImageButton 控件是图片按钮控件。用户单击控件上的图片将引发控件的 Click 事件。ImageButton 控件有一个 ImageUrl 属性，该属性用于设置按钮上显示的图片位置，其他属性和用法与 Button 控件相同。

【例 3-11】利用 ImageButton 控件达到美化按钮的效果，效果如图 3-21 所示（Ex3-11.aspx）。

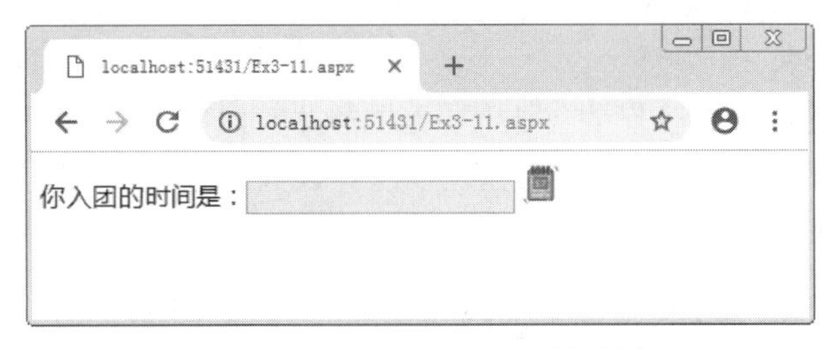

图 3-21 Ex3-11.aspx 运行效果图

Ex3-11.aspx 文件代码如下：

```
<%@ Page Language="C#" AutoEventWireup="true" CodeFile="Ex3-11.aspx.cs" Inherits="Ex3_11" %>
<!DOCTYPE html>
<html xmlns="http://www.w3.org/1999/xhtml">
<head runat="server">
<meta http-equiv="Content-Type" content="text/html; charset=utf-8"/>
    <title></title>
</head>
<body>
    <form id="form1" runat="server">
        <div>
            你入团的时间是：<asp:TextBox ID="txtdate" runat="server" Enabled="False"></asp:TextBox>
            <asp:ImageButton ID="ImageButton1" runat="server" Height="25px" ImageUrl=
                "~/imgs/riqi.GIF" OnClick="ImageButton1_Click" Width="23px" />
            <asp:Calendar ID="clddate" runat="server" Height="16px" OnSelectionChanged=
                "clddate_SelectionChanged" Width="276px"></asp:Calendar>
        </div>
    </form>
</body>
</html>
```

Ex3-11.aspx.cs 文件代码如下：

```
protected void Page_Load(object sender, EventArgs e)
    {
        clddate.Visible = false;
    }
protected void clddate_SelectionChanged(object sender, EventArgs e)
    {
        txtdate.Text = clddate.SelectedDate.ToShortDateString();
        clddate.Visible = false;
    }
protected void ImageButton1_Click(object sender, ImageClickEventArgs e)
    {
        clddate.Visible = true;
    }
```

程序说明：

ImageButton 控件与 Button 控件相似，只是在显示界面上有所区别。ImageButton 控件采用的是图像，读者可以对照两个控件进行学习。

4. FileUpload 控件

FileUpload 控件是用于将客户端文件上传到服务器的控件。该控件显示 1 个文本框和 1 个浏览按钮。用户可以通过直接在文件框中输入完整的文件名，也可以通过“浏览”按钮选择文件。FileUpload 控件的常用属性及说明见表 3-4。

表 3-4　FileUpload 控件的常用属性及说明

属性	说明
ID	控件唯一标识
FileContent	获取指定上传文件的 Stream 对象（Stream 数据类型）
FileName	获取上传文件在客户端的文件名称
HasFile	获取一个布尔值，用于表示控件是否已经包含一个文件
PostedFile	获取一个与上传文件相关的 HttpPostedFile 对象，使用该对象可以获取上传文件的相关属性

除了上述常用属性外，FileUpload 控件还有一个 SaveAs 方法，用于将上传的文件保存到服务器。

【例 3-12】利用 FileUpload 控件实现文件上传操作，效果如图 3-22 所示。用户单击页面上的“选择文件”按钮，选择要上传的文件；单击“上传”按钮，文件将被上传到服务器网站的根目录下（Ex3-12.aspx）。

扫码看视频

图 3-22　Ex3-12.aspx 运行效果图

Ex3-12.aspx 文件代码如下：

```
<%@ Page Language="C#" AutoEventWireup="true" CodeFile="Ex3-12.aspx.cs" Inherits="Ex3_12" %>
<!DOCTYPE html>
<html xmlns="http://www.w3.org/1999/xhtml">
<head runat="server">
<meta http-equiv="Content-Type" content="text/html; charset=utf-8"/>
    <title></title>
</head>
<body>
    <form id="form1" runat="server">
    <div>
        请选择上传的文件：<asp:FileUpload ID="fulfile" runat="server" /> <br />
        <asp:Button ID="Button1" runat="server" onclick="Button1_Click" Text="上传" />
```

```
        <asp:Label ID="lblmes" runat="server" Text=""></asp:Label>
    </div>
    </form>
</body>
</html>
```

Ex3-12.aspx.cs 文件主要代码如下：

```
protected void Button1_Click(object sender, EventArgs e)
{
    if (fulfile.HasFile)
    {
        string strname = fulfile.FileName;
        fulfile.SaveAs(Server.MapPath(strname));
        lblmes.Text += "文件：" + strname + "已上传到了根目录！";
    }
    else
    {
        Response.Write("请选择上传的文件！");
    }
}
```

程序说明：

- “if (fulfile.HasFile)”语句中，fulfile.HasFile 表示 FileUpload 控件（fulfile）的 HasFile 属性值。该语句与“if (fulfile.HasFile==true)”作用相同，用于判断用户是否选择了上传文件。
- “string strname = fulfile.FileName;”语句中，使用 FileUpload 控件的 FileName 属性获取上传文件的文件名（包括文件扩展名）。
- “fulfile.SaveAs(Server.MapPath(strname));”语句使用 FileUpload 控件的 SaveAs 方法将上传文件保存到服务器。Server.MapPath()方法获取服务器上的物理路径（即绝对路径）。“fulfile.SaveAs(Server.MapPath(strname));”语句的作用是将上传文件以原文件名保存到服务器根目录下。

提示：Server.MapPath()方法可获取服务器的物理路径。Server.MapPath("/")获取应用程序根目录所在的路径；Server.MapPath("./")获取当前页面所在目录的路径，等价于 Server.MapPath("")；Server.MapPath("../")获取当前页面所在目录的上级目录路径。

3.3.4 表格控件

在网站开发过程中，表格是页面布局的一种重要手段。使用 Table（表格）、tr（表格行）和 td（表格单元格）进行页面布局。该方法操作简单、快捷，可大大提高程序开发效率。表格常用的属性及说明见表 3-5。

表 3-5 表格控件的常用属性及说明

属性	说明
Boder	表格边框宽度
CellPadding	单元格边框与内容的间距
CellSpacing	单元格间距

续表

属性	说明
Align	表格、单元格水平方向对齐方式，有 Left、Right 和 Center 三种
Valign	单元格垂直方向对齐方式，有 baseline、bottom、middle 和 top 四种
Style	表格、单元格样式

在 VS2017 环境下，有标准服务器控件类 Table 和 HTML 控件类 Table 两种 Table。这里使用的是 HTML 控件类的 Table，可以通过“表格”→“插入表”命令生成 Table 控件（注：本书无特别声明时，Table 控件均指 HTML 服务器控件类的 Table 控件）。

【例 3-13】利用 Table 控件实现系统登录页面布局设计，效果如图 3-23 所示（Ex3-13.aspx）。

扫码看视频

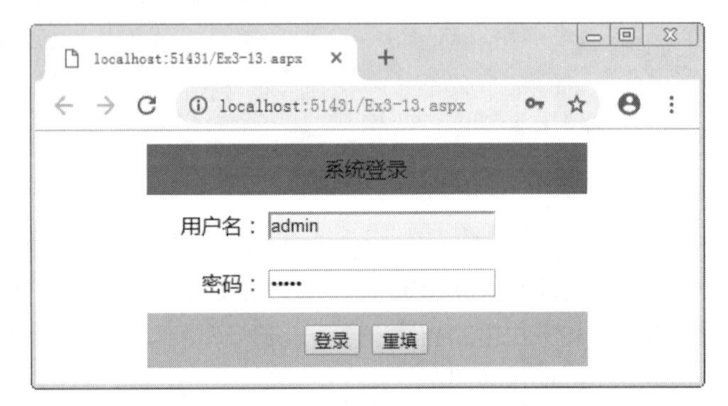

图 3-23　Ex3-13.aspx 运行效果图

Ex3-13.aspx 文件代码如下：

```
<%@ Page Language="C#" AutoEventWireup="true" CodeFile="Ex3-13.aspx.cs" Inherits="Ex3_13" %>
<!DOCTYPE html>
<html xmlns="http://www.w3.org/1999/xhtml">
<head runat="server">
<meta http-equiv="Content-Type" content="text/html; charset=utf-8"/>
    <title></title>
    <style type="text/css">
        .auto-style1 {
            width: 341px;
            height: 171px;
        }
        .auto-style2 {
            text-align: right;
        }
    </style>
</head>
<body>
    <form id="form1" runat="server">
        <div>
            <table align="center" class="auto-style1">
                <tr>
```

```
                <td colspan="2" style="text-align: center; background-color: #0099CC;">系统登录</td>
            </tr>
            <tr>
                <td class="auto-style2">用户名：</td>
                <td>
                    <asp:TextBox ID="txtname" runat="server"></asp:TextBox>
                </td>
            </tr>
            <tr>
                <td class="auto-style2">密码：</td>
                <td>
                    <asp:TextBox ID="txtpwd" runat="server" TextMode="Password"></asp:TextBox>
                </td>
            </tr>
            <tr>
                <td colspan="2" style="text-align: center; background-color: #99CCFF;">
                    <asp:Button ID="Button1" runat="server" Text="登录" /> 
                        <input id="Reset1" type="reset" value="重填" /></td>
            </tr>
        </table>
    </div>
</form>
</body>
</html>
```

3.4 会员注册页面设计

扫码看视频

会员注册页面是网站开发过程中经常用到的，本节将利用本章所学知识进行会员注册页面设计，最终效果如图 3-1 和图 3-2 所示。

具体操作步骤如下所述。

（1）新建 NewUser.aspx，在页面添加 Panel 控件，设置 ID 为 Panel1。在 Panel1 控件内添加一个 9 行 2 列的 Table 控件。

（2）将 Table 左边单元格 td 的 align 属性全部设置为 right（即右对齐），右边单元格的 align 属性全部设置为 left（即左对齐）。将第一行的两个单元格合并，输入“会员注册”，并设置单元格格式。

（3）在左边单元格中自上向下依次输入“用户名：”“密码：”“确认密码：”“性别：”“出生日期：”“最高学历：”“个人爱好：”。

（4）在右边单元格中自上向下依次添加相应的服务器控件，并设置其属性如表 3-6 所列。

表 3-6 表格控件的属性及说明

左侧内容	控件 ID	控件类型	说明
用户名	txtname	TextBox	设置 Width 属性为 82px
密码	txtpwd	TextBox	设置 TextMode 属性为 Password
确认密码	txtpwd2	TextBox	设置 TextMode 属性为 Password

续表

左侧内容	控件 ID	控件类型	说明
性别	rbtlsex	RadioButtonList	设置 RepeatDirection 属性为 Horizontal，ListItem 为“男”和“女”
出生日期	Txtdate	TextBox	设置 Enabled 属性为 False，Width 属性为 83px
	Ibtndate	ImageButton	设置 ImageUrl="~/images/图标.JPG"，onclick="ibtndate_Click"
	clddate	Calendar	设置 onselectionchanged="clddate_SelectionChanged"，Visible ="False"
最高学历	ddlschool	DropDownList	设置 ListItem 为博士生、本科生、专科生、高中生
个人爱好	chblove	CheckBoxList	设置 RepeatDirection="Horizontal"，RepeatColumns="3"

（5）将表格最下面一行两个单元格合并，添加一个服务器类 Button 控件来表示“提交”，以及一个 HTML 类 Input（Reset）控件来表示“取消”。

（6）按照上面的操作方法，在 Table 后面再添加一个 Panel 控件 Panel2。在 Panel2 内添加 7 行 2 列的 Table 控件，表格第一个单元格和左边 1 列内容与上面表格内容相同；右边列单元格里，依次添加 Label 服务器控件，ID 属性依次为 lblname、lblsex、lbldate、lblschool 和 lbllove 等。

（7）最下面一行两个单元格合并，添加一个 Button 控件，设置 onclick="Button1_Click" 和 Text="返回"。

（8）切换到网页后台代码文件，编写 page_load、Button_Click 等事件代码。

NewUser.aspx 文件代码如下：

```
<%@ Page Language="C#" AutoEventWireup="true" CodeFile="NewUser.aspx.cs" Inherits="NewUser" %>
<!DOCTYPE html>
<html xmlns="http://www.w3.org/1999/xhtml">
<head runat="server">
<meta http-equiv="Content-Type" content="text/html; charset=utf-8"/>
    <title>会员注册页面</title>
</head>
<body>
<form id="form1" runat="server">
    <div>
        <asp:Panel ID="Panel1" runat="server">
            <table align="center" cellpadding="0" cellspacing="0" style="border: 2px groove #FF3300;width:
                350px; height:
            370px;">
                <tr>
                    <td align="center" colspan="2" style="font-size: 20px; color: #FFFFFF; font-weight:bold;
                    background-color: #FF6600; height: 50px;">会员注册</td>
                </tr>
                <tr>
                    <td align="right">用户名：</td>
                    <td align="left">
                        <asp:TextBox ID="txtname" runat="server" Width="82px"/></td>
                </tr>
```

```
<tr>
    <td align="right" >密码：</td>
    <td align="left">
        <asp:TextBox ID="txtpwd" runat="server" TextMode="Password"/></td>
</tr>
<tr>
    <td align="right">确认密码：</td>
    <td align="left">
        <asp:TextBox ID="txtpwd2" runat="server" TextMode="Password"/></td>
</tr>
<tr>
    <td align="right">性别：</td>
    <td align="left">
        <asp:RadioButtonList ID="rbtlsex" runat="server" RepeatDirection="Horizontal">
            <asp:ListItem>男</asp:ListItem>
            <asp:ListItem>女</asp:ListItem>
        </asp:RadioButtonList>
    </td>
</tr>
<tr>
    <td align="right">出生日期：</td>
    <td align="left">
        <asp:TextBox ID="txtdate" runat="server" Width="83px"/>
        <asp:ImageButton ID="ibtndate" runat="server" ImageUrl="~/imgs/riqi.GIF"
            onclick="ibtndate_Click" Height="21px" Width="30px" />
        <asp:Calendar ID="clddate" runat="server" Visible="False" BackColor="#FFFFCC"
            BorderColor="#FFCC66" BorderWidth="1px" DayNameFormat="Shortest"
            Font-Names="Verdana" Font-Size="8pt" ForeColor="#663399" Height="200px"
            onselectionchanged="clddate_SelectionChanged" ShowGridLines="True"
            Width="220px">
            <SelectedDayStyle BackColor="#CCCCFF" Font-Bold="True" />
            <SelectorStyle BackColor="#FFCC66" />
            <TodayDayStyle BackColor="#FFCC66" ForeColor="White" />
            <OtherMonthDayStyle ForeColor="#CC9966" />
            <NextPrevStyle Font-Size="9pt" ForeColor="#FFFFCC" />
            <DayHeaderStyle BackColor="#FFCC66" Font-Bold="True" Height="1px" />
            <TitleStyle BackColor="#990000" Font-Bold="True" Font-Size="9pt"
                ForeColor="#FFFFCC" />
        </asp:Calendar>
    </td>
</tr>
<tr>
    <td align="right">最高学历：</td>
    <td align="left">
        <asp:DropDownList ID="ddlschool" runat="server">
            <asp:ListItem Value="1">博士生</asp:ListItem>
```

```
                        <asp:ListItem Value="2">本科生</asp:ListItem>
                        <asp:ListItem Selected="True" Value="3">专科生</asp:ListItem>
                        <asp:ListItem Value="4">高中生</asp:ListItem>
                    </asp:DropDownList>
                </td>
            </tr>
            <tr>
                <td align="right">个人爱好：</td>
                <td align="left" style="height: 60px">
                    <asp:CheckBoxList ID="chblove" runat="server" RepeatColumns="3"
                            RepeatDirection="Horizontal">
                        <asp:ListItem>唱歌</asp:ListItem>
                        <asp:ListItem>跳舞</asp:ListItem>
                        <asp:ListItem>爬山</asp:ListItem>
                        <asp:ListItem>游泳</asp:ListItem>
                        <asp:ListItem>打球</asp:ListItem>
                        <asp:ListItem>网络游戏</asp:ListItem>
                    </asp:CheckBoxList>
                </td>
            </tr>
            <tr>
                <td align="center" colspan="2">
                    <asp:Button ID="Button1" runat="server" OnClick="Button1_Click" Text="注册" />
                     <input id="Reset1" type="reset" value="重填" /></td>
            </tr>
        </table>
    </asp:Panel>
    <asp:Panel ID="Panel2" runat="server">
        <table align="center" cellpadding="0" cellspacing="0" style="border: 2px groove #FF3300;width:
            350px; height:
          370px;">
            <tr>
               <td align="center" colspan="2" style="font-size: 20px; color: #FFFFFF; font-weight:bold;
                background-color: #FF6600; height: 50px;">会员注册</td>
            </tr>
            <tr>
                <td align="right" style="width: 110px">用户名：</td>
                <td align="left"><asp:Label ID="lblname" runat="server" Text="Label"/></td>
            </tr>
            <tr>
                <td align="right">密码：</td>
                <td align="left">
                    <asp:Label ID="lblpwd" runat="server" Text="Label" />
                </td>
            </tr>
            <tr>
```

```
                <td align="right">性别：</td>
                <td align="left"><asp:Label ID="lblsex" runat="server" Text="Label"/></td>
            </tr>
            <tr>
                <td align="right">出生日期：</td>
                <td align="left"><asp:Label ID="lbldate" runat="server" Text="Label"/></td>
            </tr>
            <tr>
                <td align="right">最高学历：</td>
                <td align="left"><asp:Label ID="lblschool" runat="server" Text="Label"/></td>
            </tr>
            <tr>
                <td align="right">个人爱好：</td>
                <td align="left" style="height: 60px">
                    <asp:Label ID="lbllove" runat="server" />
                </td>
            </tr>
            <tr>
                <td align="center" colspan="2">
                    <asp:Button ID="btnclose" runat="server" onclick="btnclose_Click" Text="返回" />
                </td>
            </tr>
        </table>
    </asp:Panel>
  </div>
</form>
</body>
</html>
```

NewUser.aspx.cs 文件主要代码如下：

```
protected void Page_Load(object sender, EventArgs e)
    {
        Panel2.Visible = false;
        Panel1.Visible = true;
        txtpwd.Attributes["value"] = txtpwd.Text;
    }
protected void Button1_Click(object sender, EventArgs e)
    {
        //注册新用户
        Panel1.Visible = false;
        Panel2.Visible = true;
        lbldate.Text = txtdate.Text;
        lbllove.Text = "";
        for (int i = 0; i < chblove.Items.Count; i++)
        {
            if (chblove.Items[i].Selected)
                lbllove.Text += " " + chblove.Items[i].Text;
```

```
        }
        lblname.Text = txtname.Text;
        lblpwd.Text = txtpwd.Text;
        lblschool.Text = ddlschool.SelectedItem.Text;
        lblsex.Text = rbtlsex.SelectedValue;
    }
protected void btnclose_Click(object sender, EventArgs e)
    {
        //返回注册
        Response.Redirect("NewUser.aspx");
    }
protected void ibtndate_Click(object sender, ImageClickEventArgs e)
    {
        clddate.Visible = true;
    }
protected void clddate_SelectionChanged(object sender, EventArgs e)
    {
        //选定日期
        txtdate.Text = clddate.SelectedDate.ToShortDateString();
        clddate.Visible = false;
    }
```

程序说明：

- 程序用到了page_load事件，该事件在页面加载时被引发。其中，设置两个Panel（Panel1和Panel2）控件的Visible属性分别为true和false，控制Panel1容器和容器内元素可见，Panel2容器和容器内元素不可见。“txtpwd.Attributes["value"] = txtpwd.Text;”语句的作用是为了有效防止传回服务器时Password类型文本框中的内容丢失。
- btnclose_Click事件中，“Response.Redirect("NewUser.aspx");”语句的作用是实现页面的重新加载。

提示：由于程序中使用较多的服务器控件，在设置控件的ID属性时，建议遵循“见名知义”的原则。例如，“用户名”TextBox的ID属性可以用“txtname”标记，其中“txt”是TextBox的缩写，而“name”是“用户名”的意思。

3.5 知识拓展

3.5.1 Panel控件

Panel控件在Web页面设计中为其他控件提供一个容器，用户可以将Panel内的控件作为一个整体进行管理。在使用Panel控件时，往往是通过页面后台事件代码控制其Visible属性实现控件与控件内元素的显示和隐藏。

【例3-14】利用Panel控件实现页面部分内容的显示和隐藏，运行效果如图3-24所示。用户单击“查看详细说明”LinkButton链接时，出现详细说明文字内容和按钮；当用户单击“已阅读，隐藏”按钮时，说明文字和按钮再次被隐藏（Ex3-14.aspx）。

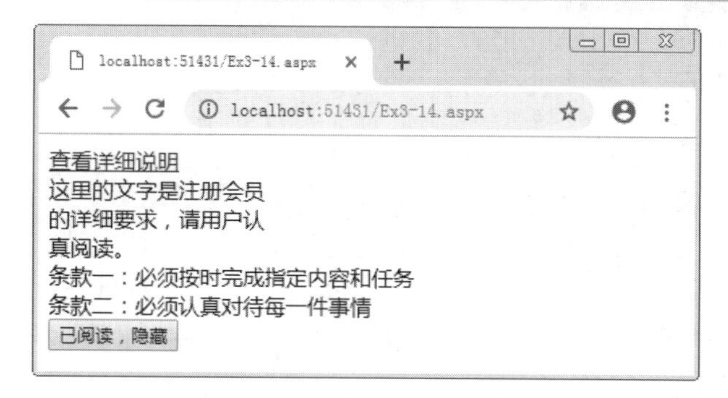

图 3-24 Ex3-14.aspx 运行效果图

Ex3-14.aspx 文件代码如下：

```
<%@ Page Language="C#" AutoEventWireup="true" CodeFile="Ex3-14.aspx.cs" Inherits="Ex3_14" %>
<!DOCTYPE html>
<html xmlns="http://www.w3.org/1999/xhtml">
<head runat="server">
<meta http-equiv="Content-Type" content="text/html; charset=utf-8"/>
    <title></title>
</head>
<body>
    <form id="form1" runat="server">
    <div>
        <asp:LinkButton ID="lbtnlook" runat="server" onclick="lbtnlook_Click">查看详细说明
            </asp:LinkButton>
        <asp:Panel ID="Panel1" runat="server" Visible="False">
            <asp:Label ID="lbl1" runat="server" Text="这里的文字是注册会员的详细要求，请用户
                认真阅读。"
            Width="160px"/><br />
            <asp:Label ID="lbl2" runat="server" Text="条款一：必须按时完成指定内容和任务"/><br />
            <asp:Label ID="lbl3" runat="server" Text="条款二：必须认真对待每一件事情"/><br />
            <asp:Button ID="btnok" runat="server" onclick="btnok_Click" Text="已阅读，隐藏" />
        </asp:Panel>
    </div>
    </form>
</body>
</html>
```

Ex3-14.aspx.cs 文件主要代码如下：

```
protected void lbtnlook_Click(object sender, EventArgs e)
    {
        Panel1.Visible = true;
    }
protected void btnok_Click(object sender, EventArgs e)
    {
        Panel1.Visible = false;
    }
```

3.5.2 Image 控件

Image 控件主要用于页面显示图像信息，VS2017 工具箱中有标准类的 Image 控件和 HTML 类的 Image 控件两种。前者表示标准服务器控件，常用于显示动态变化的图像；后者是 HTML 服务器控件，一般用于显示页面静态的图片。这里仅针对标准服务器控件 Image 进行介绍。

【例 3-15】利用 Image 控件实现用户个性头像的选择，运行效果如图 3-25 所示。用户通过下拉菜单进行头像选择，显示图片随之变化。操作该实例前，用户要在网站的 images 文件夹里放置 4 张头像图片，文件名分别为 man1.jpg、wom1.jpg、man2.jpg 和 wom2.jpg（Ex3-15.aspx）。

扫码看视频

图 3-25　Ex3-15.aspx 运行效果图

Ex3-15.aspx 文件代码如下：

```
<%@ Page Language="C#" AutoEventWireup="true" CodeFile="Ex3-15.aspx.cs" Inherits="Ex3_15" %>
<html xmlns="http://www.w3.org/1999/xhtml">
<head runat="server">
    <title>Ex3-15</title>
</head>
<body>
    <form id="form1" runat="server">
    <div>
        请选择头像：
        <asp:DropDownList ID="ddl1" AutoPostBack="True" runat="server" onselectedindexchanged=
         "ddl1_SelectedIndexChanged">
            <asp:ListItem Value="man1" Selected="True">男生头像 1</asp:ListItem>
            <asp:ListItem Value="wom1">女生头像 1</asp:ListItem>
            <asp:ListItem Value="man2">男生头像 2</asp:ListItem>
            <asp:ListItem Value="wom2">女生头像 2</asp:ListItem>
        </asp:DropDownList><br />
        <asp:Image ID="Image1" runat="server" Height="140px" Width="140px" />
    </div>
    </form>
</body>
</html>
```

Ex3-15.aspx.cs 文件主要代码如下：

```
protected void Page_Load(object sender, EventArgs e)
{
```

```
        Image1.ImageUrl = "~/images/" + ddl1.SelectedValue + ".jpg";
    }
    protected void ddl1_SelectedIndexChanged(object sender, EventArgs e)
    {
        Image1.ImageUrl = "~/images/" + ddl1.SelectedValue + ".jpg";
    }
```

程序说明：

- 案例中的 DropDownList 选项的 Value 值，与图像文件名相一致，从而便于图像文件读取。
- DropDownList 控件的 SelectedIndexChanged 事件，在 DropDownList 控件选项发生改变时触发。再加上其“AutoPostBack="True"”属性设置，使控件动态实现头像的即刻变化。

3.5.3　ListBox 控件

ListBox 控件是与 DropDownList 控件功能类似的列表框控件，用户可以从列表框中选择选项。ListBox 控件和 DropDownList 控件的区别在于，前者允许用户一次选择多个选项，而后者只允许一次选择一个选项。ListBox 控件的常用属性及说明见表 3-7。

表 3-7　ListBox 控件的常用属性及说明

属性	说明
Items	返回 ListBox 控件中 ListItem 对象
Rows	控件内容显示的行数
SelectedIndex	控件被选中的 Index 值
SelectedItem	控件被选中的 ListItem 对象
SelectedItems	返回控件被多选时的 ListItems 集合
SelectedMode	设置控件是否支持多选。值为 Multiple 时支持多选。默认值为 Single（不支持多选）

【例 3-16】利用 ListBox 控件实现用户个人爱好多项选择，运行效果如图 3-26 所示。用户在选项中选择相应的项，单击“提交”按钮后，右边的提示文字随之变化。该案例支持使用 Ctrl 键和 Shift 键进行多项选择（Ex3-16.aspx）。

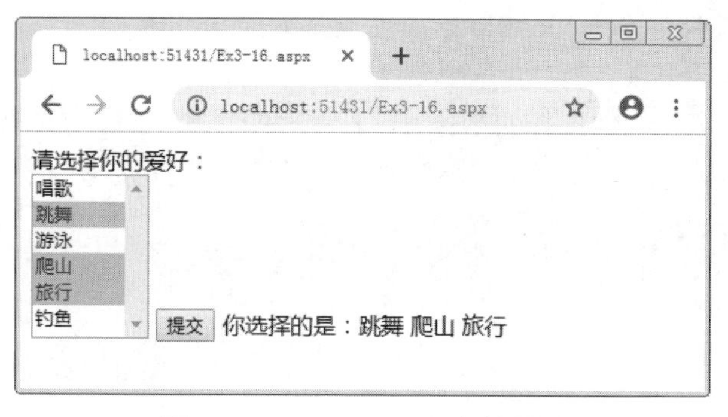

图 3-26　Ex3-16.aspx 运行效果图

扫码看视频

Ex3-16.aspx 文件的主要代码如下：

```
<%@ Page Language="C#" AutoEventWireup="true" CodeFile="Ex3-16.aspx.cs" Inherits="Ex3_16" %>
<html xmlns="http://www.w3.org/1999/xhtml">
<head runat="server">
    <title>Ex3-16</title>
</head>
<body>
    <form id="form1" runat="server">
    <div>
        请选择你的爱好：<br />
        <asp:ListBox ID="ListBox1" runat="server" Height="114px" SelectionMode="Multiple" Width="84px">
            <asp:ListItem>唱歌</asp:ListItem>
            <asp:ListItem>跳舞</asp:ListItem>
            <asp:ListItem>游泳</asp:ListItem>
            <asp:ListItem>爬山</asp:ListItem>
            <asp:ListItem>旅行</asp:ListItem>
            <asp:ListItem>钓鱼</asp:ListItem>
        </asp:ListBox>
        <asp:Button ID="Button1" runat="server" onclick="Button1_Click" Text="提交" />
        <asp:Label ID="Label1" runat="server" Text="Label"></asp:Label>
    </div>
    </form>
</body>
</html>
```

Ex3-16.aspx.cs 文件主要代码如下：

```
protected void Button1_Click(object sender, EventArgs e)
{
    string sss = "你选择的是：";
    for (int i = 0; i < ListBox1.Items.Count; i++)
    {
        ListItem item = ListBox1.Items[i];
        if (item.Selected)
        {
            sss += item.Text + " ";
        }
    }
    Label1.Text = sss;
}
```

程序说明：

- 将 ListBox 控件的 SelectionMode 属性设置为 Multiple，这样使得 ListBox 支持 Ctrl 键和 Shift 键选择多项。
- 语句“string sss = "你选择的是：";”表示声明 1 个 string 字符串变量 sss 并赋初值。相应地，“ListItem item = ListBox1.Items[i];”语句则是声明 1 个 ListItem 变量 item 并赋初值。

第 4 章　数据验证控件

【学习目标】

通过本章知识的学习，读者在充分理解验证控件作用的前提下，掌握 RequiredFieldValidator、CompareValidator、RangeValidator、RegularExpressionValidator 等页面验证控件的使用方法，并利用本章知识完善、改进用户注册页面。通过本章内容的学习，读者可以达到以下学习目的:

- 了解验证控件的作用。
- 掌握 RequiredFieldValidator 验证控件的使用方法。
- 掌握 CompareValidator 验证控件的使用方法。
- 掌握 RangeValidator 验证控件的使用方法。
- 掌握 RegularExpressionValidator 验证控件的使用方法。
- 掌握 CustomValidator 验证控件的使用方法。
- 掌握 ValidationSummary 验证控件的使用方法。

4.1　情景分析

通过第 3 章内容的学习，我们已经能够实现用户注册页面的开发。但日常生活中，网站恶意注册、用户手误等类似事件时有发生。为了保证网站得到数据的有效性，数据验证是一项十分有效的手段。

数据验证实际上是对用户输入数据的一种限制，从而确保用户输入的数据是正确的、满足要求的。例如，“用户名”是必须输入项，“确认密码”内容和“密码”内容必须相同，电子邮箱的格式必须符合规则，用户的邮编必须合法，年龄必须符合指定范围要求等。

企业网站在前台的用户注册、用户登录和意见反馈等页面，以及网站后台管理的新闻发布、商品信息管理等页面，都要充分考虑页面收集数据的有效性问题，使得客户端的用户在输入时就避免一些常见错误。本章将结合第 3 章会员注册页面，通过利用数据验证控件进行数据有效性约束，使得当用户名没有输入，密码或确认密码没有输入，或者再次输入内容不一致等时进行错误提示，效果如图 4-1 所示。

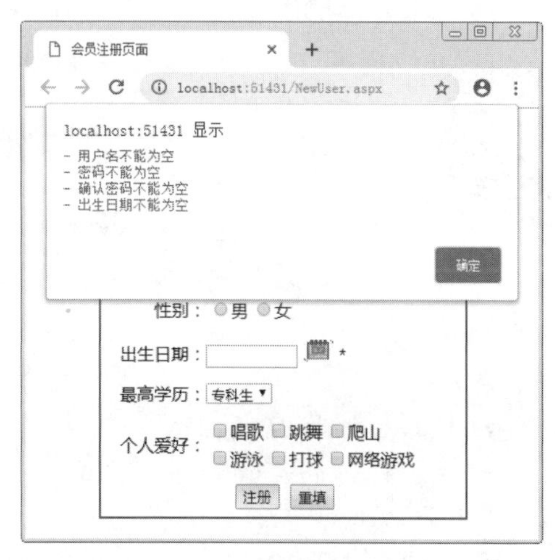

图 4-1　会员注册信息验证

4.2　数据验证控件

在早期的 ASP 中，程序员要实现数据的有效性验证，只能使用各种各样的判定语句，因此网页代码经常会看到很多 if 语句。ASP.NET 为了简化开发人员的工作，提供了多种数据验证控件进行有效的数据验证。如必须字段验证控件 RequiredFieldValidator、比较验证控件 CompareValidator、范围验证控件 RangeValidator、正则表达式验证控件 RegularExpression Validator、自定义验证控件 CustomValidator 和验证总结控件 ValidationSummary 等。用户利用验证控件进行简单操作，就可实现复杂的数据验证，从而大大提高开发效率。

4.2.1　RequiredFieldValidator 控件

RequiredFieldValidator 控件称为“必须字段验证控件”，用于控制指定控件对象必须输入的内容，如限制输入用户号的文本框 TextBox 控件等。RequiredFieldValidator 控件的常用属性及说明见表 4-1。

表 4-1　RequiredFieldValidator 控件的常用属性及说明

属性	说明
ControlToValidate	要验证的控件对象 ID
Text	当验证的控件无效时显示的验证程序文本
ErrorMessage	当验证的控件无效时，在 ValidationSummary 中显示的消息，此属性要结合 ValidationSummary 控件使用
ValidationGroup	验证程序所属的组
SetFocusOnError	当验证的控件无效时，是否自动将焦点设置到被验证的控件上

【例 4-1】利用 RequiredFieldValidator 控件实现用户登录，当用户没有输入用户名，或者单击“登录”按钮时，相应文本框右侧出现错误提示，运行效果如图 4-2 所示。当输入用户名和登录密码时，系统出现用户输入的信息（Ex4-1.aspx）。

扫码看视频

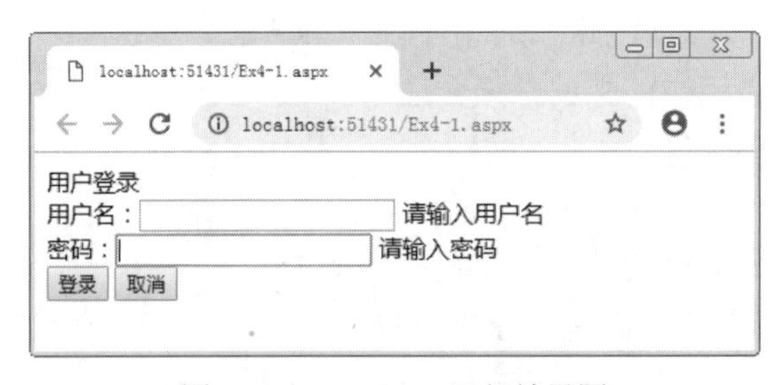

图 4-2　Ex4-1.aspx 运行效果图

Ex4-1.aspx 文件代码如下：

```
<%@ Page Language="C#" AutoEventWireup="true" CodeFile="Ex4-1.aspx.cs" Inherits="Ex4_1" %>
<!DOCTYPE html>
<html xmlns="http://www.w3.org/1999/xhtml">
<head runat="server">
```

```
<meta http-equiv="Content-Type" content="text/html; charset=utf-8"/>
    <title></title>
</head>
<body>
    <form id="form1" runat="server">
    <div>
        用户登录<br />
        用户名：<asp:TextBox ID="txtname" runat="server"></asp:TextBox>
        <asp:RequiredFieldValidator ID="RequiredFieldValidator1" runat="server" ControlToValidate="txtname"
        ValidationGroup="vgdl" ErrorMessage="结合使用" Text="请输入用户名"/><br />
        密码：<asp:TextBox ID="txtpwd" runat="server"></asp:TextBox>
        <asp:RequiredFieldValidator ID="RequiredFieldValidator2" runat="server"
            ControlToValidate="txtpwd" ValidationGroup="vgdl" ErrorMessage="结合使用"
            SetFocusOnError="True">请输入密码</asp:RequiredFieldValidator><br />
        <asp:Button ID="Button1" runat="server" Text="登录" ValidationGroup="vgdl"
            onclick="Button1_Click" />
        <asp:Button ID="Button2" runat="server" Text="取消" />
    </div>
    </form>
</body>
</html>
```

Ex4-1.aspx.cs 文件主要代码如下：

```
protected void Button1_Click(object sender, EventArgs e)
    {
        if (Page.IsValid)
            Response.Write("你填写的用户名是" + txtname.Text + "，密码是" + txtpwd.Text);
    }
```

程序说明：

- RequiredFieldValidator1 验证控件的 ControlToValidate="txtname"表示此控件要对 txtname 控件的内容进行非空验证。
- RequiredFieldValidator1 验证控件的 Text="请输入用户名"表示用户名未输入，以及页面没有相应 ValidationSummary 控件时，出现的错误提示内容；ErrorMessage="结合使用"表示用户名未输入，以及页面存在相应 ValidationSummary 控件时，出现的错误提示内容。
- RequiredFieldValidator1 验证控件的 ValidationGroup="vgdl"表示此验证控件属于控件组 vgdl，当在该组中单击按钮时才会引发此验证。
- “登录”按钮的 Click 事件中，if(Page.IsValid)表示此页面是否通过了验证。Web 页面中的所有验证控件都通过验证时，Page 类的 IsValid 属性为 true，否则为 false。

提示：用户可以使用验证控件的 ValidationGroup 属性将页面验证控件归组，使控件和组之间产生关联。利用组，用户可以对每个验证组执行验证，该组的验证与同一页面的其他验证组无关。如果控件未指定验证组，则会验证默认组。默认组由所有没有显式分配组的验证控件组成。

如果网页运行时出现了“WebForms UnobtrusiveValidationMode 需要‘jquery’

ScriptResourceMapping。请添加一个名为 jquery（区分大小写）的 ScriptResourceMapping。”错误提示时，用户可以通过修改 Web.config 文件。删除 appSettings 节中的“<add key="ValidationSettings:UnobtrusiveValidationMode" value="WebForms" />”，或者在 appSettings 节中添加“<add key="ValidationSettings:UnobtrusiveValidationMode" value="None" />”即可解决该问题。

4.2.2 CompareValidator 控件

CompareValidator 控件称为“比较验证控件”，主要用于验证用户在 TextBox 控件输入的内容与其他控件内容或者某个固定值是否相同。比如，修改密码时，需要输入两次修改后的密码。同时，CompareValidator 控件还可以进行大于、小于和不等于等比较操作。

CompareValidator 控件常用属性及说明见表 4-2。

表 4-2 CompareValidator 控件的常用属性及说明

属性	说明
ControlToValidate	要验证的控件对象 ID
ControlToCompare	要进行比较的控件 ID
ValueToCompare	指定要比较的常数值
Operator	要执行的比较运算类型，如大于、小于、等于等
Type	定义控件输入值的类型
Text	当验证的控件无效时显示的验证程序文本
ValidationGroup	验证程序所属的组
ErrorMessage	当验证的控件无效时在 ValidationSummary 中显示的消息，此属性要结合 ValidationSummary 控件使用
SetFocusOnError	当验证的控件无效时，是否自动将焦点设置到被验证的控件上

【例 4-2】利用 CompareValidator 控件实现用户密码验证，当用户两次输入的密码不一致时，相应文本框右侧出现错误提示，运行效果如图 4-3 所示（Ex4-2.aspx）。

扫码看视频

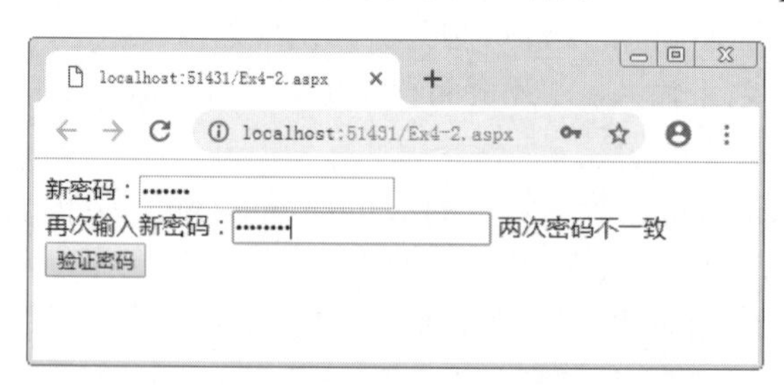

图 4-3 Ex4-2.aspx 运行效果图

Ex4-2.aspx 文件代码如下：

```
<%@ Page Language="C#" AutoEventWireup="true" CodeFile="Ex4-2.aspx.cs" Inherits="Ex4_2" %>
<!DOCTYPE html>
<html xmlns="http://www.w3.org/1999/xhtml">
<head runat="server">
```

```
<meta http-equiv="Content-Type" content="text/html; charset=utf-8"/>
        <title></title>
</head>
<body>
        <form id="form1" runat="server">
        <div>
            新密码：<asp:TextBox ID="txtpwd1" runat="server" TextMode="Password"></asp:TextBox><br />
            再次输入新密码：<asp:TextBox ID="txtpwd2" runat="server" TextMode="Password"></asp:TextBox>
            <asp:CompareValidator ID="CompareValidator1" runat="server"
                ControlToCompare="txtpwd1" ControlToValidate="txtpwd2" SetFocusOnError="True">两次密
码不一致
                </asp:CompareValidator><br />
            <asp:Button ID="Button1" runat="server" Text="验证密码" />
        </div>
        </form>
</body>
</html>
```

程序说明：

- CompareValidator1 验证控件的 ControlToCompare="txtpwd1" ControlToValidate="txtpwd2"，表示此控件要对 txtpwd2 控件内容与 txtpwd1 控件内容进行对比。
- CompareValidator1 验证控件的 SetFocusOnError="True"，表示当验证未通过时，自动将焦点设置到 ControlToCompare 所指的被验证控件里。

【例 4-3】利用 CompareValidator 控件实现数据比较验证，运行效果如图 4-4 所示。其中，“年龄”应输入大于 18 的数字，“毕业日期”应晚于“入学日期”（Ex4-3.aspx）。

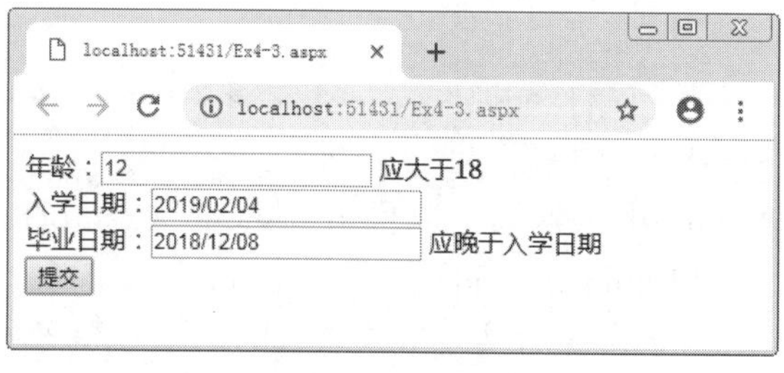

图 4-4　Ex4-3.aspx 运行效果图

Ex4-3.aspx 文件代码如下：

```
<%@ Page Language="C#" AutoEventWireup="true" CodeFile="Ex4-3.aspx.cs" Inherits="Ex4_3" %>
<!DOCTYPE html>
<html xmlns="http://www.w3.org/1999/xhtml">
<head runat="server">
<meta http-equiv="Content-Type" content="text/html; charset=utf-8"/>
        <title></title>
</head>
<body>
        <form id="form1" runat="server">
        <div>
            年龄：<asp:TextBox ID="txtage" runat="server"></asp:TextBox>
```

```
            <asp:CompareValidator ID="CompareValidator1" runat="server"
                ControlToValidate="txtage" Operator="GreaterThan"
                Type="Integer" ValueToCompare="18">应大于 18</asp:CompareValidator><br />
            入学日期：<asp:TextBox ID="txtrx" runat="server"></asp:TextBox><br />
            毕业日期：<asp:TextBox ID="txtby" runat="server"></asp:TextBox>
            <asp:CompareValidator ID="CompareValidator2" runat="server" ControlToCompare="txtrx"
            ControlToValidate="txtby" Operator="GreaterThan"
            Type="Date">应晚于入学日期</asp:CompareValidator><br />
            <asp:Button ID="Button1" runat="server" onclick="Button1_Click" Text="提交" />
        </div>
        </form>
    </body>
    </html>
```

程序说明：

- Operator="GreaterThan" Type="Integer" ValueToCompare="18"，表示被验证控件内容与数据类型为 Integer 的 18 进行大于验证。
- CompareValidator 常用的验证数据类型 Type 值有字符 String、32 位整数 Integer、双精度浮点型数值 Double 和日期数据 Date 等。
- CompareValidator 常用的比较验证运算有等于 Equal、不等于 NotEqual、大于 GreaterThan 和小于 LessThan 等。

提示： 当 CompareValidator 控件同时设置了 ControlToCompare 和 ValueToCompare 属性时，ControlToCompare 属性优先，即被验证控件将与 ControlToCompare 属性指定控件进行比较。

4.2.3 RangeValidator 控件

RangeValidator 控件称为“范围验证控件”，用于检查控件内输入值是否介于最小值和最大值之间，如用户输入的考试成绩要求必须在 1～100 之间。

RangeValidator 控件的常用属性除了前面介绍过的 ControlToValidate、Text、Type、ErrorMessage 等，还有最小值 MinimumValue 和最大值 MaximumValue 用于限制验证范围。

【例 4-4】利用 RangeValidator 控件实现成绩录入的范围必须在 0～100 之间，运行效果如图 4-5 所示（Ex4-4.aspx）。

扫码看视频

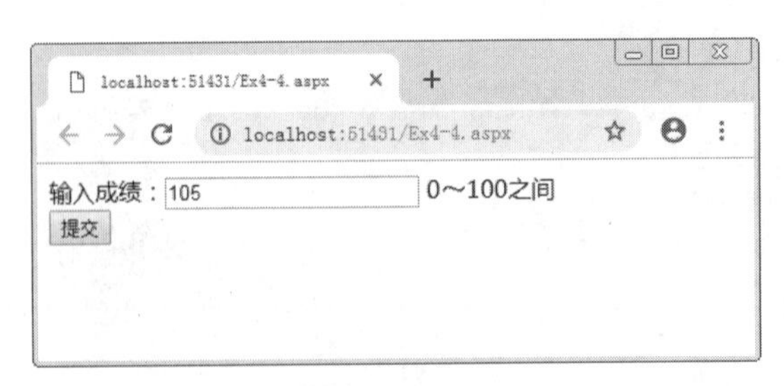

图 4-5　Ex4-4.aspx 运行效果图

Ex4-4.aspx 文件代码如下：

```
<%@ Page Language="C#" AutoEventWireup="true" CodeFile="Ex4-4.aspx.cs" Inherits="Ex4_4" %>
<!DOCTYPE html>
```

```
<html xmlns="http://www.w3.org/1999/xhtml">
<head runat="server">
<meta http-equiv="Content-Type" content="text/html; charset=utf-8"/>
    <title></title>
</head>
<body>
    <form id="form1" runat="server">
    <div>
        输入成绩：<asp:TextBox ID="TextBox1" runat="server"></asp:TextBox>
        <asp:RangeValidator ID="RangeValidator1" runat="server"
            ControlToValidate="TextBox1" MaximumValue="100" MinimumValue="0"
            Type="Double">0～100 之间</asp:RangeValidator><br />
        <asp:Button ID="Button1" runat="server" Text="提交" />
    </div>
    </form>
</body>
</html>
```

提示：由于 RangeValidator 控件并不能有效控制空值输入，所以通常在使用 RangeValidator 控件验证的同时还使用 RequiredFieldValidator 验证。

4.2.4 RegularExpressionValidator 控件

RegularExpressionValidator 控件称为“正则表达式验证控件”，用于要求有特定格式的输入，如电子邮件、邮政编码、身份证号等。同时，对于一些特定的格式要求，用户也可以自行定义验证表达式。

RegularExpressionValidator 控件的常用属性有 ControlToValidate、Text、ValidationExpression 等。其中，ValidationExpression 属性主要用来指定 RegularExpressionValidator 控件的正则表达式。正则表达式是由普通字符和一些特殊字符组成的字符模式，常见的正则表达式字符及其含义见表 4-3。

表 4-3 常用的正则表达式字符及其含义

正则表达式字符	含义
\w	匹配任何一个字符（a～z、A～Z 和 0～9）
\d	匹配任意一个数字（0～9）
[……]	匹配括号中的任意一个字符
[^……]	匹配不在括号中的任意一个字符
{n}	表示长度为 n 的有效字符串
|	匹配前面表达式或者后面表达式
[0-n]或者[a-z]	表示某个范围内的数字或字母
\S	与任何非单词字符匹配
\.	匹配点字符

下面列举几个常用的正则表达式：

- 验证电子邮件：\S+@\S+\. \S+。
- 验证网址：http://\S+\. \S+ 和 HTTP://\S+\. \S+。
- 验证邮政编码：\d{6}。
- 验证固定电话：\d{3,4}-\d{7,8}。

【例 4-5】利用 RegularExpressionValidator 控件验证用户信息填写格式，运行效果如图 4-6 所示（Ex4-5.aspx）。

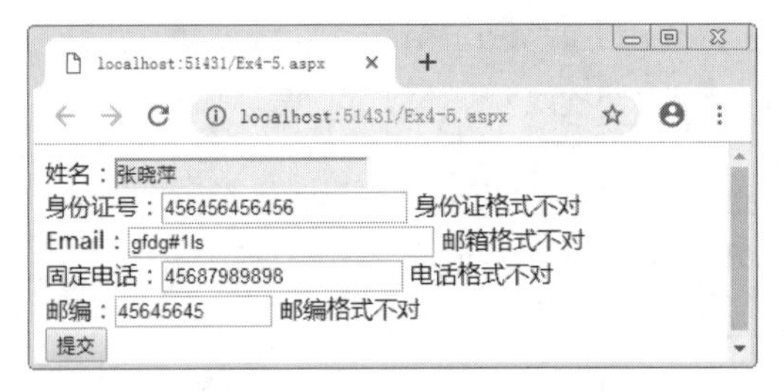

图 4-6　Ex4-5.aspx 运行效果图

Ex4-5.aspx 文件代码如下：

```
<%@ Page Language="C#" AutoEventWireup="true" CodeFile="Ex4-5.aspx.cs" Inherits="Ex4_5" %>
<!DOCTYPE html>
<html xmlns="http://www.w3.org/1999/xhtml">
<head runat="server">
<meta http-equiv="Content-Type" content="text/html; charset=utf-8"/>
    <title></title>
</head>
<body>
    <form id="form1" runat="server">
    <div>
        姓名：<asp:TextBox ID="txtname" runat="server"></asp:TextBox><br />
        身份证号：<asp:TextBox ID="txtcard" runat="server" Width="164px"></asp:TextBox>
        <asp:RegularExpressionValidator ID="RegularExpressionValidator1" runat="server"
            ControlToValidate="txtcard" ValidationExpression="\d{17}[\d|X]|\d{15}">身份证格式不对
        </asp:RegularExpressionValidator><br />
        Email：<asp:TextBox ID="txtmail" runat="server" Width="205px"></asp:TextBox>
        <asp:RegularExpressionValidator ID="RegularExpressionValidator2" runat="server"
            ControlToValidate="txtmail" ValidationExpression="\w+([-+.']\w+)*@\w+([-.]\w+)*\.\w+([-.]
            \w+)*">邮箱格式不对</asp:RegularExpressionValidator><br />
        固定电话：<asp:TextBox ID="txttel" runat="server" Width="161px"></asp:TextBox>
        <asp:RegularExpressionValidator ID="RegularExpressionValidator3" runat="server"
            ControlToValidate="txttel" ValidationExpression="(\(\d{3}\)|\d{3}-)?\d{8}">电话格式不对
        </asp:RegularExpressionValidator><br />
        邮编：<asp:TextBox ID="txtpost" runat="server" Width="104px"></asp:TextBox>
        <asp:RegularExpressionValidator ID="RegularExpressionValidator4" runat="server"
            ControlToValidate="txtpost" ValidationExpression="\d{6}">邮编格式不对
        </asp:RegularExpressionValidator><br />
        <asp:Button ID="Button1" runat="server" Text="提交" />
```

```
        </div>
        </form>
</body>
</html>
```

4.2.5 CustomValidator 控件

CustomValidator 控件称为“自定义验证控件”。当上述验证控件无法满足用户要求时，可以使用 CustomValidator 控件定义用户自己的验证控件。

CustomValidator 控件的常用属性有 ControlToValidate、Text、ClientValidationFunction 和 OnServerValidate 等。其中，ClientValidationFunction 属性用于设置客户端验证函数；而 OnServerValidate 属性用于设置服务器端验证函数。可见 CustomValidator 控件既支持客户端验证，同时也支持服务器端验证。

【例 4-6】利用 CustomValidator 控件，用服务器端验证用户名是否已被注册。如果用户名已被注册（如 admin），提示“用户名已被注册!”，运行效果如图 4-7 所示（Ex4-6.aspx）。

扫码看视频

图 4-7　Ex4-6.aspx 运行效果图

Ex4-6.aspx 文件代码如下：

```
<%@ Page Language="C#" AutoEventWireup="true" CodeFile="Ex4-6.aspx.cs" Inherits="Ex4_6" %>
<!DOCTYPE html>
<html xmlns="http://www.w3.org/1999/xhtml">
<head runat="server">
<meta http-equiv="Content-Type" content="text/html; charset=utf-8"/>
    <title></title>
</head>
<body>
    <form id="form1" runat="server">
    <div>
        用户名：<asp:TextBox ID="TextBox1" runat="server"></asp:TextBox>
        <asp:CustomValidator ID="CustomValidator1" runat="server"
            ControlToValidate="TextBox1" ErrorMessage="用户名已被注册！"
            onservervalidate="CustomValidator1_ServerValidate"></asp:CustomValidator><br />
        <asp:Button ID="Button1" runat="server" Text="检测用户名" OnClick="Button1_Click" />
    </div>
    </form>
</body>
</html>
```

Ex4-6.aspx.cs 文件主要代码如下：

```
protected void CustomValidator1_ServerValidate(object source, ServerValidateEventArgs args)
    {
        if (args.Value == "admin")
```

```
        {
            args.IsValid = false;
        }
        else
        {
            args.IsValid = true;
        }
    }
```

程序说明：

- OnServerValidate="CustomValidator1_ServerValidate"表示 CustomValidator1 验证控件的服务器端验证函数，即 OnServerValidate 事件。该事件可以通过双击验证控件或者双击控件的 OnServerValidate 属性进行编辑。
- CustomValidator 验证控件的 OnServerValidate 事件有 source 和 args 两个参数。前者表示对调用此事件的 CustomValidator 控件的引用，后者表示要验证的用户输入。另外，用户输入参数 args 有 Value 和 IsValid 两个属性，分别表示被验证的值和返回的验证结果。

4.2.6 ValidationSummary 控件

ValidationSummary 控件称为“验证总结控件”，用于在页面上以列表的形式集中显示所有验证控件的错误信息，即各验证控件的 ErrorMessage 属性值。

ValidationSummary 控件的常用属性有 ValidationGroup、DisplayMode、ShowSummary 和 ShowMessageBox 等。DisplayMode 属性用于指定错误信息的显示格式，属性值可为 BulletList、List 或者 SingleParagraph，它们依次表示以项目符号列表形式、列表形式和段落形式显示结果；ShowSummary 属性用于控制错误信息是否显示在页面上；ShowMessageBox 属性用于控制错误信息是否以弹出窗口形式出现。

【例 4-7】利用 ValidationSummary 控件进行错误信息汇总。要求必须填写收货人和移动电话信息，移动电话要求符合移动电话格式，且金额控制在 10～50 元，错误信息以弹出窗口形式显示，运行效果如图 4-8 所示（Ex4-7.aspx）。

扫码看视频

图 4-8　Ex4-7.aspx 运行效果图

Ex4-7.aspx 文件代码如下：

```
<%@ Page Language="C#" AutoEventWireup="true" CodeFile="Ex4-7.aspx.cs" Inherits="Ex4_7" %>
<!DOCTYPE html>
<html xmlns="http://www.w3.org/1999/xhtml">
<head runat="server">
<meta http-equiv="Content-Type" content="text/html; charset=utf-8"/>
```

```
        <title></title>
    </head>
    <body>
        <form id="form1" runat="server">
        <div>
            收货人：<asp:TextBox ID="txtname" runat="server" Width="103px"></asp:TextBox>
            <asp:RequiredFieldValidator ID="RequiredFieldValidator1" runat="server"
                ControlToValidate="txtname" ErrorMessage="收货人不能为空">*
                    </asp:RequiredFieldValidator><br />
            移动电话：<asp:TextBox ID="txttel" runat="server" Width="178px"></asp:TextBox>
            <asp:RequiredFieldValidator ID="RequiredFieldValidator2" runat="server"
                ControlToValidate="txttel" ErrorMessage="移动电话不能为空">*
                    </asp:RequiredFieldValidator>
            <asp:RegularExpressionValidator ID="RegularExpressionValidator1" runat="server"
                ControlToValidate="txttel" ErrorMessage="移动电话格式不正确"
                ValidationExpression="^(1((([35][0-9])|(47)|[8][0126789]))\d{8}$">*
            </asp:RegularExpressionValidator><br />
            金额：<asp:TextBox ID="txtmoney" runat="server" Width="85px"></asp:TextBox>
            <asp:RangeValidator ID="RangeValidator1" runat="server"
                ControlToValidate="txtmoney" ErrorMessage="金额范围 10～50 元" MaximumValue="50"
                MinimumValue="10">*</asp:RangeValidator><br />
            <asp:Button ID="Button1" runat="server" Text="确认" />
            <asp:ValidationSummary ID="ValidationSummary1" runat="server"
                ShowMessageBox="True" ShowSummary="False"/>
        </div>
        </form>
    </body>
    </html>
```

提示：验证控件的 ErrorMessage 属性和 Text 属性都用于显示错误信息。两者的区别在于，ErrorMessage 属性的信息显示在 ValidationSummary 控件中，而 Text 属性的错误信息显示在页面主体文件中；通常情况下，Text 属性值比较短小（如“*”），而 ErrorMessage 属性值是对错误的完整说明。

4.3　会员注册信息验证

扫码看视频

通过第 3 章的操作，已经完成了会员注册页面的设计，本节将在第 3 章会员注册页面的基础上，结合数据验证控件完成会员注册信息的验证，运行效果如图 4-1 所示。

具体操作步骤如下：

（1）打开会员注册页面文件 NewUser.aspx，在此基础上进行完善。

（2）在用户名、密码、确认密码、出生日期对应行的后面，依次添加必须字段检验控件 rfvname、rfvpws、rfvpws2 和 rfvbir。

（3）在确认密码和出生日期对应行后面，依次添加比较验证控件 cvpwd2 和 rvbir。

（4）在页面添加一个验证总结控件 vsall，并将所有验证控件属性按表 4-4 进行设置。

表 4-4　验证控件属性设置说明

左侧内容	控件 ID	控件类型	属性设置
用户名	rfvname	RequiredFieldValidator	ControlToValidate="txtname" ErrorMessage="用户名不能为空" SetFocusOnError="True" Text="*" ValidationGroup="memok"
密码	rfvpws	RequiredFieldValidator	ControlToValidate="txtpwd" ErrorMessage="密码不能为空" SetFocusOnError="True" Text="*" ValidationGroup="memok"
确认密码	rfvpws2	RequiredFieldValidator	ControlToValidate="txtpwd2" ErrorMessage="确认密码不能为空" SetFocusOnError="True" Text="*" ValidationGroup="memok"
	cvpwd2	CompareValidator	ControlToCompare="txtpwd" ControlToValidate="txtpwd2" ErrorMessage="两次必须一致" SetFocusOnError="True" Text="*" ValidationGroup="memok"
出生日期	rfvbir	RequiredFieldValidator	ControlToValidate="txtdate" ErrorMessage="出生日期不能为空" SetFocusOnError="True" Text="*" ValidationGroup="memok"
	rvbir	RangeValidator	ControlToValidate="txtdate" ErrorMessage="出生日期为 1988 年－2008 年" MaximumValue="2008-12-31" MinimumValue="1988-1-1" Type="Date" Text="*" ValidationGroup="memok"
错误汇总	vsall	ValidationSummary	ShowMessageBox="True" ShowSummary="False" ValidationGroup="memok"

（5）设置“注册”按钮的 ValidationGroup 属性为 memok，保存即可。

NewUser.aspx 文件代码不再重复列出，用户可参考第 3 章代码，并结合上述设置来完成。具体代码参考教材配套源代码。

程序说明：

- 将所有验证控件的 SetFocusOnError 属性设置为 True，表示当未能通过验证时，焦点自动定位到相应的被验证控件内。

- 由于日期选择按钮要触发后台程序代码，需要向服务器端进行数据回传，这样会激发对验证控件的验证，程序将所有的验证控件及“提交”按钮的 ValidationGroup 属性设置为 memok，使它们成为一个验证组，这样可以避免页面服务器回传而引发的问题。

4.4 知识拓展

4.4.1 客户端验证和服务器端验证

页面验证根据验证发生的位置不同，分为客户端验证和服务器端验证两种。客户端验证是指在客户端浏览器上进行验证，但由于浏览器在不启用 JavaScript 时，仍然可以打开 EnableClientScript，所以验证很容易被绕过，而服务器端验证可以避免这种情况发生。但由于访问服务器需要增大系统开销，在速度和效率上比客户端验证要差，用户在选择客户端验证和服务器端验证时，要结合网站的安全性和系统开销两个方面进行综合考虑。

4.4.2 验证组

从 ASP.NET 2.0 开始，Framework 引入了验证组（ValidationGroup）的概念。通过设置验证控件及命令按钮的 ValidationGroup 属性，把多个控件进行有机组合，从而构成一个组。当单击组中某个按钮时，页面只对该组中的验证控件进行检验，而不检验非组成员元素。这样可以实现页面不同验证组之间的互不影响，从而使得页面开发工作更为灵活。

多数情况下，页面的验证工作是由单击按钮控件（Button、LinkButton 和 ImageButton 等）所引发的。页面设计过程中，单击按钮默认是检测验证的，但在有些情况下不要求验证（如 LinkButton 实现的页面跳转等）。这时，用户可以通过设置按钮控件的是否激发验证属性 CauseValidation 为 false，从而禁用验证。对于会员注册页面而言，用户也可以采用这种方法达到信息验证的目的。

第5章　ADO.NET 数据访问

【学习目标】

通过本章知识的学习，读者应在深入理解 ADO.NET 访问数据库信息的基础上，掌握 Connection、Command、DataReader、DataAdapter 和 DataSet 等 ADO.NET 核心组件的使用方法，并利用本章知识进行网站会员信息管理中的浏览、添加、删除和修改等常用操作。通过本章内容的学习，读者可以达到以下学习目的：

- 了解 ADO.NET 数据访问技术。
- 理解并掌握 Connection、Command、DataAdapter 和 DataSet 等 ADO.NET 核心组件的使用方法。
- 掌握 ADO.NET 访问 Access 和 SQL Server 数据库的方法。
- 掌握 Web.config 文件配置数据库连接的方法。

5.1　情景分析

动态网站与静态网站最主要的区别在于其对网站后台数据库的访问。ASP.NET 中的 ADO.NET 组件，为动态网站对数据库的交互管理提供了便捷，大大简化了数据库的信息浏览、添加、修改和删除操作，从而提高了开发效率。

在企业网站的开发过程中，运用 ADO.NET 对后台数据库进行数据管理的操作十分普遍。本章将围绕网站的会员注册、会员信息查询、会员信息修改及删除会员信息等常见的数据管理进行介绍。通过会员信息浏览、会员注册信息添加、会员修改密码和会员管理等实例的具体操作，详细讲解 ADO.NET 常用对象和 SQL 标准化查询命令的相关知识。由于篇幅限制，本章实例只着重介绍 ADO.NET 数据操作，而网站的界面设计、数据验证等内容不再赘述，请读者参考本书其他相关章节。

本章以后内容要不断用到数据库知识，为了方便描述，本书主要采用 Access 数据库，并适当介绍 SQL Server 数据库连接方法。与本章会员管理相关的数据库 mydata.mdb 包含会员表（members），其主要字段见表 5-1。

表 5-1　mydata.mdb 数据库会员表字段描述

字段名	字段类型	字段大小/个	描述
mid	自动编号		会员编号，主关键字
mname	文本	3	会员姓名，最多支持 3 个汉字
mpwd	文本	8	会员密码，最多支持 8 个字符、数字或字符和数字组合
msex	是/否	1	性别，1 表示男，0 表示女，默认值为 1
medu	文本	3	最高学历，最多支持 3 个字符，默认值为“大学生”
mdate	日期/时间		会员注册日期，默认值为 Date()，即系统日期

5.2　ADO.NET 核心对象

ADO.NET 是一组向程序员公开数据访问服务的类，它为创建分布式数据共享应用程序提供了丰富的组件，是.NET Framework 中不可缺少的一部分。ADO.NET 支持多种开发需求，包括创建由应用程序、工具、语言或 Internet 浏览器使用的前端数据库客户端和中间层业务对象等。

ADO.NET 包含用于连接数据库、执行命令和检索结果的.NET 数据提供程序。用户可以直接处理检索到的结果，也可以将其放入 DataSet 对象中。使用 DataSet 对象，方便将来自多个数据源的数据或在层之间进行远程处理的数据组合在一起，以特殊方式向用户公开。DataSet 也可以独立于.NET 数据提供程序使用，用于管理应用程序本地的数据或源自 XML 的数据。

在 ADO.NET 中，通过 Managed Provider 所提供的应用程序编程接口（Application Programming Interface，API），可以轻松访问各种数据源的数据，包括 OLE DB（Object Linking and Embedding DataBase）和 ODBC（Open DataBase Connectivity）支持的数据库。

准确地说，ADO.NET 是一个由很多类组成的类库。它提供了很多基类，分别用于完成数据库连接、记录查询、记录添加、记录修改和记录删除等操作。ADO.NET 主要包括 Connection、Command、DataReader、DataAdapter 和 DataSet 等核心对象。其中，Connection 用于数据库连接；Command 用于对数据库执行 SQL 命令；DataReader 用于从数据库返回只读数据；DataAdapter 用于从数据库返回数据，并送到 DataSet 中；而 DataSet 则可以看作是内存中的数据库。利用 DataAdapter 将数据库中的数据送到 DataSet 里，然后对 DataSet 数据进行操作，最后再利用 DataAdapter 将数据更新反映到数据库中。

ASP.NET 通过 ADO.NET 操作数据库的流程如图 5-1 所示。

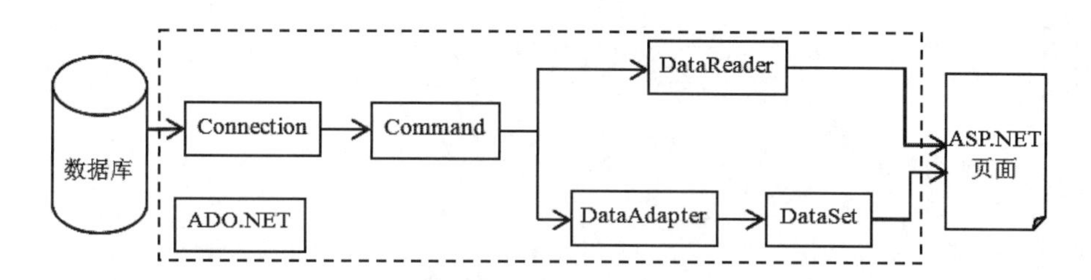

图 5-1　ADO.NET 操作数据库的流程示意图

通过图 5-1 很容易地看到，ADO.NET 提供了两种操作数据库的方法：一种是利用 Connection、Command 和 DataReader 对象；另一种是利用 Connection、Command、DataAdapter 和 DataSet 对象。其中，前者是通过只读方式访问数据库的，数据库访问效率更高；而后者则更为灵活，可以对数据库进行各种操作。

针对不同的数据库，ADO.NET 提供了三套类库。第一套类库可以存取所有基于 OLE DB 提供的数据库，如 SQL Server、Access、Oracle 等，这些类名均以“OleDb”开头；第二套类库专门用于存取 SQL Server 数据库，这些类名均以“Sql”开头；第三套类库访问 ODBC 数据库，这些类名是以“Odbc”开头。表 5-2 给出了 ADO.NET 三套常用类库的具体对象名称。

表 5-2　ADO.NET 三套常用类库的具体对象名称

对象	OLE DB 数据库	SQL Server 数据库	ODBC 数据库
Connection	OleDbConnection	SqlConnection	OdbcConnection
Command	OleDbCommand	SqlCommand	OdbcCommand
DataReader	OleDbDataReader	SqlDataReader	OdbcDataReader
DataAdapter	OleDbDataAdapter	SqlDataAdapter	OdbcDataAdapter
DataSet	DataSet	DataSet	DataSet

5.2.1　Connection 对象

在 ADO.NET 中，可以使用 Connection 对象进行数据库连接。它是连接程序和数据库的桥梁。对于不同的数据源，要使用不同的类建立连接。如连接到 Microsoft SQL Server 数据库要选择 SqlConnection 对象，连接到 OLE DB 数据库（如 Access）要选择 OleDbConnection 对象。

本节主要讲解利用 OleDbConnection 对象实现 Access 数据库连接，其他连接与此类似。完整的 OleDbConnection 连接字符串格式为“Provider=数据库驱动程序;Data Source=数据库服务器[;Jet OLEDB:DataBase Password=用户密码;User id=用户名]”。当 Access 数据库没有加密时，方括号部分可以省略不写。但需要强调的是，使用 ADO.NET 对象时，必须在页面里显式引入命名空间。具体方法有两种：一种是在网页文件.aspx 中引入，即在页面前添加“<%@ Import Namespace="System.Data.OleDb" %>”（不包括中文双引号）；另一种是在页面代码文件.cs 中引入，在引入命名空间段中添加“using System.Data.OleDb;”（不包括双引号）。

【例 5-1】利用 OleDbConnection 对象建立 Access 数据库连接。当数据库连接成功时，提示“数据库连接成功！”，效果如图 5-2 所示（Ex5-1.aspx）。

扫码看视频

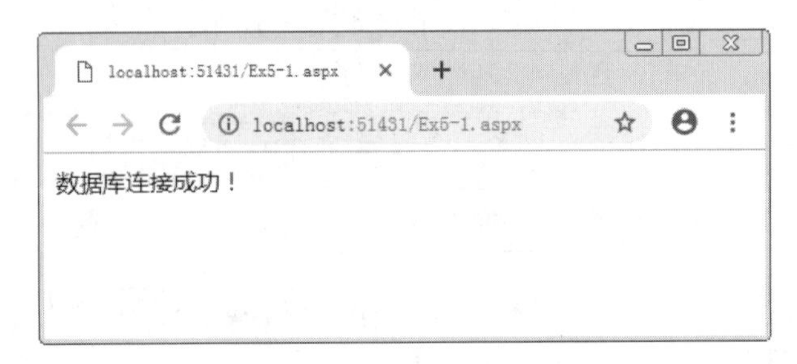

图 5-2　Ex5-1.aspx 运行效果图

Ex5-1.aspx 文件代码如下：

```
<%@ Page Language="C#" AutoEventWireup="true" CodeFile="Ex5-1.aspx.cs" Inherits="Ex5_1" %>
<!DOCTYPE html>
<html xmlns="http://www.w3.org/1999/xhtml">
<head runat="server">
<meta http-equiv="Content-Type" content="text/html; charset=utf-8"/>
    <title></title>
</head>
<body>
    <form id="form1" runat="server">
```

```
        <div>
            <asp:Label ID="lblmes" runat="server" Text="Label"></asp:Label>
        </div>
    </form>
</body>
</html>
```

Ex5-1.aspx.cs 文件主要代码如下：

```
using System.Data.OleDb;

protected void Page_Load(object sender, EventArgs e)
    {
        string strcon = "Provider=Microsoft.Jet.OLEDB.4.0;Data Source=" + Server.MapPath("mydata.mdb");
        OleDbConnection conn = new OleDbConnection(strcon);
        conn.Open();
        lblmes.Text = "数据库连接成功！ ";
        conn.Close();
    }
```

程序说明：

- 语句“using System.Data.OleDb;”表示 System.Data.OleDb 命名空间引用，这是使用 ADO.NET 对象的必须前提。
- 在连接字符串中，Provider 属性指定使用数据库引擎 Microsoft.Jet.OLEDB.4.0 版本，读者需要注意，Access 数据库有不同的版本，本例使用的是 Access 2003 版本。
- 在连接字符串中，Data Source 属性指定数据库文件在计算机中的物理位置。本例使用 Server 对象的 MapPath 方法将虚拟路径转换为物理路径，即网站根目录下的 mydata.mdb 文件。
- conn.Open()和 conn.Close()是分别利用了数据库连接对象 conn 的打开和关闭方法，将数据库连接打开和关闭。

【例 5-2】利用 OleDbConnection 对象为加密后的 Access 数据库建立连接。当数据库密码输入正确时（密码为 123），显示“连接成功！”；否则，显示“连接失败！”，运行效果如图 5-3 所示（Ex5-2.aspx）。

图 5-3　Ex5-2.aspx 运行效果图

Ex5-2.aspx 文件代码如下：

```
<%@ Page Language="C#" AutoEventWireup="true" CodeFile="Ex5-2.aspx.cs" Inherits="Ex5_2" %>
<!DOCTYPE html>
<html xmlns="http://www.w3.org/1999/xhtml">
```

```
<head runat="server">
<meta http-equiv="Content-Type" content="text/html; charset=utf-8"/>
    <title></title>
</head>
<body>
    <form id="form1" runat="server">
    <div>
        数据库密码：<asp:TextBox ID="txtmm" runat="server"></asp:TextBox>
        <asp:Button ID="btnconn" runat="server" Text="连接" onclick="btnconn_Click" /><br />
        <asp:Label ID="lblmes" runat="server"></asp:Label>
    </div>
    </form>
</body>
</html>
```

Ex5-2.aspx.cs 文件中的按钮单击事件 btnconn_Click 的代码如下：

```
using System.Data.OleDb;

protected void btnconn_Click(object sender, EventArgs e)
    {
        string strcon = "Provider=Microsoft.Jet.OLEDB.4.0;Data Source=" + Server.MapPath("PWDdata.mdb")
            + ";Jet OLEDB:DataBase Password = " + txtmm.Text + "; User id = admin";
        OleDbConnection conn = new OleDbConnection(strcon);
        try
        {
            conn.Open();
            lblmes.Text = "连接成功！";
        }
        catch (Exception ex)
        {
            lblmes.Text = "连接失败！"+ex.ToString();
        }
        finally
        {
            conn.Close();
        }
    }
```

程序说明：

- 连接字符串 Jet OLEDB:DataBase 中的 Password 和 User id 属性分别用于用户密码和用户名的设置。
- 本例中使用了 try…catch…finally 程序结构，它是 C#语言异常处理的常用方式。当 try 块中的程序执行出现错误时，catch 块获取错误信息，而 finally 块用于程序后期的系统清理和资源释放。

提示：VS2017 提供了 App_Data 系统文件夹，它是 ASP.NET 提供网站存储自身数据的默认位置。用户可以在打开网站项目后，通过执行“网站”→“添加 ASP.NET 文件夹”→“App_Data”命令实现该文件夹的创建。对保存在该文件夹里的数据库文件进行访问时，数据库连接字符串中的数据库服务器可直接写成“Data Source= |DataDirectory|数据库文件名”。

出于数据安全性的考虑，数据库应该加密。就 Access 2003 而言，读者可以在打开数据库后，通过执行“工具”菜单下的“安全”命令添加数据库密码实现。

5.2.2　Command 对象

Command 对象是在通过 Connection 对象建立数据库连接后，对数据库发出的添加、查询、删除和修改等命令。该对象的常见属性有 Connection、CommandText 和 CommandType 等。其中，Connection 属性是 Command 所使用的数据库连接对象；CommandText 属性是对数据库所使用的具体 SQL 命令或存储过程名；CommandType 属性说明如何解释 CommandText 属性。

Command 对象常用的方法及说明见表 5-3。

表 5-3　Command 对象的常用方法及说明

方法	说明
ExecuteNonQuery	执行各类 SQL 语句（如添加、删除、修改等），并返回受影响的行数
ExecuteScalar	执行查询，并返回查询结果集中的第一行第一列
ExecuteReader	执行查询，并返回一个 DataReader 对象

【例 5-3】利用 OleDbCommand 对象向数据库 mydata.mdb 的 members 表中添加用户信息。用户添加成功后，显示“添加成功！”；否则，显示“添加失败！”，效果如图 5-4 所示（Ex5-3.aspx）。

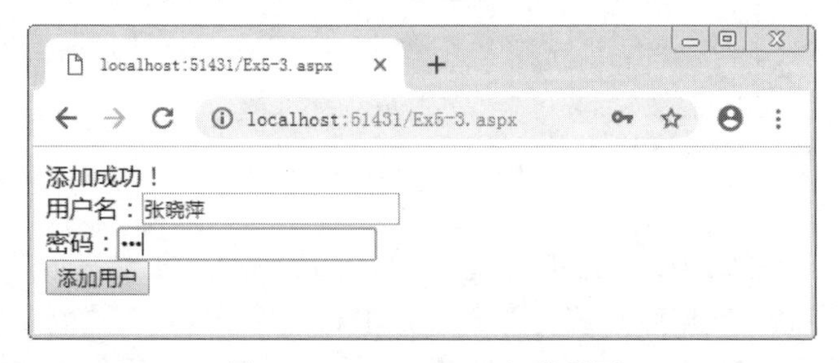

扫码看视频

图 5-4　Ex5-3.aspx 运行效果图

Ex5-3.aspx 文件代码如下：

```
<%@ Page Language="C#" AutoEventWireup="true" CodeFile="Ex5-3.aspx.cs" Inherits="Ex5_3" %>
<!DOCTYPE html>
<html xmlns="http://www.w3.org/1999/xhtml">
<head runat="server">
<meta http-equiv="Content-Type" content="text/html; charset=utf-8"/>
    <title></title>
</head>
<body>
    <form id="form1" runat="server">
    <div>
        用户名：<asp:TextBox ID="txtname" runat="server"></asp:TextBox><br />
        密码：<asp:TextBox ID="txtpwd" runat="server" TextMode="Password"></asp:TextBox><br />
        <asp:Button ID="btnadd" runat="server" onclick="btnadd_Click" Text="添加用户" />
    </div>
```

```
    </form>
</body>
</html>
```

Ex5-3.aspx.cs 文件中的“添加用户”按钮单击事件 btnadd_Click 的代码如下：

```
using System.Data.OleDb;

protected void btnadd_Click(object sender, EventArgs e)
    {
        string strcon = "Provider=Microsoft.Jet.OLEDB.4.0;Data Source=|DataDirectory|mydata.mdb";
        OleDbConnection conn = new OleDbConnection(strcon);
        string sql0 = "insert into members(mname,mpwd) values('" + txtname.Text + "','" + txtpwd.Text + "')";
        try
        {
            conn.Open();
            OleDbCommand ocmd = new OleDbCommand(sql0, conn);
            ocmd.ExecuteNonQuery();
            Response.Write("添加成功！");
        }
        catch (Exception ex)
        {
            Response.Write("添加失败！"+ex.ToString());
        }
        finally
        {
            conn.Close();
        }
    }
```

程序说明：

- 数据库连接字符串中，“Data Source=|DataDirectory|mydata.mdb”表示 mydata.mdb 数据库文件存储在数据库系统文件夹 App_Data 中。
- 本例中使用了 SQL 命令添加表记录，即 Insert Into 表名(字段 1,…) Values(值 1,…)。若要给表中所有字段添加值，则表名后可以省略字段名，即 Insert Into 表 Values(值 1,…)。
- 定义 ocmd 时，“new OleDbCommand(sql0, conn)”表示此 OleDbCommand 对象是建立在 conn 连接基础上的，且 CommandText 属性的值为字符串变量 sql0。

【例 5-4】利用 OleDbCommand 对象将数据库 mydata.mdb 的 members 表中的用户信息删除。删除用户信息成功后，显示“删除成功！”；否则，显示“删除失败！”，效果如图 5-5 所示（Ex5-4.aspx）。

图 5-5　Ex5-4.aspx 运行效果图

Ex5-4.aspx 文件代码如下：

```
<%@ Page Language="C#" AutoEventWireup="true" CodeFile="Ex5-4.aspx.cs" Inherits="Ex5_4" %>
<!DOCTYPE html>
<html xmlns="http://www.w3.org/1999/xhtml">
<head runat="server">
<meta http-equiv="Content-Type" content="text/html; charset=utf-8"/>
    <title></title>
</head>
<body>
    <form id="form1" runat="server">
    <div>
        用户名：<asp:TextBox ID="txtname" runat="server"></asp:TextBox>
        <asp:Button ID="btndel" runat="server" Text="删除用户" onclick="btndel_Click" />
    </div>
    </form>
</body>
</html>
```

Ex5-4.aspx.cs 文件中的“删除用户”按钮单击事件 btndel_Click 的代码如下：

```
using System.Data.OleDb;

protected void btndel_Click(object sender, EventArgs e)
    {
        string strcon = "Provider=Microsoft.Jet.OLEDB.4.0;Data Source=|DataDirectory|mydata.mdb";
        OleDbConnection conn = new OleDbConnection(strcon);
        string sql0 = "delete from members where mname='" + txtname.Text + "'";
        conn.Open();
        OleDbCommand ocmd = new OleDbCommand(sql0, conn);
        if (ocmd.ExecuteNonQuery() > 0)
        {
            Response.Write("删除成功！");
        }
        else
        {
            Response.Write("删除失败！");
        }
        conn.Close();
    }
```

程序说明：

- 本例中使用了 SQL 命令删除表记录，格式为“delete from 表名 where 条件表达式”，若要删除表中全部记录，省略“where 条件表达式”部分。
- 由于 OleDbCommand 对象的 ExecuteNonQuery 方法返回受影响的行数，所以使用“ocmd.ExecuteNonQuery()>0”来判断是否删除了用户。本例也可以采用例 5-3 的方法完成，效果相同。

提示：这里介绍了添加用户和删除用户的方法。依此类推，读者很容易找到修改用户信息的方法，即将 SQL 字符串修改为“Update 表名 Set 字段=值 Where 条件表达式”即可。

【例 5-5】利用 OleDbCommand 对象的 ExecuteScalar 方法检查用户名是否已被注册。当已被用户注册时，显示“用户已存在！”；否则，显示“未被注册！”，效果如图 5-6 所示（Ex5-5.aspx）。

扫码看视频

图 5-6　Ex5-5.aspx 运行效果图

Ex5-5.aspx 文件代码如下：

```
<%@ Page Language="C#" AutoEventWireup="true" CodeFile="Ex5-5.aspx.cs" Inherits="Ex5_5" %>
<!DOCTYPE html>
<html xmlns="http://www.w3.org/1999/xhtml">
<head runat="server">
<meta http-equiv="Content-Type" content="text/html; charset=utf-8"/>
    <title></title>
</head>
<body>
    <form id="form1" runat="server">
    <div>
        用户名：<asp:TextBox ID="txtname" runat="server"></asp:TextBox>
        <asp:Button ID="btnseek" runat="server" onclick="btnseek_Click" Text="用户名是否被注册" />
    </div>
    </form>
</body>
</html>
```

Ex5-5.aspx.cs 文件中的“用户名是否被注册”按钮单击事件 btnseek_Click 的代码如下：

```
using System.Data.OleDb;

protected void btnseek_Click(object sender, EventArgs e)
    {
        string strcon = "Provider=Microsoft.Jet.OLEDB.4.0;Data Source=|DataDirectory|mydata.mdb";
        OleDbConnection conn = new OleDbConnection(strcon);
        string sql0 = "select count(*) from members where mname='" + txtname.Text + "'";
        conn.Open();
        OleDbCommand ocmd = new OleDbCommand(sql0, conn);
        if (Convert.ToInt32(ocmd.ExecuteScalar()) > 0)
        {
            Response.Write("用户已存在！");
        }
        else
        {
```

```
            Response.Write("未被注册！");
        }
        conn.Close();
    }
```

程序说明：

- 本例中使用了 SQL 命令统计函数 count()查询满足条件表达式的记录行数。根据行数是否大于 0，判断用户名是否存在。
- 语句 Convert.ToInt32(ocmd.ExecuteScalar()) 中采用强制数据类型转换函数 Convert.ToInt32()，实现将 Object 类型 ocmd.ExecuteScalar()的值转换成 32 位整型。如果不进行数据类型转换，系统将提示数据类型不一致的错误。

5.2.3　DataReader 对象

DataReader 对象是用于检索数据库中由行和列组成的表格数据，通常数据量较大。它是以连接的方式工作的，只允许以只读、单向的方式查看其中数据，并用 Command 对象的 ExecuteReader()方法进行实例化。由于 DataReader 是以单向方式顺序读取数据的，所以任何时候只缓存一条记录，这样在系统开销和性能方面都有一定优势。

DataReader 对象常用的方法有 Read 和 Close。其中，Read 方法可以使 DataReader 对象前进到下一条记录（如果有记录的话），当 Read 方法返回 False 时，表示读到了 DataReader 对象的最后一行；Close 方法是用于关闭 DataReader 对象。

【例 5-6】利用 DataReader 对象和 Command. ExecuteReader()方法读取 mydata.mdb 数据库的 members 表中的用户信息，并显示在页面上，效果如图 5-7 所示（Ex5-6.aspx）。

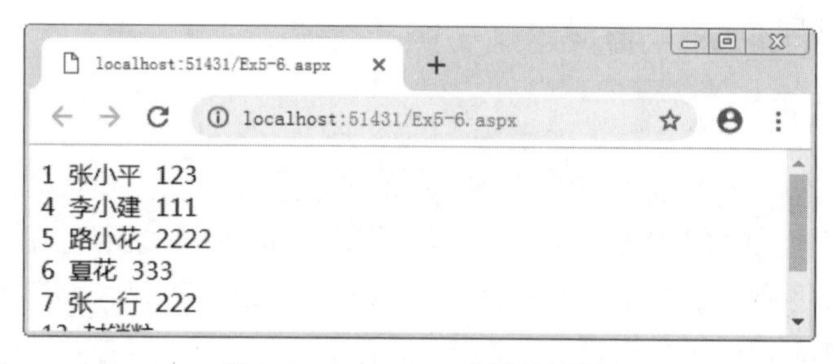

扫码看视频

图 5-7　Ex5-6.aspx 运行效果图

Ex5-6.aspx 文件代码如下：

```
<%@ Page Language="C#" AutoEventWireup="true" CodeFile="Ex5-6.aspx.cs" Inherits="Ex5_6" %>
<!DOCTYPE html>
<html xmlns="http://www.w3.org/1999/xhtml">
<head runat="server">
<meta http-equiv="Content-Type" content="text/html; charset=utf-8"/>
    <title></title>
</head>
<body>
    <form id="form1" runat="server">
    <div>
    </div>
    </form>
```

```
</body>
</html>
```

Ex5-6.aspx.cs 文件中的 Page_Load 代码如下：

```
using System.Data.OleDb;

protected void Page_Load(object sender, EventArgs e)
    {
        string strcon = "Provider=Microsoft.Jet.OLEDB.4.0;Data Source=|DataDirectory|mydata.mdb";
        OleDbConnection conn = new OleDbConnection(strcon);
        string sql0 = "select mid,mname,mpwd from members";
        conn.Open();
        OleDbCommand ocmd = new OleDbCommand(sql0, conn);
        OleDbDataReader odr = ocmd.ExecuteReader();
        while (odr.Read())
        {
            Response.Write(odr["mid"] + "  " + odr["mname"] + "  " + odr["mpwd"]);
            Response.Write("<br>");
        }
        odr.Close();
        conn.Close();
    }
```

程序说明：

- OleDbDataReader 对象 odr 存储了 ocmd.ExecuteReader()的结果，即 mydata.mdb 数据库的 members 表中的所有用户记录信息。
- 本例中使用了 while 循环结构。当 while(条件)为真时，程序循环执行循环体部分；条件为假时（即 DataReader 读完时），循环结束。

5.2.4　DataSet 对象

DataSet 对象是支持 ADO.NET 断开式、分布式数据方案的核心对象，可以将它视为内存中的数据库，用于存储从数据库查询到的数据结果。DataSet 对象本身没有和数据库联机的能力，它只是一个临时存放数据的容器。数据的存取都是通过数据操作组件来执行的，所以数据操作组件可以说是 DataSet 和数据库之间的沟通桥梁。

DataSet 是一个完整的数据集合。它包括数据表、数据表关联、限制、记录和字段等，其常用的内部对象及说明见表 5-4。同时，DataSet 又是一个不依赖于数据库的独立数据集合，即它在获得数据库信息后便立即和数据库断开连接，等到再次操作数据库内容时才会再建立连接。这种断开式的数据访问大大减少了程序和数据库之间的连接，减轻了服务器负载。

表 5-4　DataSet 常用的对象及其说明

对象	说明
DataTable	表格对象，可结合 DataAdapter 对象的 Fill 方法使用
DataRow	DataTable 对象中的记录行，表示表中包含的实际数据
DataColumn	DataTable 对象对应的列和约束规则
DataRelation	描述不同 DataTable 对象间的关联

5.2.5　DataAdapter 对象

由于 DataSet 对象没有和数据库联机的能力，为了获取和更新数据库内容，它必须借助于数据适配器 DataAdapter 对象。对于 DataSet 来说，DataAdapter 就像是搬运工，它把数据从数据库搬运到 DataSet 中，DataSet 中的数据有变动时，它又可以将其反映到数据库。

DataAdapter 对象的常用方法有 Fill 和 Dispose。其中，Fill 方法将从数据库中读取的数据填充到相应的 DataSet 对象中；Dispose 方法可以删除 DataAdapter 对象。

【例 5-7】利用 DataAdapter 和 DataSet 对象读取 mydata.mdb 数据库的 members 表中的用户信息，并将用户信息绑定到 GridView 控件上，显示效果如图 5-8 所示（Ex5-7.aspx）。

localhost:51431/Ex5-7.aspx

mid	mname	mpwd	msex	medu	mdate
1	张小平	123	☑	大学	2001/1/24 0:00:00
4	李小建	111	☑	中学	2001/1/28 0:00:00
5	路小花	2222	☐	大学	2001/1/28 0:00:00
6	夏花	333	☐	大学	2001/1/28 0:00:00

扫码看视频

图 5-8　Ex5-7.aspx 运行效果图

Ex5-7.aspx 文件代码如下：

```
<%@ Page Language="C#" AutoEventWireup="true" CodeFile="Ex5-7.aspx.cs" Inherits="Ex5_7" %>
<!DOCTYPE html>
<html xmlns="http://www.w3.org/1999/xhtml">
<head runat="server">
<meta http-equiv="Content-Type" content="text/html; charset=utf-8"/>
    <title></title>
</head>
<body>
    <form id="form1" runat="server">
    <div>
        <asp:GridView ID="gdvmem" runat="server">
        </asp:GridView>
    </div>
    </form>
</body>
</html>
```

Ex5-7.aspx.cs 文件中的 Page_Load 代码如下：

```
using System.Data.OleDb;
using System.Data;

protected void Page_Load(object sender, EventArgs e)
    {
        string strcon = "Provider=Microsoft.Jet.OLEDB.4.0;Data Source=|DataDirectory|mydata.mdb";
        OleDbConnection conn = new OleDbConnection(strcon);
        string sql0 = "select * from members order by mid asc";
        OleDbDataAdapter oda = new OleDbDataAdapter(sql0, conn);
        DataSet ds = new DataSet();
```

```
        oda.Fill(ds);
        gdvmem.DataSource = ds;
        gdvmem.DataBind();
    }
```

程序说明：

- 定义 DataAdapter 对象时，需要使用 Connection 和 Command 对象。本例定义 oda 时，“new OleDbDataAdapter(sql0, conn)”表示此 OleDbDataAdapter 对象是建立在 Connection 对象 conn 基础上的，且 Command 值为字符串变量 sql0。
- 语句 oda.Fill(ds)使用了 DataAdapter 对象的 Fill 方法将数据库查询结果读取到相应的 DataSet 对象 ds 里。需要注意的是 DataSet 对象需要引用命名空间 System.Data，即通过语句“using System.Data;”实现。
- 本例采用 GridView 控件进行数据绑定，读取数据库表信息。GridView 控件的 DataSource 属性指定数据源，DataBind()方法进行数据绑定。详细的数据绑定内容将在后续章节讲解。

5.3　会员注册信息管理

会员注册信息管理是动态网站十分常见的功能，它包括会员信息的浏览、添加、删除和修改等功能。下面我们将以企业会员管理为例，结合本章所学知识进行介绍。

5.3.1　会员注册信息浏览

扫码看视频

常见的网站中的会员信息浏览方式有两种：一种是用表格的形式浏览全部会员信息，每个会员信息占一行；另一种是用页面浏览指定会员信息，一次显示一个会员。第一种方式在 DataAdapter 的例子中已有介绍，这里介绍第二种方式。

具体操作步骤如下：

（1）新建一个 memseek.aspx 页面，修改页面标题 title 节为“会员注册信息浏览”。

（2）在页面里输入文本“输入用户名：”，并依次添加 TextBox、Button、Label 和 GridView 控件。

（3）分别设置上述控件的 Id 属性为 txtname、btnseek、lblmes 和 gdvmem，并将 lblmes 和 gdvmem 控件的 Visible 属性设置为 False，即初始为“不可见”。

（4）双击 btnseek 控件，输入 btnseek_Click 事件代码并保存，按 F5 键运行。最终显示效果如图 5-9 所示。

图 5-9　memseek.aspx 运行效果图

memseek.aspx 文件代码如下：

```
<%@ Page Language="C#" AutoEventWireup="true" CodeFile="memseek.aspx.cs" Inherits="memseek" %>
<!DOCTYPE html>
<html xmlns="http://www.w3.org/1999/xhtml">
<head runat="server">
<meta http-equiv="Content-Type" content="text/html; charset=utf-8"/>
    <title></title>
</head>
<body>
    <form id="form1" runat="server">
    <div>
        输入用户名：<asp:TextBox ID="txtname" runat="server"></asp:TextBox>
        <asp:Button ID="btnseek" runat="server" Text="查询" onclick="btnseek_Click" />
        <asp:Label ID="lblmes" runat="server" ForeColor="Red" Text="用户不存在！" Visible="False">
            </asp:Label>
        <asp:GridView ID="gdvmem" runat="server" Visible="False">
        </asp:GridView>
    </div>
    </form>
</body>
</html>
```

memseek.aspx.cs 文件中“查询”按钮的 btnseek_Click 代码如下：

```
using System.Data.OleDb;
using System.Data;

protected void btnseek_Click(object sender, EventArgs e)
    {
        string strcon = "Provider=Microsoft.Jet.OLEDB.4.0;Data Source=|DataDirectory|mydata.mdb";
        OleDbConnection conn = new OleDbConnection(strcon);
        string sql0 = "select * from members where mname='" + txtname.Text + "'";
        OleDbDataAdapter oda = new OleDbDataAdapter(sql0, conn);
        DataSet ds = new DataSet();
        oda.Fill(ds);
        if (ds.Tables[0].Rows.Count > 0)
        {
            gdvmem.DataSource = ds;
            gdvmem.DataBind();
            gdvmem.Visible = true;
            lblmes.Visible = false;
        }
        else
        {
            gdvmem.Visible = false;
            lblmes.Visible = true;
        }
    }
```

程序说明：

- 按钮单击事件中，语句 if (ds.Tables[0].Rows.Count > 0)用来判断是否查询到了相关会员信息。这里采用了 DataSet 中第 1 个表格 Tables[0]的行对象 Rows 的数量属性 Count，即 DataSet 中的第 1 个表格的行数。前面我们介绍过 DataSet，它包含了多种数据库对象，其中也包含了多个 Table 对象。读者可以采用数组的方式区别这些 Table，即 Tables[0]表示 DataSet 表集合中的第 1 个表格，其他依此类推。
- ASP.NET 中很多控件都有可见属性 Visible，用于控制控件是否可见。当 Visible 属性为 true 时可见；为 false 时控件不可见。

5.3.2 会员注册信息添加

网站中会员注册的过程就是后台数据库添加记录的过程。也就是说，会员注册信息添加其实就是会员注册。由于篇幅限制，这里只介绍常用控件和 ADO.NET 访问数据库，不再考虑页面布局问题。

具体操作步骤如下：

（1）新建一个 memadd.aspx 页面，修改页面标题 title 节为“会员注册信息添加”。

（2）在页面里添加一个 5 行 2 列的表格，并在左侧列依次输入文本“用户名”“密码”“性别”和“最高学历”；在右侧列依次添加 TextBox 控件 txtname、TextBox 控件 txtpwd、RadioButtonList 控件 rdbtnsex 和 DropDownList 控件 ddledu。

（3）将表格中第 5 行的两个单元格合并，添加 Button 控件 btnadd，设置其 Text 属性为“会员添加”。

（4）设置性别单选按钮 rdbtnsex 的数据项，设置两个 Text 值分别为“男”和“女”，Value 值分别对应 1 和 0，并设置选项“男”为默认值，即 Selected 值为 True。

（5）设置“最高学历”下拉菜单 ddledu 的候选项为“小学”“中学”“大学”和“研究生”，其中各选项的 Text 属性值和 Value 属性值相同。

（6）双击“会员添加”按钮进入代码编辑区，输入后台代码并保存，按 F5 键运行。最终显示效果如图 5-10 所示。

图 5-10　memadd.aspx 运行效果图

memadd.aspx 文件代码如下：

```
<%@ Page Language="C#" AutoEventWireup="true" CodeFile="memadd.aspx.cs" Inherits="memadd" %>
<!DOCTYPE html>
```

```
<html xmlns="http://www.w3.org/1999/xhtml">
<head runat="server">
<meta http-equiv="Content-Type" content="text/html; charset=utf-8"/>
    <title></title>
</head>
<body>
    <form id="form1" runat="server">
    <div>
        <table style="width: 260px; height: 200px">
            <tr>
                <td align="right">用户名：</td>
                <td align="left">
                    <asp:TextBox ID="txtname" runat="server"></asp:TextBox>
                </td>
            </tr>
            <tr>
                <td align="right">密码：</td>
                <td align="left">
                    <asp:TextBox ID="txtpwd" runat="server" TextMode="Password"></asp:TextBox>
                </td>
            </tr>
            <tr>
                <td align="right">性别：</td>
                <td align="left">
                    <asp:RadioButtonList ID="rdbtnsex" runat="server" RepeatDirection="Horizontal">
                        <asp:ListItem Value="1" Selected="True">男</asp:ListItem>
                        <asp:ListItem Value="0">女</asp:ListItem>
                    </asp:RadioButtonList>
                </td>
            </tr>
            <tr>
                <td align="right">最高学历：</td>
                <td align="left">
                    <asp:DropDownList ID="ddledu" runat="server">
                        <asp:ListItem>小学</asp:ListItem>
                        <asp:ListItem>中学</asp:ListItem>
                        <asp:ListItem>大学</asp:ListItem>
                        <asp:ListItem>研究生</asp:ListItem>
                    </asp:DropDownList>
                </td>
            </tr>
            <tr>
                <td colspan="2" align="center">
                    <asp:Button ID="btnadd" runat="server" Text="会员添加" onclick="btnadd_Click" />
                </td>
            </tr>
```

```
            </table>
        </div>
        </form>
</body>
</html>
```

memadd.aspx.cs 文件中“会员添加”按钮的 btnadd_Click 代码如下：

```
using System.Data.OleDb;

protected void btnadd_Click(object sender, EventArgs e)
    {
        string strcon = "Provider=Microsoft.Jet.OLEDB.4.0;Data Source=|DataDirectory|mydata.mdb";
        OleDbConnection conn = new OleDbConnection(strcon);
        string mname = txtname.Text;
        string mpwd = txtpwd.Text;
        string medu = ddledu.SelectedValue;
        Int32 msex = Convert.ToInt32(rdbtnsex.SelectedValue);
        string sql0 = "insert into members(mname,mpwd,msex,medu) values('" + mname + "','" + mpwd +
                    "','" + msex + "','" +medu + "')";
        try
        {
            conn.Open();
            OleDbCommand ocmd = new OleDbCommand(sql0, conn);
            ocmd.ExecuteNonQuery();
            Response.Write("添加成功！ ");
        }
        catch (Exception ex)
        {
            Response.Write("添加失败！ "+ex.ToString());
        }
        finally
        {
            conn.Close();
        }
    }
```

程序说明：

- 因为 RadioButtonList 控件的 SelectedValue 对应的值为字符型数据，而在数据库中保存“性别”的字段是“是/否”类型，所以需要将字符转化为 0 或 1 的整数，即语句 Convert.ToInt32(rdbtnsex.SelectedValue)实现了数据类型转换。
- 由于 SQL 命令字符串过长，本例定义了多个变量用于获取页面控件值，从而方便程序编写。

提示：在动态网站开发过程中，后台数据库设计也至关重要。members 表将会员编号 mid 字段设置为“自动编号”数据类型，这样会员编号会随着记录行增加而自动增加，且不会出现重复；注册日期 mdate 字段增加了默认值为系统日期 Date()，这样用户不需要填写就可以得到正确的注册日期。

members 表的性别 msex 字段采用了“是/否”数据类型，用 True 代表“男”，False 代表“女”。在数据存储时，用户可以直接用 1 和 0 代替 True 和 False，从而达到节约存储空间的目的。关于数据库的更多知识，请读者参考其他相关书籍。

5.3.3　会员注册信息修改

扫码看视频

在网站会员管理中，常常会用到会员信息修改功能，比如修改用户密码、修改个人信息等。会员信息修改的前提是当前的会员身份验证，即网站必须保证会员自己修改自己的信息，而不能让他人修改，也不允许会员越权。网站建设过程中的用户权限设置是相当重要的一项，本节的例子只是抛砖引玉。

具体操作步骤如下：

（1）新建一个 memrep.aspx 页面，修改页面标题 title 节为“会员注册信息修改”。

（2）在页面里添加一个 4 行 2 列的表格，并在左侧列依次添加“用户名”“原始密码”和“新密码”；在右侧列依次添加 3 个 TextBox 控件，txtname、txtold 和 txtnew，设置 txtnew 控件的 TextMode 属性值为 Password。

（3）将表格中第 4 行的两个单元格合并，添加 Button 控件 btnrep，设置其 Text 属性为“修改密码”。

（4）在表格下方添加 1 个 Label 控件 lblmes，并设置 ForeColor 属性为红色，用于信息提示。

（5）双击“修改密码”按钮进入代码编辑区，输入后台代码并保存，按 F5 键运行。最终显示效果如图 5-11 所示。

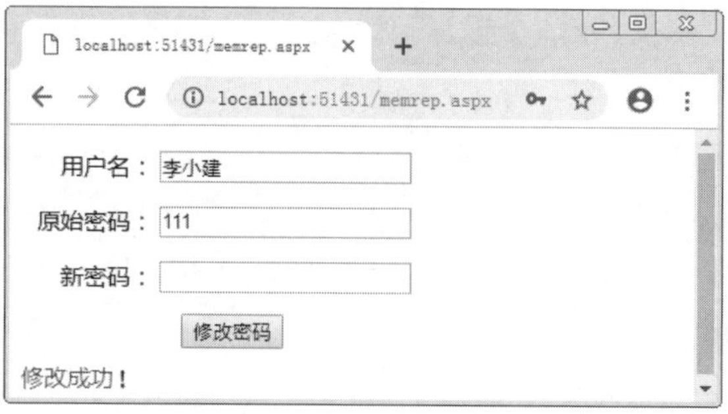

localhost:51431/memrep.aspx

用户名： 李小建

原始密码： 111

新密码：

修改密码

修改成功！

图 5-11　memrep.aspx 运行效果图

memrep.aspx 文件代码如下：

```
<%@ Page Language="C#" AutoEventWireup="true" CodeFile="memrep.aspx.cs" Inherits="memrep" %>
<!DOCTYPE html>
<html xmlns="http://www.w3.org/1999/xhtml">
<head runat="server">
<meta http-equiv="Content-Type" content="text/html; charset=utf-8"/>
    <title></title>
</head>
<body>
    <form id="form1" runat="server">
    <div>
```

```
            <table style="width: 290px; height: 150px">
                <tr>
                    <td align="right">用户名：</td>
                    <td align="left">
                        <asp:TextBox ID="txtname" runat="server"></asp:TextBox>
                    </td>
                </tr>
                <tr>
                    <td align="right">原始密码：</td>
                    <td align="left">
                        <asp:TextBox ID="txtold" runat="server"></asp:TextBox>
                    </td>
                </tr>
                <tr>
                    <td align="right">新密码：</td>
                    <td align="left">
                        <asp:TextBox ID="txtnew" runat="server" TextMode="Password"></asp:TextBox>
                    </td>
                </tr>
                <tr>
                    <td align="center" colspan="2">
            <asp:Button ID="btnrep" runat="server" onclick="btnrep_Click" Text="修改密码" />
                    </td>
                </tr>
            </table>
            <asp:Label ID="lblmes" runat="server" ForeColor="Red"></asp:Label>
        </div>
        </form>
</body>
</html>
```

memrep.aspx.cs 文件中“修改密码”按钮的 btnrep_Click 代码如下：

```
using System.Data.OleDb;

protected void btnrep_Click(object sender, EventArgs e)
    {
        string strcon = "Provider=Microsoft.Jet.OLEDB.4.0;Data Source=|DataDirectory|mydata.mdb";
        OleDbConnection conn = new OleDbConnection(strcon);
        conn.Open();
        string mname = txtname.Text;
        string oldpwd = txtold.Text;
        string newpwd = txtnew.Text;
        string sql1 = "select count(*) from members where mname='" + mname + "' and mpwd='" + oldpwd + "'";
        string sql2 = "update members set mpwd='" + newpwd + "' where mname='" + mname + "'";
        OleDbCommand ocmd1 = new OleDbCommand(sql1, conn);
        OleDbCommand ocmd2 = new OleDbCommand(sql2, conn);
        if (Convert.ToInt32(ocmd1.ExecuteScalar()) > 0)
```

```
        {
            ocmd2.ExecuteNonQuery();
            lblmes.Text = "修改成功！";
        }
        else
        {
            lblmes.Text = "修改失败，请检查用户名和密码是否正确。";
        }
        conn.Close();
    }
```

程序说明：

- Command 对象 ocmd1 用于查询是否存在与用户名和原始密码一致的会员记录，用于控制会员权限。这里也可以采用 TextBox 的 TextChanged 事件来实现，即把检验用户名和密码的代码放到原始密码 txtold 控件的 TextChanged 事件里。
- 本例中分别用到了 Command 对象的 ExecuteScalar()和 ExecuteNonQuery()方法，用户在选择使用 Command 方法时，要注意返回值和返回值的数据类型。

提示：网站为了加强会员管理或者防范恶意注册，有时会增加一个会员审核的步骤。审核机制在动态网站开发中十分常见，像留言板留言审核、新闻发布审核等。而审核体现在数据库上就是增加一个“是/否”数据类型的字段，将其默认值设为 False。当管理员要让其通过审核时，只需要将数据库中的 False 改为 True，其本质还是数据库记录的修改。

5.3.4　会员注册信息删除

删除过期会员信息可以节约网站空间，提高会员管理效率。在网站开发过程中，类似的操作还有新闻管理、资源管理等。尤其是占用网站空间较多的图片、视频等多媒体资源，更是应该经常对其进行清除。

会员信息删除操作和信息修改操作相似，只是用于处理数据库记录的 SQL 语句不同而已。用户只需要把会员信息修改语句改成删除语句，其他内容保持不变即可，即把 5.3.3 节中的 update 命令语句修改为“delete from members where mname='" + txtname.Text + "'"”。具体操作这里不再赘述，读者可以参考随书源代码中第 5 章的 memdel.aspx 和 memdel.aspx.cs 文件。运行效果如图 5-12 所示。

图 5-12　memdel.aspx 运行效果图

5.4 知识拓展

5.4.1 SQL Server 数据库操作

SQL Server 是微软公司开发的关系型数据库系统。它采用了二级安全验证、登录验证及数据库用户账号和角色的许可验证。同时支持两种身份验证模式：Windows NT 身份验证和 SQL Server 身份验证。由于 SQL Server 的良好性能，以及在数据安全性和用户权限管理方面的突出表现，该系统得到了用户的广泛应用。

对 SQL Server 数据库和对 Access 数据库的页面操作思路相同，只是在引用的命名空间和 ADO.NET 对象名称上有所区别。在此，我们将通过一个页面访问 SQL Server 2000 数据库的实例来介绍。

【例 5-8】利用 SqlConnection、SqlDataAdapter 和 DataSet 对象，读取 SQL Server 2000 数据库 sqldb 中 users 表中的记录信息，并将结果绑定到 GridView 控件上，效果如图 5-13 所示（Ex5-8.aspx）。

扫码看视频

mid	mname	mpwd	msex	medu	mdate
1	张小平	123	☑	大学	2012/1/24 0:00:00
5	路小花	2222	☐	大学	2012/1/28 0:00:00
6	夏花	333	☐	大学	2012/1/28 0:00:00
7	张一行	222	☑	大学	2012/1/28 0:00:00

图 5-13 Ex5-8.aspx 运行效果图

Ex5-8.aspx 文件代码如下：

```
<%@ Page Language="C#" AutoEventWireup="true" CodeFile="Ex5-8.aspx.cs" Inherits="Ex5_8" %>
<!DOCTYPE html>
<html xmlns="http://www.w3.org/1999/xhtml">
<head runat="server">
<meta http-equiv="Content-Type" content="text/html; charset=utf-8"/>
    <title></title>
</head>
<body>
    <form id="form1" runat="server">
    <div>
        <asp:GridView ID="gdvsql" runat="server">
        </asp:GridView>
    </div>
    </form>
</body>
</html>
```

Ex5-8.aspx.cs 文件中的 Page_Load 代码如下：

```
using System.Data;
using System.Data.Sql;
using System.Data.SqlClient;

protected void Page_Load(object sender, EventArgs e)
    {
        SqlConnection conn = new SqlConnection("server=(local);database=sqldb;user=sa;pwd=123");
        string sql0 = "select * from users order by uid asc";
        SqlDataAdapter sda = new SqlDataAdapter(sql0, conn);
        DataSet ds = new DataSet();
        sda.Fill(ds);
        gdvsql.DataSource = ds;
        gdvsql.DataBind();
    }
```

程序说明：

- 使用 SQL Server 数据库时，要使用 System.Data.SqlClient 命名空间，即在命名空间引用部分添加上 using System.Data.Sql;和 using System.Data.SqlClient;代码。
- 首先定义用于连接 SQL Server 数据库的 SqlConnection 对象 conn，它指定了连接数据库的各项参数：server=(local)指明数据库在本地服务器上，而如果要连接到远程计算机数据库时，可以把(local)改成远程计算机的 IP 地址，如 server=202.192.132.126；database=sqldb 是数据库名称；user=sa 是访问数据库的用户名；pwd=123 指明访问数据库的密码。访问数据库的用户名和密码要根据数据库设置情况而定。

提示：学习上面内容时，读者可以对比 Access 数据库的连接方式，这样更容易理解。本例与例 5-7 除后台数据库类型不一样外，其功能是完全相同的，读者可以将两个例子对比学习。

关于使用 Access 和 SQL Server 数据库时，各种 ADO.NET 对象（如 Connection、Comman 等）名称写法上的区别可参考 5.2 节中表 5-2 的内容。

5.4.2　Web.config 应用程序设置

Web.config 文件是基于 XML 格式的网站配置文件。因为网站中所有页面都可以访问该文件中的程序设置，所以用户可以利用 Web.config 文件快速创建和修改网站配置环境。

动态网站开发离不开数据库的支持，而数据库的存储位置、用户密码等信息都可能变化。为了能够保证网站配置的便捷性和网站的安全性，通常把数据库连接字符串放到 Web.config 的<connectionStrings>或<appSettings>配置节中。

<connectionStrings>配置节的数据库连接语句为“<add name="自定义连接名称" connectionString ="数据库连接字符串"/>”，如“<connectionStrings><add name="acstr" connectionString= "Provider=Microsoft.Jet.OLEDB.4.0;Data Source=|DataDirectory|mydata.mdb"/> </connectionStrings>”。页面引用时，通过“System.Configuration.ConfigurationManager. ConnectionStrings ["name"]”检索值。

<appSettings>配置节的数据库连接语句为“<add key ="自定义连接名称" value="数据库连接字符串"/>”，如“<appSettings><add key="acstr" value="Provider=Microsoft.Jet.OLEDB.4.0;Data

Source=|DataDirectory|mydata.mdb"/></appSettings>”。页面引用时，通过“System.Configuration.ConfigurationManager.AppSettings["name"]”检索值。

【例 5-9】改进例 5-7，使用 Web.config 存放数据库连接字符串，并在页面中读取，使其达到相同效果（Ex5-9.aspx）。

扫码看视频

具体操作步骤如下：

（1）打开网站项目后，执行“网站”菜单中的“添加新项”命令。

（2）在“添加新项”对话框的“模板”列表中选择“Web 配置文件”选项，保存文件名称为 Web.config。

（3）打开 Web.config 文件，在<configuration>配置节中添加<connectionStrings>配置节，并输入相应内容。如“<connectionStrings><add name="acstr" connectionString="Provider=Microsoft.Jet.OLEDB.4.0;Data Source=|DataDirectory|mydata.mdb"/> </connectionStrings>”，如图 5-14 所示。

```
1  <?xml version="1.0"?>
2  <configuration>
3    <system.web>
4      <compilation debug="true" targetFramework="4.6.1"/>
5      <httpRuntime targetFramework="4.6.1"/>
6    </system.web>
7    <connectionStrings>
8      <add name="acstr" connectionString="Provider=Microsoft.Jet.OLEDB.4.0;Data Source=|DataDirectory|mydata.mdb"/>
9    </connectionStrings>
10 </configuration>
```

图 5-14　Web.config 文件设置

（4）打开例 5-7 对应的代码文件 Ex5-7.aspx.cs，修改 Page_Load 事件中的数据库连接字符串定义行，即把“string strcon = "Provider=Microsoft.Jet.OLEDB.4.0;Data Source=|DataDirectory| mydata.mdb"”修改成“string strcon = System.Configuration.ConfigurationManager.ConnectionStrings["acstr"]”。

（5）保存文件，按 F5 键运行，效果与例 5-7 的效果相同。

第 6 章　ADO.NET 数据显示控制

【学习目标】

通过本章知识的学习，读者应在充分巩固 ADO.NET 数据访问知识的基础上，熟练掌握常用数据控件绑定后台数据的各种操作方法，以及 GridView 数据控件的常用属性、格式化显示、数据分页等技能。通过本章内容的学习，读者可以达到以下学习目的：

- 理解单值数据绑定、多值数据绑定和格式化数据绑定的含义。
- 掌握常用数据绑定方法和格式化设置。
- 理解 GridView 数据控件的常用属性和事件属性。
- 掌握 GridView 数据控件的分页技术。
- 了解 DataList 和 Repeater 数据控件的使用方法。
- 了解页面间参数传递技术。

6.1　情景分析

企业网站中的新闻动态、商品信息展示等内容的更新速度相当快，如果采用静态页面完成这部分工作，工作量之大令人难以想象。而利用数据库即时更新信息的动态网站成为必然选择。即将数据库信息即时显示到网站页面上，让用户能够即时了解最新动态，获得有价值的信息。

在企业网站的新闻动态栏目中，页面显示多条新闻标题，当新闻记录数量较多时，还可以进行分页显示，如图 6-1 所示。用户单击某条新闻标题的链接时，显示新闻详细内容，如图 6-2 所示。

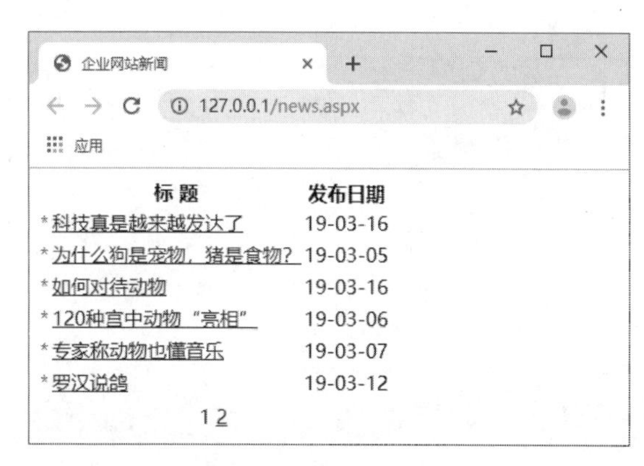

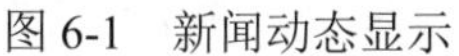
图 6-1　新闻动态显示

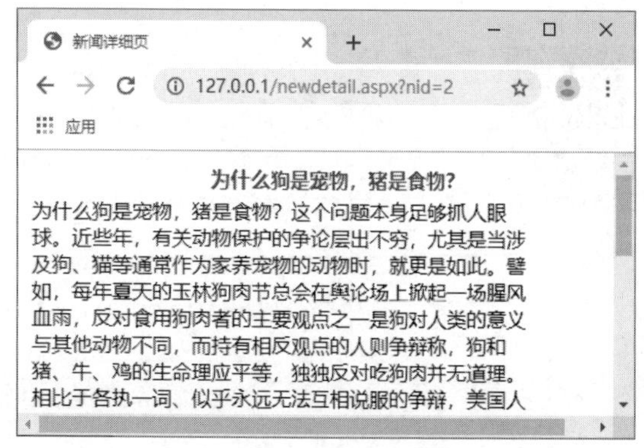

图 6-2　新闻详细内容显示

和本章新闻动态相关的数据库（mydata.mdb）内容主要有新闻表（news），表中主要字段见表 6-1。

表 6-1　mydata.mdb 数据库新闻表字段描述

字段名	字段类型	字段大小/个	描述
nid	自动编号		新闻编号，主关键字
ntitle	文本	50	新闻标题，最多支持 50 个汉字
ncontent	备注		新闻内容，备注型字段类型
npic	文本	30	新闻图片，保存图片存储路径
ndate	日期/时间		新闻添加日期，默认值为 Date()，即系统日期

6.2　数据绑定

数据绑定是使页面上控件的属性与数据库中的数据产生对应关系，实现页面与数据库的交互。即当控件与数据库中的数据绑定后，当数据库中的数据发生变化时，控件中的结果值也会发生相应的变化。通过数据绑定可以把控件的属性绑定到数据库表（如 Access 数据库表），也可以把控件属性绑定到表达式、属性和方法调用的返回值等，语法结构为<%# 绑定数据源 %>。

在 ASP.NET 中，“<%#　%>”是在 Web 页中使用数据绑定的基础，所有数据绑定表达式都必须包含在这些字符中。“<%#　%>”内联标记用于指定特定数据源中的信息存放在 Web 页中的位置。

6.2.1　单值数据绑定

单值数据绑定又称简单数据绑定，是指将公共变量或表达式的值绑定到页面或页面控件属性的操作，而不是直接将控件属性绑定到数据源。单值控件一次只能显示一个数据值，该类型的控件包含多数 Web 服务器控件和 HTML 客户端控件，如 TextBox、Label 和 HtmlAnchor 等。单值数据绑定使用分配给控件属性的数据绑定表达式，表达式应包含在“<%#　%>”代码块内。

【例 6-1】将 Label 控件的 Text 属性绑定到全局变量上，用于显示用户名和当前系统时间，效果如图 6-3 所示（Ex6-1.aspx）。

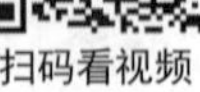

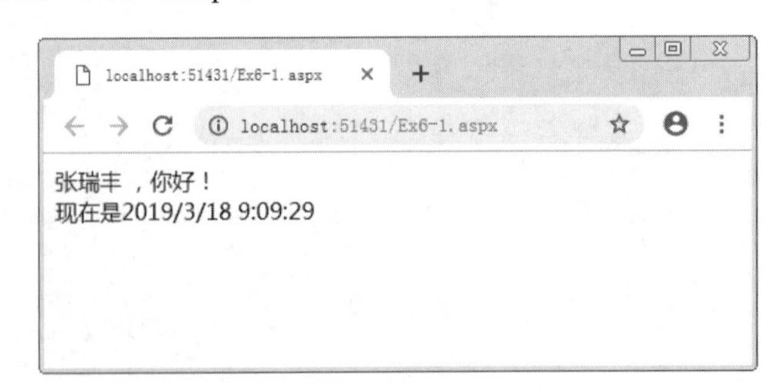

图 6-3　Ex6-1.aspx 运行效果图

Ex6-1.aspx 文件代码如下：

```
<%@ Page Language="C#" AutoEventWireup="true" CodeFile="Ex6-1.aspx.cs" Inherits="Ex6_1" %>
<!DOCTYPE html>
<html xmlns="http://www.w3.org/1999/xhtml">
```

```
<head runat="server">
<meta http-equiv="Content-Type" content="text/html; charset=utf-8"/>
    <title></title>
</head>
<body>
    <form id="form1" runat="server">
    <div>
        <asp:Label ID="Label1" runat="server"><%# username %></asp:Label>，你好！<br />
        现在是<asp:Label ID="Label2" runat="server" Text="<%# dtnow %>"></asp:Label>
    </div>
    </form>
</body>
</html>
```

Ex6-1.aspx.cs 文件中的主要代码如下：

```
public string username;
    public DateTime dtnow;

    protected void Page_Load(object sender, EventArgs e)
    {
        username = "张瑞丰";
        dtnow = DateTime.Now;
        DataBind();
    }
```

程序说明：

- 首先，在 Page_Load 事件前定义了两个全局变量 username 和 dtnow，分别用于保存用户名和系统时间。
- 在 Page_Load 事件中，使用 DataBind()方法实现页面中所有控件的数据绑定。前台页面中，<%# username %>和<%# dtnow %>用于显示变量值。

6.2.2 多值数据绑定

多值数据绑定是指可以同时显示多条数据记录的控件绑定，该类型常用控件有 RadioButtonList、DropDownList、GridView、DataList 和 Repeater 等。

1. RadioButtonList 控件绑定

RadioButtonList 控件的选项值如果是固定不变的话，用户可以通过编辑控件的 Item 项来完成；当选项值发生变化时，则需要通过读取数据库来实现，即数据绑定。

【例 6-2】将 App_Data 文件夹中的 mydata.mdb 数据库中 vote 表中的数据绑定到 RadioButtonList 控件上，用于显示单选项目。用户选择选项并单击“投票”按钮后，页面显示投票信息，并修改后台数据库该选项的得票数。运行效果如图 6-4 所示（Ex6-2.aspx）。

扫码看视频

Ex6-2.aspx 文件代码如下：

```
<%@ Page Language="C#" AutoEventWireup="true" CodeFile="Ex6-2.aspx.cs" Inherits="Ex6_2" %>
<!DOCTYPE html>
<html xmlns="http://www.w3.org/1999/xhtml">
```

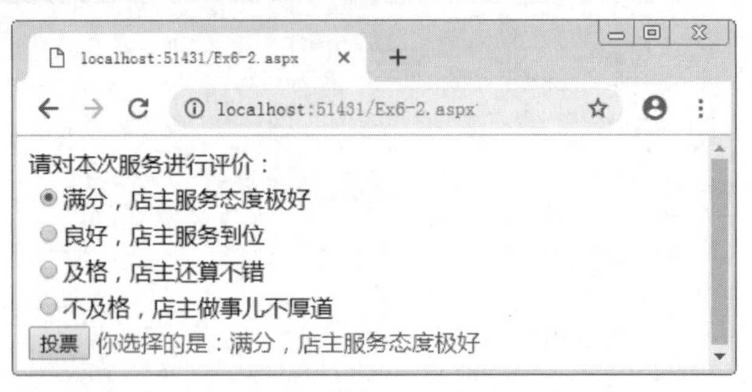

图 6-4　Ex6-2.aspx 运行效果图

```
<head runat="server">
<meta http-equiv="Content-Type" content="text/html; charset=utf-8"/>
    <title></title>
</head>
<body>
    <form id="form1" runat="server">
    <div>
        请对本次服务进行评价：<asp:RadioButtonList ID="rblvote" runat="server">
        </asp:RadioButtonList>
        <asp:Button ID="Button1" runat="server" onclick="Button1_Click" Text="投票" />
        <asp:Label ID="lblmes" runat="server" ForeColor="Red"></asp:Label>
    </div>
    </form>
</body>
</html>
```

Ex6-2.aspx.cs 文件中的主要代码如下：

```
using System.Data.OleDb;
using System.Data;

protected void Page_Load(object sender, EventArgs e)
    {
        if (!IsPostBack)
        {
            string acon = System.Configuration.ConfigurationManager.ConnectionStrings["strcon"].ToString();
            OleDbConnection oconn = new OleDbConnection(acon);
            OleDbDataAdapter oda = new OleDbDataAdapter("select * from vote", oconn);
            DataSet ds = new DataSet();
            oda.Fill(ds);
            rblvote.DataSource = ds;
            rblvote.DataTextField = "vname";
            rblvote.DataValueField = "vid";
            rblvote.DataBind();
        }
    }
    protected void Button1_Click(object sender, EventArgs e)
    {
```

```
            lblmes.Text = "你选择的是：" + rblvote.SelectedItem.Text;
            string acon = System.Configuration.ConfigurationManager.ConnectionStrings["strcon"].ToString();
            OleDbConnection oconn = new OleDbConnection(acon);
            oconn.Open();
            string sql0 = "update vote set vnum=vnum+1 where vid=" + rblvote.SelectedValue;
            OleDbCommand ocmd = new OleDbCommand(sql0, oconn);
            ocmd.ExecuteNonQuery();
            oconn.Close();
        }
```

Web.config 文件中的代码如下：

```
<?xml version="1.0"?>
<configuration>
  <system.web>
    <compilation debug="true" targetFramework="4.6.1"/>
    <httpRuntime targetFramework="4.6.1"/>
  </system.web>
  <connectionStrings>
    <add name="strcon" connectionString="Provider=Microsoft.Jet.OLEDB.4.0;Data Source=
          |DataDirectory|mydata.mdb"/>
  </connectionStrings>
</configuration>
```

程序说明：

- 该例中使用了 Web.config 文件 configuration 配置节设置数据库连接字符串，即添加代码“<connectionStrings><add name="strcon" connectionString="Provider= Microsoft.Jet. OLEDB.4.0;Data Source=|DataDirectory|mydata.mdb"/></connectionStrings>”。
- RadioButtonList 控件数据绑定的操作步骤：先指定数据源，再指定文本数据源（DataTextField）和列表值数据源（DataValueField），最后进行数据绑定。
- RadioButtonList 控件数据绑定完成后，SelectedItem.Text 对应的是 DataTextField 的值，即选项显示的文本；SelectedValue 对应的是 DataValueField 的值。
- 本例中使用的 vote 表主要由选项编号 vid、选项文本 vname 和选项得票 vnum 三个字段组成。其中，字段类型依次为自动编号、文本和数字。

2. DropDownList 控件绑定

DropDownList 控件和 RadioButtonList 控件的数据绑定操作十分相似，下面通过一个例子简单进行介绍。

【例 6-3】将 mydata.mdb 数据库中 city 表中的数据绑定到 DropDownList 控件上，用于显示下拉选项。用户选择选项，单击“提交”按钮后，页面显示提示信息。运行效果如图 6-5 所示（Ex6-3.aspx）。

扫码看视频

Ex6-3.aspx 文件代码如下：

```
<%@ Page Language="C#" AutoEventWireup="true" CodeFile="Ex6-3.aspx.cs" Inherits="Ex6_3" %>
<!DOCTYPE html>
<html xmlns="http://www.w3.org/1999/xhtml">
<head runat="server">
<meta http-equiv="Content-Type" content="text/html; charset=utf-8"/>
```

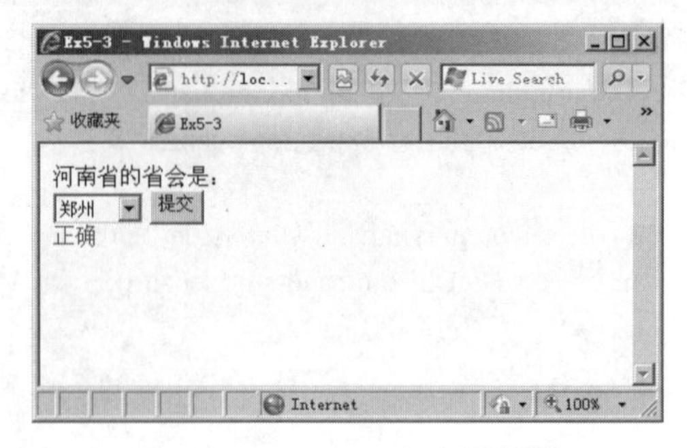

图 6-5　Ex6-3.aspx 运行效果图

```
        <title></title>
    </head>
    <body>
        <form id="form1" runat="server">
        <div>
            河南省的省会是：<br />
            <asp:DropDownList ID="ddlcity" runat="server">
            </asp:DropDownList>
            <asp:Button ID="Button1" runat="server" onclick="Button1_Click" Text="提交" />
            <br />
            <asp:Label ID="lblmes" runat="server" ForeColor="Red"></asp:Label>
        </div>
        </form>
    </body>
    </html>
```

Ex6-3.aspx.cs 文件中的主要代码如下：

```
using System.Data.OleDb;
using System.Data;

protected void Page_Load(object sender, EventArgs e)
    {
        if (!IsPostBack)
        {
            string acon = System.Configuration.ConfigurationManager.ConnectionStrings["strcon"].ToString();
            OleDbConnection oconn = new OleDbConnection(acon);
            OleDbDataAdapter oda = new OleDbDataAdapter("select * from city", oconn);
            DataSet ds = new DataSet();
            oda.Fill(ds);
            ddlcity.DataSource = ds;
            ddlcity.DataValueField = "cid";
            ddlcity.DataTextField = "cname";
            ddlcity.DataBind();
        }
    }
protected void Button1_Click(object sender, EventArgs e)
    {
```

```
        string strans = ddlcity.SelectedItem.Text;
        if (strans == "郑州")
            lblmes.Text = "正确";
        else
            lblmes.Text = "错误";
    }
```

3. DataList 控件绑定

DataList 控件绑定数据源主要用于显示重复列表，其功能和 Repeater 控件（见 6.5.3 节）功能相同，更容易操作。它除了显示数据的功能外，还提供了记录选择、数据更新和删除功能。同时，读者可以使用模板对控件列表项的内容和布局进行定义。常用模板主要有 HeaderTemplate、ItemTemplate、AlternatingItemTemplate 和 SeparatorTemplate，它们依次表示标题模板、项目模板、替换项模板和分隔符模板。

【例 6-4】利用 DataList 和 HyperLink 控件绑定数据库 mydata.mdb 中友情链接表 friends，显示友情链接网站名称。当鼠标悬浮在网站名称上时显示网站介绍，单击链接打开相应网站，效果如图 6-6 所示（Ex6-4.aspx）。

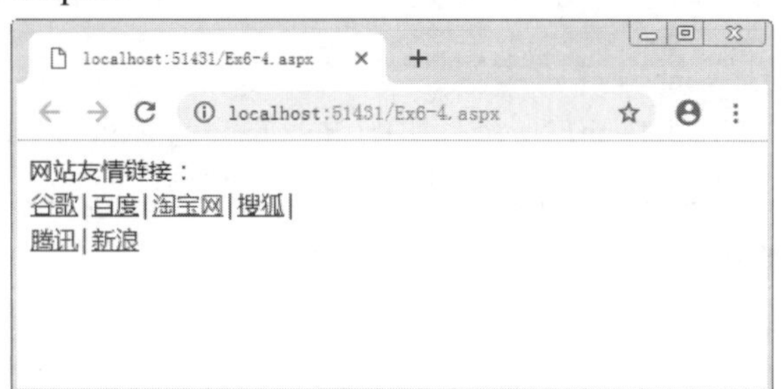

图 6-6　Ex6-4.aspx 运行效果图

Ex6-4.aspx 文件代码如下：

```
<%@ Page Language="C#" AutoEventWireup="true" CodeFile="Ex6-4.aspx.cs" Inherits="Ex6_4" %>
<!DOCTYPE html>
<html xmlns="http://www.w3.org/1999/xhtml">
<head runat="server">
<meta http-equiv="Content-Type" content="text/html; charset=utf-8"/>
    <title></title>
</head>
<body>
    <form id="form1" runat="server">
    <div>
        网站友情链接：
       <asp:DataList ID="dlfri" runat="server" RepeatColumns="4" RepeatDirection="Horizontal">
            <SeparatorTemplate>|</SeparatorTemplate>
            <ItemTemplate>
       <asp:HyperLink ID="hplfri" runat="server" NavigateUrl='<%# Eval("furl") %>' Target="_blank"
         ToolTip='<%# Eval("fmemo") %>' Text='<%# Eval("fname") %>'></asp:HyperLink>
            </ItemTemplate>
        </asp:DataList>
```

```
        </div>
        </form>
</body>
</html>
```

Ex6-4.aspx.cs 文件中的 Page_Load 代码如下：

```
using System.Data.OleDb;
using System.Data;

protected void Page_Load(object sender, EventArgs e)
    {
        string acon = System.Configuration.ConfigurationManager.ConnectionStrings["strcon"].ToString();
        OleDbConnection oconn = new OleDbConnection(acon);
        OleDbDataAdapter oda = new OleDbDataAdapter("select * from friends", oconn);
        DataSet ds = new DataSet();
        oda.Fill(ds);
        dlfri.DataSource = ds;
        dlfri.DataBind();
    }
```

程序说明：

- 本例中主要使用了 DataList 控件中的 ItemTemplate 和 SeparatorTemplate 模板。读者可以通过选择 DataList 控件右上方功能扩展按钮中“DataList 任务”的“编辑模板”命令，进行相应模板的编辑。
- DataList 控件常用属性有 RepeatColumns 和 RepeatDirection，分别表示每行显示的列数和排列方向。
- 在 DataList 控件的 ItemTemplate 模板中添加了 HyperLink 控件，并将 HyperLink 控件的 NavigateUrl（链接网址）、ToolTip（鼠标悬浮时显示提示文本）和 Text（页面显示文本）属性通过 Eval()方法绑定到后台数据源。Eval()方法是一种静态方法，不论绑定什么样的数据，总是返回字符串，读者不必关心数据本来的数据类型和转换。常用语法格式为<%# Eval("字段名") %>。
- DataList 控件绑定到 DataSet 对象的方法和前面介绍的 GridView、DropDownList、RadioButtonList 等控件的数据绑定方法相似，读者可以对比学习。

6.2.3 格式化数据绑定

Eval()方法是 ASP.NET Framework 提供的一种静态方法。它会将绑定的结果格式转化为字符串，同时还支持格式化显示。格式化数据绑定的常用语法结构为<%# Eval("字段名","格式字符串") %>，其中，常见的字符串格式见表 6-2。

表 6-2 字符串常见格式说明

字符串格式	数据类型	说明
{0:D}	日期型	长日期，如“2012 年 1 月 24 日”
{0:d}	日期型	短日期，如“2012-1-24”
{0:F}	日期时间型	长日期时间，如“2012 年 1 月 24 日 13:21:05”

续表

字符串格式	数据类型	说明
{0:f}	日期时间型	短日期时间，如“2012 年 1 月 24 日 13:21”
{0:T}	时间型	长时间，如“13:21:05”
{0:t}	时间型	短时间，如“13:21”
{0:N2}	数值型	保留两位小数，如“298.06”
{0:P}	数值型	百分数显示，如“12.25%”

【例 6-5】利用 DataList 和 Label 控件绑定数据库 mydata.mdb 中的会员表 members，显示用户名和注册日期，日期格式为长日期格式（如“2001 年 3 月 6 日”），效果如图 6-7 所示（Ex6-5.aspx）。

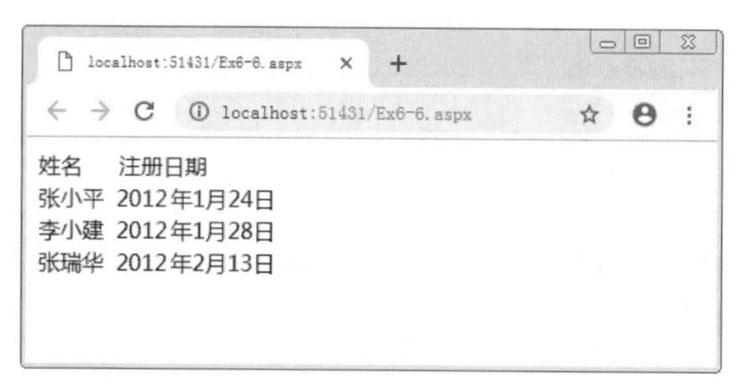

图 6-7　Ex6-5.aspx 运行效果图

Ex6-6.aspx 文件代码如下：

```
<%@ Page Language="C#" AutoEventWireup="true" CodeFile="Ex6-6.aspx.cs" Inherits="Ex6_6" %>
<!DOCTYPE html>
<html xmlns="http://www.w3.org/1999/xhtml">
<head runat="server">
<meta http-equiv="Content-Type" content="text/html; charset=utf-8"/>
    <title></title>
</head>
<body>
    <form id="form1" runat="server">
    <div>
        <asp:DataList ID="DataList1" runat="server">
            <HeaderTemplate>
                姓名 注册日期
            </HeaderTemplate>
            <ItemTemplate>
                <asp:Label ID="Label2" runat="server" Text='<%# Eval("mname") %>'></asp:Label>
                <asp:Label ID="Label1" runat="server" Text='<%# Eval("mdate","{0:D}") %>'></asp:Label>
            </ItemTemplate>
        </asp:DataList>
    </div>
    </form>
```

```
</body>
</html>
```

Ex6-6.aspx.cs 文件中的 Page_Load 代码如下：

```
using System.Data.OleDb;
using System.Data;

protected void Page_Load(object sender, EventArgs e)
    {
        string acon = System.Configuration.ConfigurationManager.ConnectionStrings["strcon"].ToString();
        OleDbConnection oconn = new OleDbConnection(acon);
        OleDbDataAdapter oda = new OleDbDataAdapter("select * from members", oconn);
        DataSet ds = new DataSet();
        oda.Fill(ds);
        DataList1.DataSource = ds;
        DataList1.DataBind();
    }
```

程序说明：

代码<%# Eval("mdate","{0:D}") %>实现日期显示格式为长日期格式。{0:D}也可以写成{0:yyyy 年 MM 月 dd 日}。

6.3 使用 GridView 控件绑定数据

GridView 控件主要用于以表格形式显示数据源中的数据，通常结合 DataSet 和 DataTable 等对象使用。GridView 控件除了支持显示记录外，还支持选择、编辑、分布、排序等多种操作。由于 GridView 控件的功能强大且操作简单，在网站开发中被广泛使用。

6.3.1 使用 GridView 控件显示查询结果

在前面章节，我们已经使用过 GridView 控件显示数据源表格记录。除了自动显示所有列以外，读者还可以通过单击 GridView 控件右上方的“功能扩展”按钮，选择“GridView 任务”中的“编辑列”命令，设置指定列属性、格式化显示绑定数据的格式以及编辑 GridView 控件模板内容等。

GridView 控件的数据绑定列类型丰富，常用的类型说明见表 6-3。

表 6-3　GridView 控件常用绑定列类型及说明

类型	说明
BoundField	默认列类型，作为纯文本显示字段值。其中，DataField 属性指定绑定的字段
HyperLinkField	作为超链接显示字段值。其中，DataTextField 属性表示显示文本；DataNavigateUrlFormatString 属性表示对超链接的 NavigateUrl 属性格式设置，如 page.aspx?id={0}；DataNavigateUrlFields 属性表示绑定到超链接的 NavigateUrl 属性的字段
ImageField	作为图片的 Src 属性显示字段值。其中，DataImageUrlField 属性指定显示图片 URL 绑定字段

续表

类型	说明
CheckBoxField	作为复选框显示字段值，通常用于生成布尔值
ButtonField	作为命令按钮显示字段值
TemplateField	模板类型。用户自定义显示内容时使用，模板可以包括多种控件，并采用Eval()方法绑定到数据源中的字段列

【例 6-6】利用 GridView 控件绑定数据库 mydata.mdb 中的会员表 members，显示用户名、性别、学历和注册日期。其中，性别显示为“男”或“女”，注册日期为短日期格式（如“2012-3-6”），效果如图 6-8 所示（Ex6-6.aspx）。

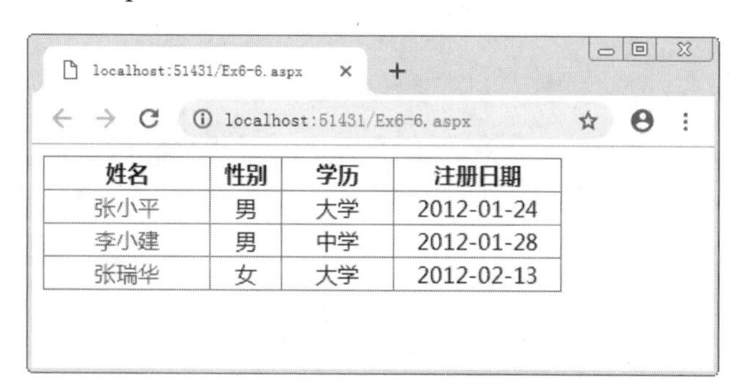

图 6-8　Ex6-6.aspx 运行效果图

Ex6-6.aspx 文件代码如下：

```
<%@ Page Language="C#" AutoEventWireup="true" CodeFile="Ex6-6.aspx.cs" Inherits="Ex6_6" %>
<!DOCTYPE html>
<html xmlns="http://www.w3.org/1999/xhtml">
<head runat="server">
<meta http-equiv="Content-Type" content="text/html; charset=utf-8"/>
    <title></title>
</head>
<body>
    <form id="form1" runat="server">
    <div>
        <asp:GridView ID="gdvnews" runat="server" AutoGenerateColumns="False">
            <Columns>
                <asp:BoundField DataField="mname" HeaderText="姓名" >
                    <ItemStyle ForeColor="Red" HorizontalAlign="Center" Width="120px" />
                </asp:BoundField>
                <asp:TemplateField HeaderText="性别">
                    <EditItemTemplate>
                        <asp:TextBox ID="TextBox1" runat="server" Text='<%# Bind("msex") %>'>
                            </asp:TextBox>
                    </EditItemTemplate>
                    <ItemTemplate>
                        <asp:Label ID="Label1" runat="server">
                        <%# Convert.ToBoolean(Eval("msex"))?"男":"女" %>
```

```
                    </asp:Label>
                    </ItemTemplate>
                    <ItemStyle HorizontalAlign="Center" Width="50px" />
                </asp:TemplateField>
                <asp:BoundField DataField="medu" HeaderText="学历" >
                    <ItemStyle HorizontalAlign="Center" Width="80px" />
                </asp:BoundField>
                <asp:BoundField DataField="mdate" DataFormatString="{0:yyyy-MM-dd}" HeaderText=
                        "注册日期" >
                    <ItemStyle HorizontalAlign="Center" Width="120px" />
                </asp:BoundField>
            </Columns>
        </asp:GridView>
    </div>
    </form>
</body>
</html>
```

Ex6-6.aspx.cs 文件中的 Page_Load 代码如下：

```
using System.Data.OleDb;
using System.Data;
using System.Configuration;

protected void Page_Load(object sender, EventArgs e)
    {
        string acon = ConfigurationManager.ConnectionStrings["strcon"].ToString();
        OleDbConnection oconn = new OleDbConnection(acon);
        OleDbDataAdapter oda = new OleDbDataAdapter("select * from members", oconn);
        DataSet ds = new DataSet();
        oda.Fill(ds);
        gdvnews.DataSource = ds;
        gdvnews.DataBind();
    }
```

程序说明：

- 因为该例在命名空间引用部分增加了“using System.Configuration;”，所以原“System.Configuration.ConfigurationManager.ConnectionStrings["strcon"].ToString();”，可以简写为“ConfigurationManager.ConnectionStrings["strcon"].ToString();”。
- 因为本例中只显示了会员表的部分字段，所以需要通过编辑列的方法来完成。即在“可用字段”列表中选择“BoundField”选项，然后设置 DataField 和 HeaderText 属性。其中，DataField 表示绑定的表格字段，HeaderText 表示表格标题。
- 为了对“注册日期”进行格式化显示，在设置 BoundField 的 DataField 和 HeaderText 属性之后，还需要将“注册日期”的 DataFormatString 属性设置为“{0:yyyy-MM-dd}”。
- 由于表格中性别存储的是“是/否”数据类型，要想显示为“男”或“女”，则需要使用模板项。读者需要在“可用字段”列表中选择“TemplateField”选项，然后执行“GridView 任务”中的“编辑模板”命令。在模板中添加 Label 控件，并设置 Text 属性为“<%# Convert.ToBoolean(Eval("msex"))?"男":"女" %>”。

提示：对“性别”字段进行数据绑定时，Text 属性设置为“<%# Convert.ToBoolean(Eval("msex"))?"男":"女" %>”。其中采用了 Convert.ToBoolean()强制类型转换方法，把字符串转换为布尔变量。然后使用了三目运算符?运算，即<逻辑表达式>?<值 1>:<值 2>。其中?运算符的含义是先求逻辑表达式的值，如果为真，则返回“值 1”；否则返回“值 2”。

6.3.2 GridView 控件的常用属性和事件

GridView 控件支持大量属性。用户可以通过简单设置控件属性，达到简化编程的目的。GridView 控件属性分别属于布局、行为、数据、样式和模板等类型，常用的属性及说明见表 6-4。

表 6-4 GridView 控件的常用属性及说明

属性	说明
AllowPaging	控件是否支持分页。相关属性还有 DataKeyNames、DataKeys、PageSize 和 PageIndex，及 PageSittings 属性组，以及 PageIndexChanging 事件
DataKeyNames	包含当前显示项的主关键字段的名称的数组
DataKeys	GridView 控件中每一行的数据键
PageSize	用于指定每页显示的记录行数
PageIndex	基于 0 的索引，标识当前显示的数据页
PageSettings	用于设置分页格式
AllowSorting	控件是否支持排序。相关事件有 Sorting 和 Sorted 排序事件
DataSource	设置控件数据源。常见的有 DataSet 和 DataTable 对象
Caption	控件标题。相关属性有 CaptionAlign 标题对齐方式
GridLines	设置控件网格线样式。取值为 None、Horizontal、Vertical 和 Both，分别显示无网格线、水平网格线、垂直网格线、水平和垂直网格线，默认为 None
ShowHeader	控件是否显示标题。相关属性有 HeaderStyle 属性组，用于设置标题样式

GridView 控件除了支持表 6-4 所述属性外，还具有多种事件。用户可以通过对控件的常用事件进行编程，从而达到优化程序效率的目的。GridView 控件的常用相关事件见表 6-5。

表 6-5 GridView 控件的常用事件及说明

事件	说明
PageIndexChanging	在 GridView 控件处理分页操作之前被触发
RowDataBound	在 GridView 控件创建行操作时被触发
Sorting	在 GridView 控件处理排序操作之前被触发
RowEditing	在 GridView 控件进行编辑模式之前被触发
RowDeleting	在 GridView 控件删除行操作之前被触发
RowUpdating	对数据源执行 Update 命令之前被触发
SelectedIndexChanging	在 GridView 控件选择新记录行之前被触发

【例 6-7】利用 GridView 控件绑定数据库 mydata.mdb 中的新闻表 news，显示新闻标题。其中，新闻标题长度超过 15 个文字时，显示 13 个文字后面加“…”的形式，运行效果如图 6-9 所示（Ex6-7.aspx）。

扫码看视频

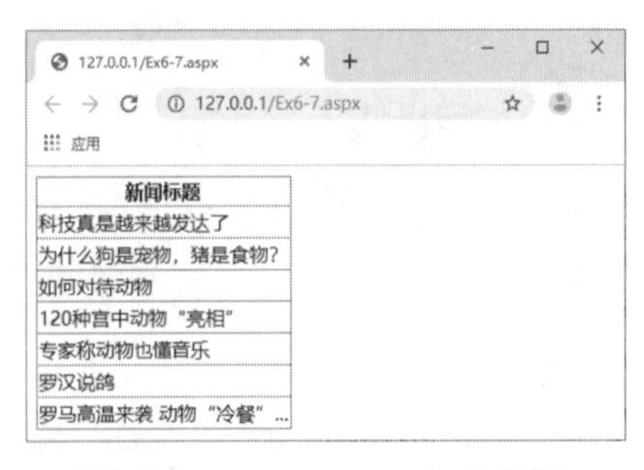

图 6-9 Ex6-7.aspx 运行效果图

Ex6-7.aspx 文件代码如下：

```
<%@ Page Language="C#" AutoEventWireup="true" CodeFile="Ex6-7.aspx.cs" Inherits="Ex6_7" %>
<!DOCTYPE html>
<html xmlns="http://www.w3.org/1999/xhtml">
<head runat="server">
<meta http-equiv="Content-Type" content="text/html; charset=utf-8"/>
    <title></title>
</head>
<body>
    <form id="form1" runat="server">
    <div>
        <asp:GridView ID="GridView1" runat="server" AutoGenerateColumns="False" onrowdatabound=
        "GridView1_RowDataBound">
            <RowStyle Height="26px" />
            <Columns>
                <asp:BoundField DataField="ntitle" HeaderText="新闻标题" />
            </Columns>
        </asp:GridView>
    </div>
    </form>
</body>
</html>
```

Ex6-7.aspx.cs 文件中的 Page_Load 事件和 RowDataBound 事件代码如下：

```
using System.Data.OleDb;
using System.Data;
using System.Configuration;

protected void Page_Load(object sender, EventArgs e)
    {
        string acon = ConfigurationManager.ConnectionStrings["strcon"].ToString();
        OleDbConnection oconn = new OleDbConnection(acon);
        OleDbDataAdapter oda = new OleDbDataAdapter("select * from news", oconn);
```

```
        DataSet ds = new DataSet();
        oda.Fill(ds);
        GridView1.DataSource = ds;
        GridView1.DataBind();
    }
    protected void GridView1_RowDataBound(object sender, GridViewRowEventArgs e)
    {
        if (e.Row.RowType == DataControlRowType.DataRow)
        {
            if (e.Row.Cells[0].Text.Length >= 15)
            {
                e.Row.Cells[0].Text = e.Row.Cells[0].Text.Substring(0, 13) + "...";
            }
        }
    }
```

程序说明：

- 本例中设置了 GridView 控件的 AutoGenerateColumns 属性为 False，即关闭自动生成列。添加了 BoundField 数据绑定列，并设置其关联数据表中的 ntitle 字段。
- GridView 控件的 RowDataBound 事件在创建行操作时被触发，即 GridView 绑定数据源生成记录行时发生。其中，e.Row.RowType 表示当前行的类型；DataControlRowType.DataRow 表示 GridView 行类型集合的数据绑定行。即语句 if(e.Row.RowType == DataControlRowType.DataRow) 的作用是判断当前行是不是数据绑定行，从而把标题行排除。
- e.Row.Cells[0].Text.Length 表示 GridView 控件当前记录行的第 1 个单元格的 Text 属性的字符串长度。
- 本例中采用了 Substring()方法进行字符串截取。该方法的语法为 Substring(起始位置，截取长度)。e.Row.Cells[0].Text.Substring(0,13)表示从字符串的最左边截取 13 个字符的长度。

6.4　网站新闻页面设计

企业网站是企业对外宣传的窗口，企业动态新闻往往是企业网站的必备栏目。本节通过网站新闻页面及新闻详细内容显示网页的设计案例，详细介绍数据绑定的相关操作。

6.4.1　新闻整体显示

通过使用 GridView 控件，绑定后台数据库 mydata.mdb 的新闻表 news。其中，新闻记录按新闻发布时间降序排列；新闻列表最左侧增加一列“*”号；新闻标题以超链接形式显示，并绑定到新闻详细页面 newsdetail.aspx。

具体操作步骤如下：

（1）新建一个 news.aspx 页面，修改页面标题 title 为“企业网站新闻”。

（2）在页面添加 GridView 控件，设置 ID 属性为 gdvnews。选择 GridView 控件，单击

右上方的“功能扩展”按钮，选择“GridView 任务”中的“编辑列”命令，打开“字段”对话框。

（3）依次添加 TemplateField、HyperLinkField 和 BoundField 类型字段，如图 6-10 所示。

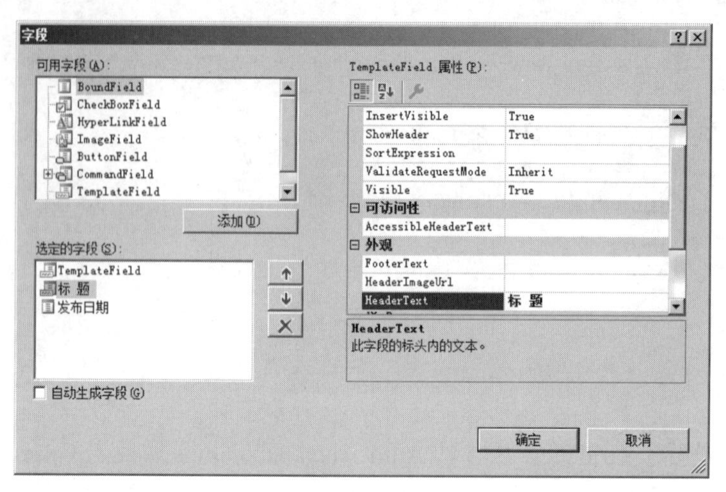

图 6-10 “字段”对话框

（4）设置 BoundField 字段的 HeaderText、DataField 和 DataFormatString 属性值依次为“发布日期”“ndate”和“{0:yy-MM-dd}”。

（5）设置 HyperLinkField 字段的 HeaderText、DataTextField、DataNavigateUrlFormatString 和 DataNavigateUrlFields 属性值依次为“标 题”“ntitle”“newdetail.aspx?nid={0}”和“nid”。单击“确定”按钮，关闭“字段”对话框。

（6）执行“GridView 任务”中的“编辑模板”命令，选择“模板编辑模式”窗口中“显示”下拉菜单中的“ItemTemplate”。

（7）在左侧的 ItemTemplate 窗口中添加 Label 控件，设置 Text 和 ForeColor 属性分别为“*”和“#FF3300”。执行“结束模板编辑”命令，完成 GridView 控件的编辑。

（8）双击页面空白处，进入 news.aspx.cs 文件中的 page_load 事件。在命名空间处输入“using System.Data.OleDb;”，在 page_load 事件中输入如下代码。

```
using System.Data.OleDb;
using System.Data;
using System.Configuration;

protected void Page_Load(object sender, EventArgs e)
    {
        string acon = ConfigurationManager.ConnectionStrings["strcon"].ToString();
        OleDbConnection oconn = new OleDbConnection(acon);
        OleDbDataAdapter oda = new OleDbDataAdapter("select * from news", oconn);
        DataSet ds = new DataSet();
        oda.Fill(ds);
        gdvnews.DataSource = ds;
        gdvnews.DataBind();
    }
```

相应地，news.aspx 文件的源代码如下：

```
<%@ Page Language="C#" AutoEventWireup="true" CodeFile="news.aspx.cs" Inherits="news" %>
<!DOCTYPE html>
<html xmlns="http://www.w3.org/1999/xhtml">
<head runat="server">
<meta http-equiv="Content-Type" content="text/html; charset=utf-8"/>
        <title>企业网站新闻</title>
</head>
<body>
    <form id="form1" runat="server">
    <div>
        <asp:GridView ID="gdvnews" runat="server" AutoGenerateColumns="False" GridLines="None"
                AllowPaging="True" PageSize="6">
            <RowStyle Height="26px" />
            <Columns>
                <asp:TemplateField>
                    <ItemTemplate>
                        <asp:Label ID="Label1" runat="server" ForeColor="#FF3300" Text="*">
                                </asp:Label>
                    </ItemTemplate>
                </asp:TemplateField>
                <asp:TemplateField HeaderText="标　题">
                    <ItemTemplate>
                        <asp:BoundField DataField="ntitle" HeaderText="标　题" />
                    </ItemTemplate>
                </asp:TemplateField>
                <asp:BoundField DataField="ndate" DataFormatString="{0:yy-MM-dd}" HeaderText=
                        "发布日期" />
            </Columns>
            <PagerStyle HorizontalAlign="Center" />
        </asp:GridView>
    </div>
    </form>
</body>
</html>
```

（9）保存并运行程序，效果如图 6-11 所示。

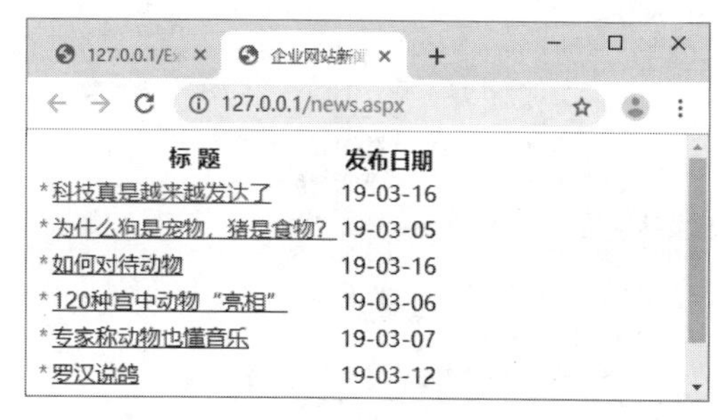

图 6-11　新闻整体显示

6.4.2　新闻标题省略显示

新闻标题省略显示的具体操作步骤如下：

（1）选择 GridView 控件 gdvnews，单击右上方的“功能扩展”按钮，选择“GridView 任务”中的“编辑列”命令。

（2）在“字段”对话框中选择 HyperLink 类型绑定字段“标　题”，执行对话框右下方的“将此字段转换为 TemplateField”命令。

（3）单击“确定”按钮，关闭对话框。用户查看文件的源代码时会发现，数据绑定列转换为模板列之前的代码如下：

```
<asp:HyperLinkField DataNavigateUrlFields="nid" DataNavigateUrlFormatString ="newdetail.aspx?nid=
{0}" DataTextField="ntitle" HeaderText="标　题" />
```

转换后的代码如下：

```
<asp:TemplateField HeaderText="标　题">
                    <ItemTemplate>
                        <asp:HyperLink ID="HyperLink1" runat="server" NavigateUrl='<%# Eval("nid",
                        "newdetail.aspx?nid={0}") %>' Text='<%# Eval("ntitle") %>'></asp:HyperLink>
                    </ItemTemplate>
</asp:TemplateField>
```

用户也可以直接通过添加模板列及改写代码来直接完成此转换操作。

（4）选择 GridView 控件 gdvnews，双击事件属性中的 RowDataBound 属性，进入控件 RowDataBound 事件编辑区，输入以下代码：

```
protected void gdvnews_RowDataBound(object sender, GridViewRowEventArgs e)
    {
        if (e.Row.RowType == DataControlRowType.DataRow)
        {
            HyperLink hpnews = (HyperLink)e.Row.FindControl("HyperLink1");
            if (hpnews.Text.Length >= 15)
            {
                hpnews.Text = hpnews.Text.Substring(0, 13) + "...";
            }
        }
    }
```

（5）保存并运行程序，效果如图 6-12 所示。

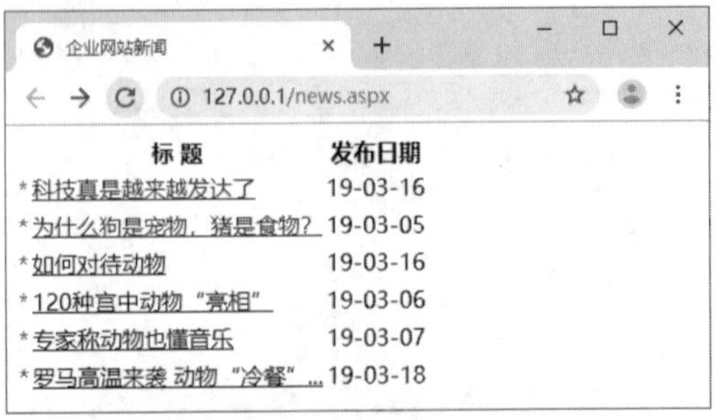

图 6-12　新闻标题省略显示

6.4.3　新闻整体分页

新闻整体分页显示的具体操作步骤如下：

（1）选择 GridView 控件 gdvnews，设置控件的 AllowPaging 属性为 True（即允许显示分页）；PageSize 属性为 6（即每页显示 6 条记录）；PageStyle 属性组中的 HorizontalAlign 属性为 Center（即实现分页居中对齐）。

（2）双击 GridView 控件 gdvnews 事件属性中的 PageIndexChanging 属性，进入控件 PageIndexChanging 事件编辑区，输入以下代码：

```
protected void gdvnews_PageIndexChanging(object sender, GridViewPageEventArgs e)
    {
        gdvnews.PageIndex = e.NewPageIndex;
        gdvnews.DataBind();
    }
```

（3）保存并运行程序，效果如图 6-1 所示。

6.4.4　新闻详细页

新闻详细页显示的具体操作步骤如下：

（1）新建一个 newdetail.aspx 页面，修改页面标题 title 为“新闻详细页”。

（2）在页面内添加一个 3 行 1 列的表格控件 Table，设置表格宽度为 500px，并设置第一和第三个单元格的水平对齐方式为居中对齐。

（3）在第一个单元格中添加 Label 控件，设置其 ID 属性为 lbltitle，Font-Bold 属性为 True（即加粗显示），ForeColor 属性为 Red。

（4）在第二个单元格中添加 Label 控件，设置其 ID 属性为 lblcontent；再添加一个 Image 控件，设置其 ID 属性为 imgpic，Visible 属性为 False（即不可见）。

（5）在第三个单元格中添加 Button 控件，设置其 Text 属性为“返回”。双击进入 newdetail.aspx.cs 文件的 Button1_Click 事件编辑区，输入“Response.Redirect("news.aspx");”，实现单击返回新闻页面。

（6）newdetail.aspx.cs 文件的 Page_Load 事件完成如下工作，输入数据绑定代码和数据库命名空间引用。newdetail.aspx.cs 文件主要代码内容如下：

```
protected void Page_Load(object sender, EventArgs e)
{
  Int32 newid = Convert.ToInt32(Request.QueryString["nid"]);
  string sql0 = "select * from news where nid=" + newid;
  string acon = System.Configuration.ConfigurationManager.AppSettings["strcon"].ToString();
  OleDbConnection oconn = new OleDbConnection(acon);
  OleDbDataAdapter oda = new OleDbDataAdapter(sql0, oconn);
  DataSet ds = new DataSet();
  oda.Fill(ds);
  DataRow dr = ds.Tables[0].Rows[0];
  lbltitle.Text = dr["ntitle"].ToString();
  lblcontent.Text = dr["ncontent"].ToString();
  if (dr["npic"].ToString() != "")
```

```
        {
            imgpic.ImageUrl = dr["npic"].ToString();
            imgpic.Visible = true;
        }
    }
    protected void Button1_Click(object sender, EventArgs e)
    {
        Response.Redirect("news.aspx");
    }
```

代码中采用 Request.QueryString["nid"]方法，接收新闻页面传递过来的参数值 nid；利用 Convert.ToInt32()方法将字符串转化为 32 位数字；并定义了 DataRow 对象保存查询到的记录行信息，分别读取到新闻详细页面上。

（7）保存并运行程序，最终运行效果如图 6-2 所示。

6.5 知识拓展

6.5.1 使用 GridView 控件删除记录行

在数据绑定操作过程中，GridView 控件除了上面已经介绍的功能外，还具备记录管理的功能，如记录行的选择、编辑、排序和删除等操作。由于删除记录操作在日常使用的频率较高，这里主要对其进行介绍。其他内容读者可以参考相关资料。

【例 6-8】利用 GridView 控件绑定数据库 mydata.mdb 中的会员表 members，使用 CommandField 类型组中的“删除”命令按钮实现删除记录的操作，效果如图 6-13 所示（Ex6-8.aspx）。

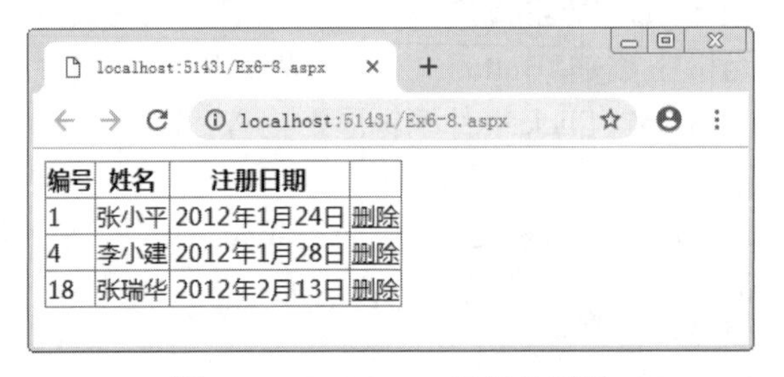

图 6-13　Ex6-8.aspx 运行效果图

（1）新建一个 Ex6-8.aspx 页面，在页面中添加 GridView 控件，设置其 ID 属性为 gdvuser。通过“编辑列”命令依次添加三个 BoundField 字段类型，分别设置其标题为“编号”“姓名”和“注册日期”。

（2）将上述三个 BoundField 字段绑定到后台数据源的 mid、mname 和 mdate 字段，并设置注册日期的 DataFormatString 属性为{0:D}（即以“yyyy 年 MM 月 dd 日”格式显示日期）。

（3）在“字段”对话框中添加一个 CommandField 类下的“删除”列。单击“确定”按钮，关闭对话框。

（4）选中 GridView 控件，双击事件属性中的 RowDeleting 事件，进入 RowDeleting 事件编辑区，输入如下代码：

```
Int32 delid = Convert.ToInt32(gdvuser.DataKeys[e.RowIndex].Value);
string sql0 = "delete from members where mid=" + delid;
string acon = ConfigurationManager.ConnectionStrings["strcon"].ToString();
OleDbConnection oconn = new OleDbConnection(acon);
oconn.Open();
OleDbCommand ocmd = new OleDbCommand(sql0, oconn);
ocmd.ExecuteNonQuery();
oconn.Close();
Response.Redirect("Ex6-8.aspx");
```

其中，使用 gdvuser.DataKeys[e.RowIndex].Value 获取当前行记录对应数据库的主关键字值，即用户编号 mid 字段值。但由于 GridView 控件的 DataKeys 属性需要指定 DataKeyNames 属性才能使用，所以我们在 Page_Load 事件中对 GridView 控件进行数据绑定时，需要增加一行指定 GridView 控件关键字的命令，即“gdvuser.DataKeyNames = new string[] { "mid" };”。

（5）打开 Ex6-8.aspx.cs 文件，输入数据库命名空间引用和 Page_Load 事件代码并保存。

Ex6-8.aspx 文件代码如下：

```
<%@ Page Language="C#" AutoEventWireup="true" CodeFile="Ex6-8.aspx.cs" Inherits="Ex6_8" %>
<!DOCTYPE html>
<html xmlns="http://www.w3.org/1999/xhtml">
<head runat="server">
<meta http-equiv="Content-Type" content="text/html; charset=utf-8"/>
    <title></title>
</head>
<body>
    <form id="form1" runat="server">
    <div>
        <asp:GridView ID="gdvuser" runat="server" AutoGenerateColumns="False" onrowdeleting=
                "gdvuser_RowDeleting">
            <Columns>
                <asp:BoundField DataField="mid" HeaderText="编号" />
                <asp:BoundField DataField="mname" HeaderText="姓名" />
                <asp:BoundField DataField="mdate" DataFormatString="{0:D}" HeaderText="注册日期" />
                <asp:CommandField ShowDeleteButton="True" />
            </Columns>
        </asp:GridView>
    </div>
    </form>
</body>
</html>
```

Ex6-8.aspx.cs 文件中的 Page_Load 事件和 RowDeleting 事件代码如下：

```
using System.Data.OleDb;
using System.Data;
using System.Configuration;

protected void Page_Load(object sender, EventArgs e)
    {
```

```
            string acon = ConfigurationManager.ConnectionStrings["strcon"].ToString();
            OleDbConnection oconn = new OleDbConnection(acon);
            OleDbDataAdapter oda = new OleDbDataAdapter("select * from members", oconn);
            DataSet ds = new DataSet();
            oda.Fill(ds);
            gdvuser.DataSource = ds;
            gdvuser.DataKeyNames = new string[] { "mid" };
            gdvuser.DataBind();
        }
    protected void gdvuser_RowDeleting(object sender, GridViewDeleteEventArgs e)
        {
            Int32 delid = Convert.ToInt32(gdvuser.DataKeys[e.RowIndex].Value);
            string sql0 = "delete from members where mid=" + delid;
            string acon = ConfigurationManager.ConnectionStrings["strcon"].ToString();
            OleDbConnection oconn = new OleDbConnection(acon);
            oconn.Open();
            OleDbCommand ocmd = new OleDbCommand(sql0, oconn);
            ocmd.ExecuteNonQuery();
            oconn.Close();
            Response.Redirect("Ex6-8.aspx");
        }
```

6.5.2 使用 GridView 控件删除记录后的确认提示信息

通过上节的例子，用户可以实现记录的删除。但从数据安全角度出发，为了有效防止用户误操作，在删除记录时，弹出确认删除的提示信息更为合适。

【例 6-9】利用 GridView 控件“删除”记录行时，出现确认提示框。用户单击“确定”按钮后删除记录；单击“取消”按钮后取消删除操作，运行效果如图 6-14 所示（Ex6-9.aspx）。

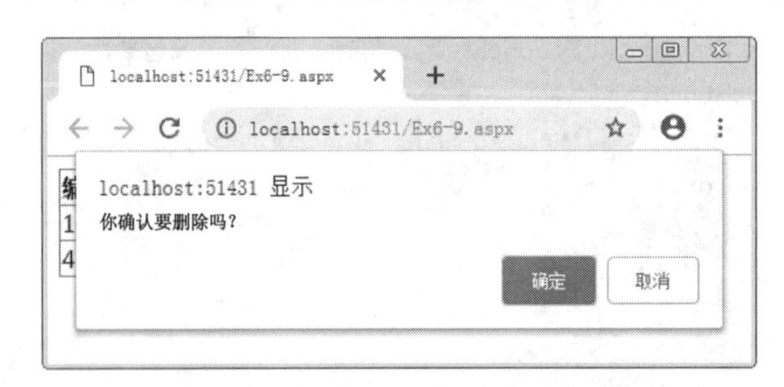

图 6-14　Ex6-9.aspx 运行效果图

本例可以直接在例 6-8 的基础上修改完成。复制 Ex6-8.aspx 文件代码，粘贴后重命名为 Ex6-9.aspx，并在该文件上进行操作。双击 GridView 控件的 RowDataBound 事件，进入事件代码编辑区。输入以下代码：

```
if (e.Row.RowType == DataControlRowType.DataRow)
{
    ((LinkButton)(e.Row.Cells[3].Controls[0])).Attributes.Add("onclick", "return confirm('你确认要删除吗？')");
}
```

在上述程序中，e.Row.Cells[3].Controls[0]表示当前数据绑定行中的第 4 个单元格里面的第 1 个元素，即 CommandField 类的“删除”按钮；Button1.Attributes.Add()方法的作用是为 Button1 控件添加 JavaScript 类事件。本例中就是添加了 OnClick 事件。

6.5.3 使用 Repeater 控件绑定数据

Repeater控件是Web服务器控件中的一个容器类控件，它生成一系列单个项。使用Repeater控件模板定义页面上单个项的布局。页面运行时，该控件为数据源中的每个项重复相应布局。Repeater 控件没有内置的布局或样式，必须在此控件的模板内显式声明所有的布局、格式设置和样式标记等。与 GridView 控件相比，Repeater 控件具有更大的灵活性。

Repeater 控件的可用模板类型见表 6-6 所示。

表 6-6 Repeater 控件模板及说明

模板类型	说明
AlternatingItemTemplate	与 ItemTemplate 元素类似，但在 Repeater 控件中隔行交替呈现。通过设置 AlternatingItemTemplate 元素的样式属性，可以为其指定不同的外观
FooterTemplate	脚注显示的模板，在所有数据呈现后呈现一次的元素。主要用于关闭在 HeaderTemplate 项中打开的元素
HeaderTemplate	标题显示的模板，在所有数据呈现之前呈现一次的元素。典型用途是开始一个容器元素
ItemTemplate	为数据源中的每一行呈现一次的元素。若要显示 ItemTemplate 中的数据，必须声明一个或多个 Web 服务器控件并设置其数据绑定表达式
SeparatorTemplate	在各行之间呈现的分隔元素，通常是分隔符（ 标记）、水平线（<hr> 标记）等

第 7 章　ASP.NET 内置对象

【学习目标】

通过本章知识的学习，读者应在了解 ASP.NET 内置对象作用的同时，理解各内置对象之间的区别，掌握常用内置对象的使用方法。通过本章内容的学习，读者可以达到以下学习目的：

- 理解 ASP.NET 常用内置对象的作用和区别。
- 掌握 Response 对象的常用属性和方法。
- 掌握 Request 对象的常用属性和方法，以及利用该对象实现页面传值和调用对象的方法。
- 掌握 Session 对象在页面之间实现传值功能的方法。
- 了解 Application 对象及其使用方法。
- 了解 Cookie 对象及其使用方法。

7.1　情景分析

用户在使用网站过程中，时常会见到会员管理、网站浏览次数统计、当前网站在线用户人数、在线聊天室和网上投票等内容。在使用网站时，如何进行存储用户信息并实现跨页面传递信息呢？下面以在线聊天室为例进行详细分析。

相信大家对网络上的聊天室并不陌生，用户首先要通过聊天室登录，才能进入聊天室聊天。为了便于聊天室的管理，我们要对聊天室用户进行身份验证。即通过访问后台数据库中的用户表，验证用户名和用户密码是否一致。当信息一致时，用户完成验证，进入聊天室，同时利用 Session 对象保存用户信息。用户在登录时，如果勾选了“记录我的信息”复选框，则用户名会保存到客户端 Cookie 对象中。当用户再次登录时会自动输入，效果如图 7-1 所示。

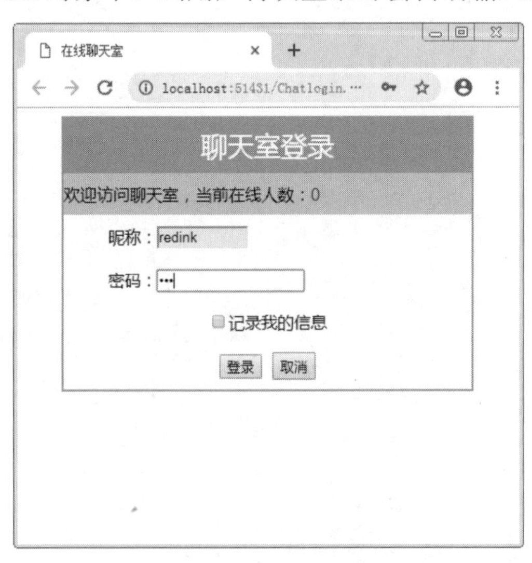

图 7-1　网上聊天室登录

在聊天室中，在线用户可以通过 Application 对象实现相互聊天，用户发表的内容会同步显示到页面上，效果如图 7-2 所示。

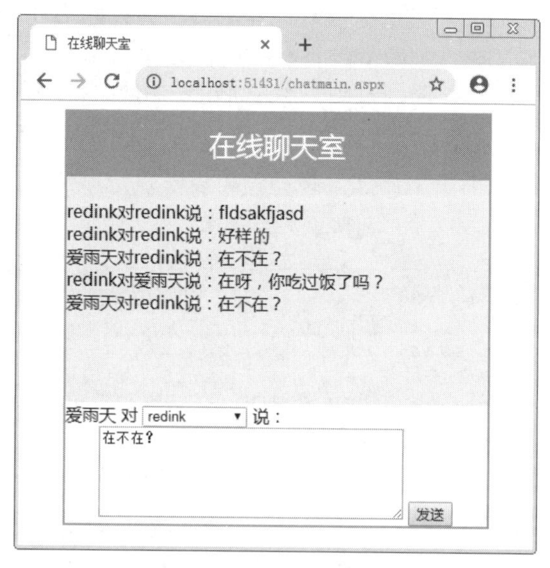

图 7-2　网上聊天室对话

7.2　ASP.NET 常用对象

ASP.NET 提供了多种内置对象。这些对象可以在页面上及页面之间方便地实现获取、输出、传递、保留各种信息等操作，以完成各种复杂的功能。内置对象是对服务器控件很好的补充，进一步扩展了 ASP.NET 程序的功能。常用的内置对象有 Page、Response、Request、Session、Application 和 Cookie 等。

7.2.1　Page 对象

Page 对象由 System.Web.UI.Page 类实现。它主要用于处理 ASP.NET 页面的内容。Page 对象的常用属性和方法见表 7-1。

表 7-1　Page 对象的常用属性和方法

名称	说明
IsPostBack 属性	用于判断页面是否是第一次被加载。当页面是第一次加载时，IsPostBack 属性值为 False；否则值为 True
IsValid 属性	用于判断页面验证是否成功
Load 事件	页面加载时激活该事件
Unload 事件	页面从内存中卸载时激活该事件

IsPostBack 是 Page 对象最为重要的属性。它返回一个布尔类型的值（True/False），用于判断页面是第一次被加载还是为响应客户端回发而被加载。当页面第一次被加载时，IsPostBack

属性的值为 True；反之为 False。每当单击 ASP.NET 页面上的 Button 控件时，表单（Form）就会被发送到服务器上。另外，如果某些控件（如 RadioButtonList、DropDownList 等）的 AutoPostBack 属性设置为 True，当这些控件的状态改变时，也会将表单发送到服务器；如果 AutoPostBack 属性设置为 False，则改变控件状态时，表单将不会被发送到服务器。

【例 7-1】设计动态添加候选项的页面。当页面初次加载时，“个人爱好”显示“游泳”“唱歌”和“爬山”三个选项，下面的文本框里显示“请输入新的选项”。用户在该文本框中输入选项内容（如，踢足球），并单击“添加”按钮，可以实现选项的添加。运行效果如图 7-3 所示（Ex7-1.aspx）。

扫码看视频

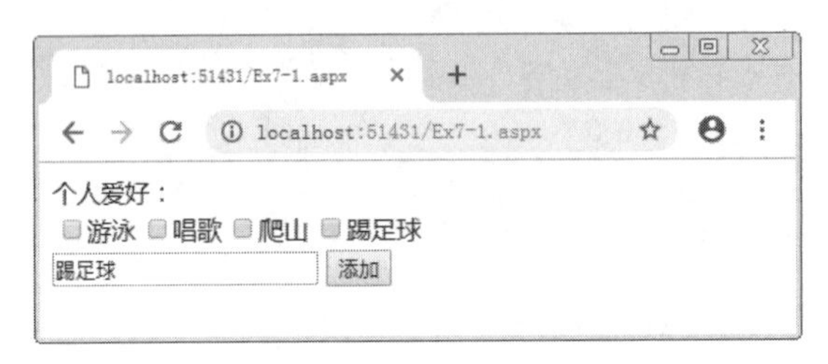

图 7-3　Ex7-1.aspx 运行效果图

Ex7-1.aspx 文件代码如下：

```
<%@ Page Language="C#" AutoEventWireup="true" CodeFile="Ex7-1.aspx.cs" Inherits="Ex7_1" %>
<!DOCTYPE html>
<html xmlns="http://www.w3.org/1999/xhtml">
<head runat="server">
<meta http-equiv="Content-Type" content="text/html; charset=utf-8"/>
    <title></title>
</head>
<body>
    <form id="form1" runat="server">
    <div>
        个人爱好：<asp:CheckBoxList ID="ckbtnllove" runat="server" RepeatDirection="Horizontal">
            <asp:ListItem>游泳</asp:ListItem>
            <asp:ListItem>唱歌</asp:ListItem>
            <asp:ListItem>爬山</asp:ListItem>
        </asp:CheckBoxList>
        <asp:TextBox ID="txtadd" runat="server"></asp:TextBox>
        <asp:Button ID="btnadd" runat="server" Text="添加" OnClick="btnadd_Click" />
    </div>
    </form>
</body>
</html>
```

Ex7-1.aspx.cs 文件中主要代码如下：

```
protected void btnadd_Click(object sender, EventArgs e)
    {
        if (!IsPostBack)
            txtadd.Text = "请输入新的选项";
        else
```

```
        ckbtnllove.Items.Add(txtadd.Text);
    }
```

程序说明：

- 本例中没有使用“添加”按钮的 Click 事件，只是利用了 Button 控件作为服务器控件，当单击它时，页面进行了重新加载。
- 在页面的 Page_Load 事件中，利用 IsPostBack 属性判断页面是否是第一次加载，从而进行相应的操作。当为第一次加载时，即 if (!IsPostBack)条件成立，将文本框的 Text 属性设置为“请输入新的选项”；反之，将文本框的文本添加到 CheckBoxList 控件的项里。

7.2.2 Response 对象

Response 对象由 System.Web.HttpResponse 类实现，主要用于控制对浏览器的输出。它允许将数据作为请求的结果发送到浏览器中，并提供有关响应的信息。它可以用来在页面中输入数据、在页面中跳转，还可以传递各个页面的参数。Response 对象的常用属性和方法见表 7-2。

表 7-2　Response 对象的常用属性和方法

名称	说明
Buffer 属性	设置是否缓冲输出，取值为 True 或 False，默认为 True
ContentType 属性	控制输出的文件类型
Cookies 属性	获取响应 Cookie 的集合
Write 方法	是最常用的方法，用于输出信息到客户端
Redirect 方法	将客户端重定向到新的 URL
Clear 方法	清除缓冲区流中的所有内容输出
End 方法	将当前所有缓冲区的输出发送到客户端，停止该页的执行，并引发 EndRequest 事件
AddHeader 方法	用指定的值添加 HTML 标题

【例 7-2】利用 DropDownList 控件的 SelectedIndexChanged 事件实现动态改变 LinkButton 控件的显示文本，并利用 Response 对象的 Redirect 方法实现页面地址重定向，效果如图 7-4 所示（Ex7-2.aspx）。

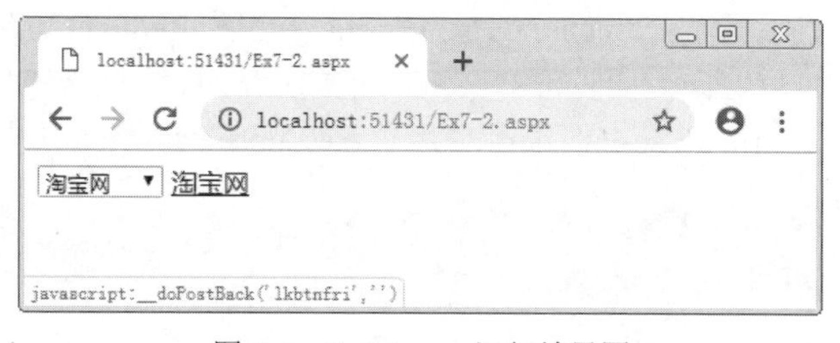

扫码看视频

图 7-4　Ex7-2.aspx 运行效果图

Ex7-2.aspx 文件代码如下：

```
<%@ Page Language="C#" AutoEventWireup="true" CodeFile="Ex7-2.aspx.cs" Inherits="Ex7_2" %>
<!DOCTYPE html>
<html xmlns="http://www.w3.org/1999/xhtml">
<head runat="server">
<meta http-equiv="Content-Type" content="text/html; charset=utf-8"/>
    <title></title>
</head>
<body>
    <form id="form1" runat="server">
    <div>
        <asp:DropDownList ID="ddlfri" runat="server" AutoPostBack="True" onselectedindexchanged=
        "ddlfri_SelectedIndexChanged">
            <asp:ListItem Value="Ex7-2.aspx">友情链接</asp:ListItem>
            <asp:ListItem Value="http://baidu.com">百度</asp:ListItem>
            <asp:ListItem Value="http://taobao.com">淘宝网</asp:ListItem>
            <asp:ListItem Value="http://sohu.com">搜狐</asp:ListItem>
        </asp:DropDownList>
        <asp:LinkButton ID="lkbtnfri" runat="server" onclick="lkbtnfri_Click">转向链接网站</asp:LinkButton>
    </div>
    </form>
</body>
</html>
```

Ex7-2.aspx.cs 文件中主要代码如下：

```
protected void ddlfri_SelectedIndexChanged(object sender, EventArgs e)
    {
        Response.Write("<script>alert('使用了 Response 的 Write 方法')</script>");
        lkbtnfri.Text = ddlfri.SelectedItem.Text;
    }

protected void lkbtnfri_Click(object sender, EventArgs e)
    {
        Response.Redirect(ddlfri.SelectedValue);
    }
```

程序说明：

- 使用 DropDownList 控件的 SelectedIndexChanged 事件时，必须将控件的 AutoPostBack 属性设置为 True。
- 在代码中分别使用了 Response 对象的 Write 方法和 Redirect 方法，从而实现了页面输出和页面地址重定向。同时，Response 对象的 Write 方法支持 Javascript 脚本语句。如“Response.Write("<script>alert('使用了 Response 的 Write 方法')</script>");”实现了弹出提示窗口。

7.2.3 Request 对象

Request 对象由 System.Web.HttpRequest 类实现，主要用于获取客户端信息。当用户打开 Web 浏览器并从网站请求 Web 页时，Web 服务器就接收一个 HTTP 请求。此请求包含用户、用户的计算机、页面及浏览器的相关信息。这些信息将被完整地封装，并通过 Request 对象得以使用。Request 对象的常用属性和方法见表 7-3。

表 7-3　Request 对象的常用属性和方法及其说明

属性和方法名称	说明
Form 属性	获取客户端在 Web 表单中所输入的数据集合
QueryString 属性	获取 HTTP 查询字符串变量集合
Cookies 属性	获取客户端发送的 Cookie 集合
ServerVariables 属性	获取 Web 服务器环境变量的集合
Browser 属性	获取或设置有关正在请求的客户端浏览器的功能信息
MapPath 方法	获取当前请求的 URL 虚拟路径映射到服务器上的物理路径
SaveAs 方法	将 HTTP 请求保存到硬盘

1. ServerVariables 和 Browser 属性

Request 对象的 ServerVariables 属性和 Browser 属性分别用于获取服务器环境变量和客户端浏览器相关信息的内容。它们的语法格式分别为 Request.ServerVariables["环境变量名称"]和 Request.Browser["浏览器属性名称"]。

ServerVariables 属性常用的服务器环境变量说明见表 7-4。

表 7-4　ServerVariables 属性常用的服务器环境变量说明

变量名称	说明
LOCAL_ADDR	服务器端的 IP 地址
HTTP_HOST	服务器的主机名称
AUTH_USER	客户认证的用户账号信息
AUTH_PASSWORD	客户认证信息的密码
REMOTE_ADDR	客户端的 IP 地址
REMOTE_HOST	客户端的主机名称
APPL_PHYSICAL_PATH	Web 应用程序的物理路径

Browser 常用的浏览器属性说明见表 7-5。

表 7-5　Browser 常用的浏览器属性说明

属性名称	说明
Browser	客户端浏览器的名称
Version	客户端浏览器的完整版本号
Cookies	客户端浏览器是否支持 Cookies
Javascript	客户端浏览器是否支持 JavaScript
ActiveXControls	客户端浏览器是否支持 ActiveX
Frames	客户端浏览器是否支持 HTML 框架
BackgroundSounds	客户端浏览器是否支持背景声音

【例 7-3】利用 Request 对象的 ServerVariables 属性和 Browser 属性显示服务器和客户端的浏览器相关信息，效果如图 7-5 所示（Ex7-3.aspx）。

扫码看视频

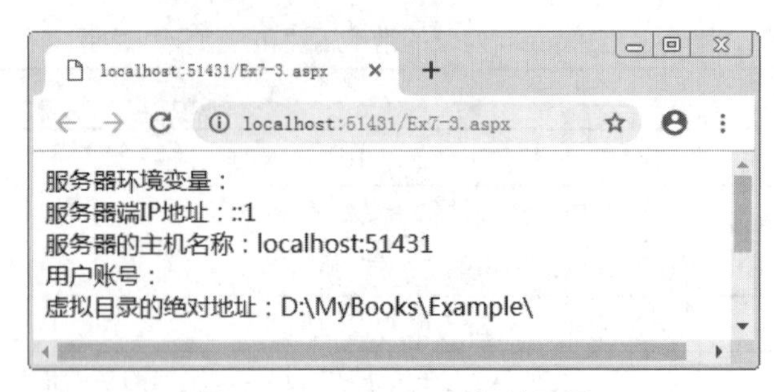

图 7-5　Ex7-3.aspx 运行效果图

Ex7-3.aspx 文件代码如下：

```
<%@ Page Language="C#" AutoEventWireup="true" CodeFile="Ex7-3.aspx.cs" Inherits="Ex6_3" %>
<html xmlns="http://www.w3.org/1999/xhtml">
<head runat="server">
    <title>Ex7-3</title>
</head>
<body>
    <form id="form1" runat="server">
    <div>
        <asp:Label ID="lblserver" runat="server" Text="服务器环境变量：" Width="480px"></asp:Label>
        <br />
        <br />
        <asp:Label ID="lblBrow" runat="server" Text="客户端浏览器信息：" Width="480px"></asp:Label>
    </div>
    </form>
</body>
</html>
```

Ex7-3.aspx.cs 文件中主要代码如下：

```
protected void Page_Load(object sender, EventArgs e)
{
  lblserver.Text += "<br>服务器端 IP 地址：" + Request.ServerVariables["LOCAL_ADDR"];
  lblserver.Text += "<br>服务器的主机名称：" + Request.ServerVariables["HTTP_HOST"];
  lblserver.Text += "<br>用户账号：" + Request.ServerVariables["AUTH_USER"];
  lblserver.Text += "<br>虚拟目录的绝对地址：" + Request.ServerVariables["APPL_PHYSICAL_PATH"];

  lblBrow.Text += "<br>浏览器名称：" + Request.Browser["Browser"];
  lblBrow.Text += "<br>浏览器版本：" + Request.Browser["Version"];
  lblBrow.Text += "<br>是否支持 Cookies：" + Request.Browser["Cookies"];
}
```

2. Form 属性

利用 Request 对象的 Form 属性可以获取窗体中的变量，以实现信息的传递和处理。这里的表单是指 HTML 代码中<form>…</form>标记内的内容。<form>表单的 method 属性默认为

Post。当向.aspx 文件中添加控件时，大多数控件的 HTML 代码都会显示在表单中。此时就可以利用 Request 对象的 Form 属性来获取 Web 窗体中控件或变量的值。其语法为 Request.Form["控件名或变量名"]，该语法也可以简写为 Request ["控件名或变量名"]。

【例 7-4】利用 Request 对象的 Form 属性实现页面间的信息传递。即将页面 Ex7-4.aspx 中的用户名和密码传送到第二个页面 Ex7-4(2).aspx，效果如图 7-6 所示（Ex7-4.aspx 和 Ex7-4(2).aspx）。

图 7-6　Ex7-4.aspx 和 Ex7-4(2).aspx 的运行效果图

Ex7-4.aspx 文件代码如下：

```
<%@ Page Language="C#" AutoEventWireup="true" CodeFile="Ex7-4.aspx.cs" Inherits="Ex7_4" %>
<!DOCTYPE html>
<html xmlns="http://www.w3.org/1999/xhtml">
<head runat="server">
<meta http-equiv="Content-Type" content="text/html; charset=utf-8"/>
    <title></title>
</head>
<body>
    <form id="form1" runat="server">
    <div>
        <table align="center" cellpadding="0" cellspacing="0" style="width: 460px; height: 160px;">
            <tr>
                <td align="center" colspan="2">
                    用户登录</td>
            </tr>
            <tr>
                <td align="right">
                    用户名：</td>
                <td align="left">
                    <asp:TextBox ID="txtname" runat="server" Width="80px"></asp:TextBox>
                </td>
            </tr>
            <tr>
                <td align="right">
                    密码：</td>
                <td align="left">
                    <asp:TextBox ID="txtpwd" runat="server" TextMode="Password"></asp:TextBox>
```

```
                </td>
            </tr>
            <tr>
                <td align="center" colspan="2">
                    <asp:Button ID="btnsend" runat="server" Text="提交" PostBackUrl="~/Ex7-4(2).aspx" />
                </td>
            </tr>
        </table>
    </div>
    </form>
</body>
</html>
```

Ex7-4(2).aspx 文件中主要代码如下：

```
<%@ Page Language="C#" AutoEventWireup="true" CodeFile="Ex7-4(2).aspx.cs" Inherits="Ex7_4(2)" %>
<!DOCTYPE html>
<html xmlns="http://www.w3.org/1999/xhtml">
<head runat="server">
<meta http-equiv="Content-Type" content="text/html; charset=utf-8"/>
    <title></title>
</head>
<body>
    <form id="form1" runat="server">
    <div>
        <asp:Label ID="lblmes" runat="server" Text="接收到的表单信息："></asp:Label>
    </div>
    </form>
</body>
</html>
```

Ex7-4(2).aspx.cs 文件中主要代码如下：

```
protected void Page_Load(object sender, EventArgs e)
    {
        lblmes.Text += "<br>用户名：" + Request.Form["txtname"].ToString();
        lblmes.Text += "<br>密码：" + Request.Form["txtpwd"].ToString();
    }
```

程序说明：

- Button 控件的 PostBackUrl 属性是用于设置单击控件时所发送的 URL，即页面地址重定向。
- 在 Ex7-4(2).aspx.cs 文件中，使用 Request.Form["txtname"]来获取第一个页面传递过来的 txtname 控件的值，也可以简写成 Request ["txtname"]。

3. QueryString 属性

例 7-4 使用了 Request 对象的 Form 属性传递用户信息，属于页面间参数传递的隐式传递，即 post 方法。此外，还可以使用 get 方法显式传递参数。

使用 get 方法时，需要使用 QueryString 属性来获取标识在 URL 后面的所有返回的变量及值，使用方法为 Request.QueryString["变量名称"]。例如，当客户端 URL 发出

“http://news.aspx?nid=12&nkey=公司”请求时，利用 QueryString 属性就会获取 nid 和 nkey 两个变量的值。

【例 7-5】利用 Request 对象的 QueryString 属性实现页面间信息传递。单击页面 Ex7-5.aspx 中的超链接，将页面转到 Ex7-5(2).aspx，并获取 Ex7-5.aspx 显式传递过来的两个变量的值，效果如图 7-7 所示（Ex7-5.aspx 和 Ex7-5(2).aspx）。

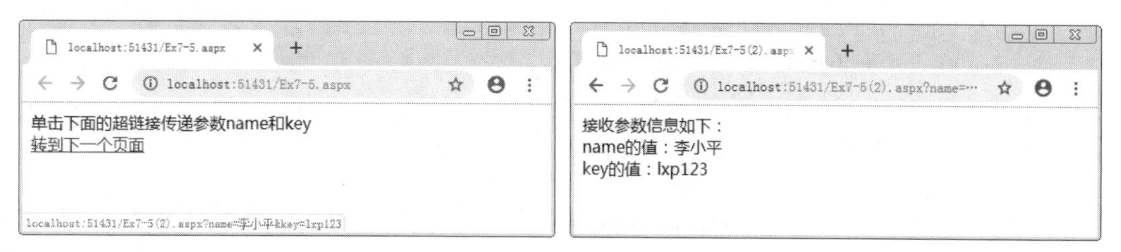

图 7-7　Ex7-5.aspx 和 Ex7-5(2).aspx 运行效果图

Ex7-5.aspx 文件代码如下：

```
<%@ Page Language="C#" AutoEventWireup="true" CodeFile="Ex7-5.aspx.cs" Inherits="Ex7_5" %>
<!DOCTYPE html>
<html xmlns="http://www.w3.org/1999/xhtml">
<head runat="server">
<meta http-equiv="Content-Type" content="text/html; charset=utf-8"/>
    <title></title>
</head>
<body>
    <form id="form1" runat="server">
    <div>
        单击下面的超链接传递参数 name 和 key<br />
    <a href="Ex7-5(2).aspx?name=李小平&key=lxp123">转到下一个页面</a>
    </div>
    </form>
</body>
</html>
```

Ex7-5(2).aspx 文件中主要代码如下：

```
<%@ Page Language="C#" AutoEventWireup="true" CodeFile="Ex7-5(2).aspx.cs" Inherits="Ex7_5(2)" %>
<!DOCTYPE html>
<html xmlns="http://www.w3.org/1999/xhtml">
<head runat="server">
<meta http-equiv="Content-Type" content="text/html; charset=utf-8"/>
    <title></title>
</head>
<body>
    <form id="form1" runat="server">
    <div>
        接收参数信息如下：<br />
        name 的值：<asp:Label ID="lblname" runat="server" Text=""></asp:Label>
        <br />
```

```
            key 的值：<asp:Label ID="lblkey" runat="server" Text=""></asp:Label>
        </div>
        </form>
</body>
</html>
```

Ex7-5(2).aspx.cs 文件中的 Page_Load 代码如下：

```
protected void Page_Load(object sender, EventArgs e)
    {
        lblname.Text = Request.QueryString["name"];
        lblkey.Text = Request.QueryString["key"];
    }
```

7.2.4 Session 对象

Session 对象由 System.Web.SessionState 类实现，主要用于记载特定用户信息。用户对页面进行访问时，ASP.NET 应用程序会为每一个用户分配一个 Session 对象，即不同用户拥有各自不同的 Session 对象。由于 Session 对象可以在网站的任意一个页面进行访问，所以常用于存储需要跨页面使用的信息。Session 对象的常用属性和方法见表 7-6。

表 7-6 Session 对象的常用属性和方法及其说明

属性和方法名称	说明
SessionID 属性	获取会话唯一标识符，即存储用户的 SessionID
Timeout 属性	获取并设置在会话状态提供程序终止会话之前各请求之间所允许的时间（以分钟为单位），默认为 20 分钟
Abandon 方法	取消当前会话，清除 Session 对象

【例 7-6】利用 Session 对象实现网站后台登录的身份验证。在第一个页面中，用户输入用户名和密码，单击“后台管理”按钮后，将用户名和密码信息保存至 Session 对象中。在第二个页面中，先利用 Session["user"]来判断用户是否已登录，若已登录，则出现“用户注销”按钮；否则出现无权访问的提示。同时，单击“用户注销”按钮实现 Session 对象信息清除，效果如图 7-8 所示（Ex7-6.aspx 和 Ex7-6(2).aspx）。

扫码看视频

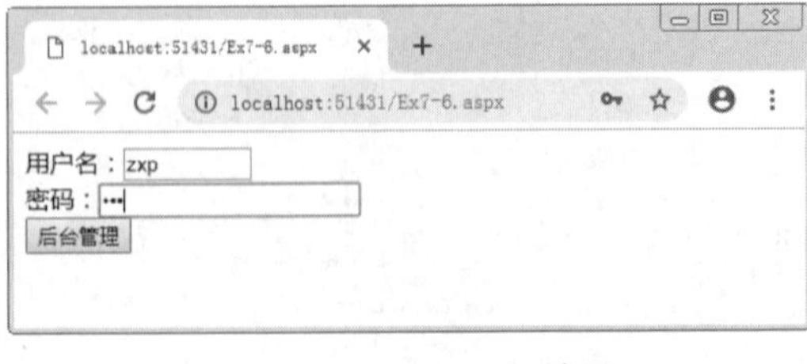

（a）Ex7-6.aspx 运行效果

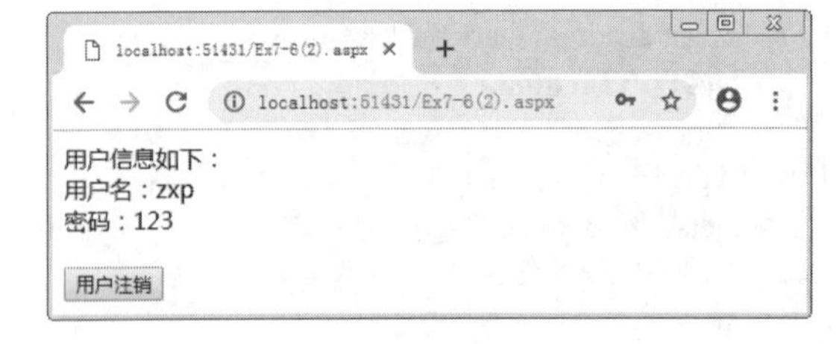

（b）Ex7-6(2).aspx 运行效果

图 7-8 运行效果图

Ex7-6.aspx 文件代码如下：

```
<%@ Page Language="C#" AutoEventWireup="true" CodeFile="Ex7-6.aspx.cs" Inherits="Ex7_6" %>
<!DOCTYPE html>
```

```
<html xmlns="http://www.w3.org/1999/xhtml">
<head runat="server">
<meta http-equiv="Content-Type" content="text/html; charset=utf-8"/>
    <title></title>
</head>
<body>
    <form id="form1" runat="server">
    <div>
        用户名：<asp:TextBox ID="txtname" runat="server" Width="80px"></asp:TextBox>
        <br />
        密码：<asp:TextBox ID="txtpwd" runat="server" TextMode="Password"></asp:TextBox>
        <br />
        <asp:Button ID="Button1" runat="server" Text="后台管理" onclick="Button1_Click"/>
    </div>
    </form>
</body>
</html>
```

Ex7-6.aspx.cs 文件中“后台管理”按钮的 Click 代码如下：

```
protected void Button1_Click(object sender, EventArgs e)
    {
        Session["user"] = txtname.Text;
        Session["pwd"] = txtpwd.Text;
        Response.Redirect("Ex7-6(2).aspx");
    }
```

Ex7-6(2).aspx 文件中主要代码（前台代码）如下：

```
<%@ Page Language="C#" AutoEventWireup="true" CodeFile="Ex7-6(2).aspx.cs" Inherits="Ex7_6(2)" %>
<!DOCTYPE html>
<html xmlns="http://www.w3.org/1999/xhtml">
<head runat="server">
<meta http-equiv="Content-Type" content="text/html; charset=utf-8"/>
    <title></title>
</head>
<body>
    <form id="form1" runat="server">
    <div>
        <asp:Label ID="lblmes" runat="server" Text="Label"></asp:Label><br />
        <asp:HyperLink ID="hplback" runat="server" NavigateUrl="~/Ex7-7.aspx"
            Visible="False">返回上一页</asp:HyperLink><br />
        <asp:Button ID="btnquit" runat="server" onclick="btnquit_Click" Text="用户注销"
            Visible="False" />
    </div>
    </form>
</body>
</html>
```

Ex7-6(2).aspx.cs 文件中主要代码（后台代码）如下：

```
protected void Page_Load(object sender, EventArgs e)
    {
```

```
            if (Session["user"] != null && Session["user"].ToString() != "")
            {
                lblmes.Text = "用户信息如下：<br>用户名：" + Session["user"].ToString() + "<br>密码：" +
                Session["pwd"].ToString();
                btnquit.Visible = true;
                Session.Timeout = 10;
            }
            else
            {
                lblmes.Text = "你无权进入后台管理！6 秒后自动返回上页。<br>或单击下面的链接。";
                hplback.Visible = true;
                Response.Write("<script>setTimeout('window.history.back()', 6000)</script>");
            }
        }

    protected void btnquit_Click(object sender, EventArgs e)
        {
            Session.Abandon();
            Response.Redirect("Ex7-6(2).aspx");
        }
```

程序说明：

- 代码“Session["user"] = txtname.Text”的作用是将 txtname 控件的 Text 属性值赋给 Session["user"]对象，从而实现网站多个页面使用。
- 使用“if (Session["user"] != null && Session["user"].ToString() != "")”判断 Session ["user"]对象中是否有值，从而判断用户是否登录。由于 Session 对象中存放的是 Object 类型的数据，所以在与字符串进行比较时，必须使用 ToString()方法进行数据类型转换。
- 代码“Response.Write("<script>setTimeout('window.history.back()', 6000)</script>");”是运用了 JavaScript 脚本实现在规定的时间（6000 毫秒）内自动回退，时间单位为毫秒。
- “用户注销”按钮的 Click 事件采用 Session.Abandon()命令清除 Session 对象信息，从而实现用户注销。同时，Session.Timeout 属性用于设置 Session 的生命周期，单位为分钟。

提示：由于 Session 对象存在于服务器内存中，占用了一定的服务器资源，所以用户在进行 Session 生命周期设置时，不应设置时间过长。同时，系统默认 Session 对象的生命周期为 20 分钟，即表示超过 20 分钟后，Session 对象会自动从服务器内存中被清除。

7.2.5 Application 对象

Application 对象由 System.Web.HttpApplication 类实现，主要用于存储网站的共享信息。与 Session 对象存储信息的方式类似，Application 对象也是将用户信息存储在服务器中。两者的不同在于：

（1）Application 对象是一个公用变量，允许应用程序的所有用户使用；而 Session 对象只允许某个特定的用户使用。

（2）Application 对象的生命周期止于网站 IIS 关闭或者用 Clear()方法清除；而 Session 对

象的生命周期止于用户页面的关闭或者用 Abandon()方法清除。

由于多个用户可以共享一个 Application 对象，为了保证用户在修改 Application 对象值时的资源同步访问，需要使用 Application 对象的 Lock()和 UnLock()方法进行对象的加锁和解锁。即在对 Application 对象进行修改前，将 Application 对象进行加锁；修改完成后，将 Application 对象进行解锁，从而确保多个用户不能同时改变对象的值。

【例 7-7】使用 Application 对象实现网站访问数量统计，效果如图 7-9 所示（Ex7-7.aspx）。

图 7-9　Ex7-7.aspx 运行效果图

Ex7-7.aspx 文件代码如下：

```
<%@ Page Language="C#" AutoEventWireup="true" CodeFile="Ex7-7.aspx.cs" Inherits="Ex7_7" %>
<!DOCTYPE html>
<html xmlns="http://www.w3.org/1999/xhtml">
<head runat="server">
<meta http-equiv="Content-Type" content="text/html; charset=utf-8"/>
    <title></title>
</head>
<body>
    <form id="form1" runat="server">
    <div>
        你是本站的第<asp:Label ID="lblnum" runat="server" ForeColor="Red"></asp:Label>
        位访客！
    </div>
    </form>
</body>
</html>
```

Ex7-7.aspx.cs 文件中的 Page_Load 事件代码如下：

```
protected void Page_Load(object sender, EventArgs e)
    {
        if (Application["usernum"] == null)
        {
            Application["usernum"] = 1;
        }
        else
        {
            Application.Lock();
            Application["usernum"] = (Int32)Application["usernum"] + 1;
            Application.UnLock();
```

```
        }
        lblnum.Text = Application["usernum"].ToString();
    }
```

程序说明：

- 程序首先使用 if (Application["usernum"] == null)来判断 Application 对象是否已经存在。如果不存在，则 Application 对象值为空。
- 程序在对 Application 对象进行修改时，即访问量增加时，先使用了 Application 对象的 Lock()方法，把 Application 对象进行加锁。修改完成后使用 UnLock()方法对其进行解锁。利用这种加锁机制解决了多用户同时修改 Application 对象的问题。
- 程序中的(Int32)Application["usernum"]是强制数量类型转换的一种方法，作用等同于 Convert.ToInt32(Application["usernum"])，即把 Application 对象的值转换成 32 位整数。

7.2.6 Cookie 对象

Cookie 对象由 System.Web.HttpCookie 类实现，主要用于客户端存储用户个人信息。与 Session、Application 对象类似，Cookie 对象是一种集合对象，都是用于保存数据。不同之处在于，Cookie 对象将用户信息保存在客户端，而 Session 和 Application 对象则是将用户信息保存在服务器端。

Cookie 对象不隶属于 Page 对象，所以用法与 Session 和 Application 对象不同。Cookie 对象分别属于 Request 和 Response 对象，每一个 Cookie 变量都由 Cookies 对象管理。要保存一个 Cookie 变量，需要通过 Response 对象的 Cookies 集合，具体语法为：

```
Response.Cookies["变量名"].Value = 值;
```

读取 Cookie 对象时，需要使用 Request 对象，具体语法为：

```
变量 = Request.Cookies["变量名"].Value;
```

Cookie 对象的常用属性和方法见表 7-7。

表 7-7 Cookie 对象的常用属性和方法及其说明

属性和方法的名称	说　明
Name 属性	获取 Cookie 对象的名称
Value 属性	获取或设置 Cookie 对象的值
Count 属性	获取 Cookies 集合中的 Cookie 对象的数量
Expires 属性	设置 Cookie 对象的生命周期，默认为 1000 分钟；当值不大于 0 时，生命周期结束
Add 方法	创建新对象并将其添加到 Cookies 集合中

【例 7-8】使用 Cookie 对象实现用户登录信息自动填充。当用户第二次使用该网站时，用户名信息会自动输入，从而方便用户。用户单击“清除 Cookie”按钮时，实现 Cookie 对象中的用户信息清除，效果如图 7-10 所示（Ex7-8.aspx）。

Ex7-8.aspx 文件代码如下：

```
<%@ Page Language="C#" AutoEventWireup="true" CodeFile="Ex7-8.aspx.cs" Inherits="Ex7_8" %>
<!DOCTYPE html>
```

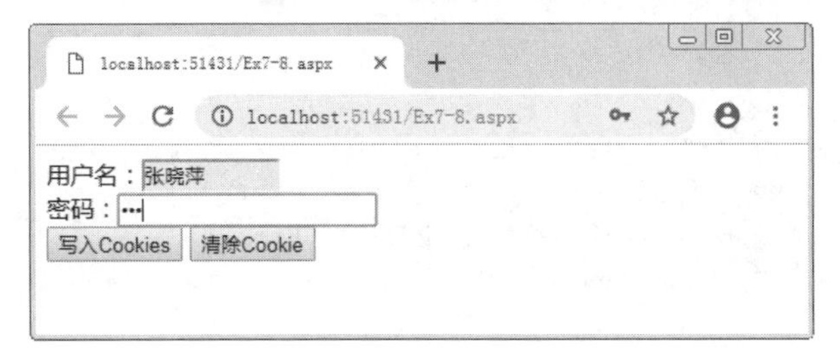

图 7-10　Ex7-8.aspx 运行效果图

```
<html xmlns="http://www.w3.org/1999/xhtml">
<head runat="server">
<meta http-equiv="Content-Type" content="text/html; charset=utf-8"/>
    <title></title>
</head>
<body>
    <form id="form1" runat="server">
    <div>
        用户名：<asp:TextBox ID="txtname" runat="server" Width="88px"></asp:TextBox>
        <br />
        密码：<asp:TextBox ID="txtpwd" runat="server" TextMode="Password"></asp:TextBox>
        <br />
        <asp:Button ID="btnsave" runat="server" Text="写入 Cookies" onclick="btnsave_Click" />
        <asp:Button ID="btnclear" runat="server" onclick="btnclear_Click" Text="清除 Cookie" />
    </div>
    </form>
</body>
</html>
```

Ex7-8.aspx.cs 文件中主要代码如下：

```
protected void Page_Load(object sender, EventArgs e)
    {
        if (Request.Cookies["mycookie"] != null)
        {
            txtname.Text = Request.Cookies["mycookie"].Value;
        }
    }

protected void btnsave_Click(object sender, EventArgs e)
    {
        Response.Cookies["mycookie"].Value = txtname.Text;
        Response.Cookies["mycookie"].Expires = DateTime.Now.AddDays(30);
    }

protected void btnclear_Click(object sender, EventArgs e)
    {
        HttpCookie acookie;
        string ckname;
        int cknum = Request.Cookies.Count;
```

```
        for (int i = 0; i < cknum; i++)
        {
            ckname = Request.Cookies[i].Name;
            acookie = new HttpCookie(ckname);
            acookie.Expires = DateTime.Now.AddDays(-1);
            Response.Cookies.Add(acookie);
        }
        Response.AddHeader("Refresh", "0");
    }
```

程序说明：

- “写入 Cookie”按钮 Click 事件中，使用 Response.Cookies["mycookie"].Value= txtname.Txt; 保存用户名信息，并用 Response.Cookies["mycookie"].Expires = DateTime.Now.AddDays(30);设置 Cookie 对象的生命周期为 30 天。
- 在页面的 Page_Load 事件中，先通过判断 Request.Cookies["mycookie"]对象是否为空来判断是否存在与用户相关的 Cookie 信息。如果存在，则利用 Request.Cookies ["mycookie"].Value 方法获取 Cookie 信息。
- 在“清除 Cookie”按钮的 Click 事件中，使用 Request.Cookies.Count 获取该网站 Cookie 对象的个数。由于 Cookie 对象是与 Web 站点相关联，而不是与具体页面相关联，所以无论用户访问网站中的哪一个页面，浏览器都可以使用 Cookie 对象。
- 由于 Cookie 对象是保存在用户的计算机硬盘中，通过浏览器直接删除不易操作。本例中采用了设置 Cookie 对象生命周期早于当前日期的方法。浏览器检查 Cookie 对象的生命周期到期后，会自动删除过期 Cookie 对象，从而达到清除 Cookie 信息的目的。
- Response 对象的 AddHeader 方法用于将指定值添加到 HTML 标题，常用于页面刷新和页面重定向。格式为 Response.AddHeader("Refresh", "时间[;URL=重定向地址]")。当刷新页面时，“[;URL=重定向地址]”可以不写。

7.3　在线聊天室

相信许多人对聊天室并不陌生，它是网站实现用户互动的主要手段之一。本节通过运用 Session、Application 和 Cookie 等 ASP.NET 对象知识，实现在线聊天室的开发。

7.3.1　前期准备工作

由于在线聊天室的开发涉及数据库存储用户信息、数据库连接以及网站 Application、Session 对象的全局管理等操作，所以需要完成以下前期准备工作。

1. 数据库及表设计

（1）启动 Access 数据库，新建数据库并命名为 mychat.mdb。

（2）通过“新建表”命令创建用户信息表 chatmem。表中字段有用户编号 mid（自动编号）、昵称 mname（文本，10 个字符长度）、密码 mpwd（文本，8 个字符长度）。其中，mid 为主关键字。

（3）输入部分用户信息，如“happyday、222”“redink、111”等。

（4）检查网站的“解决方案资源管理器”窗口是否存在 App_Data 系统文件夹。如果不存在，用户可以通过右击项目，选择快捷菜单中的“添加 ASP.NET 文件夹”→“App_Data”命令创建。

（5）将建好的数据库文件 mychat.mdb 移动到 App_Data 系统文件夹中。

2. Web 配置文件 Web.config

（1）检查网站的“解决方案资源管理器”窗口是否存在 Web 配置文件 Web.config。如果不存在，用户可以通过右击项目，选择快捷菜单中的“添加新项”命令。在“添加新项”窗口中选择“Web 配置文件”模板，并将文件命名为 Web.config，单击“添加”按钮。

（2）在“解决方案资源管理器”窗口中双击打开 Web.config，找到<connectionStrings>配置节（若未出现，则在<configuration>配置节中添加<connectionStrings>配置节），并在<connectionStrings>配置节中添加代码如下：

```
<connectionStrings>
    <add name="strcon" connectionString="Provider=Microsoft.Jet.OLEDB.4.0;Data Source=
        |DataDirectory|mychat.mdb"/>
</connectionStrings>
```

提示：此后，页面可以通过 System.Configuration.ConfigurationManager.ConnectionStrings ["strcon"].ToString()读取数据库连接信息。例如：

```
OleDbConnection conn = new OleDbConnection(System.Configuration.ConfigurationManager.
ConnectionStrings ["strcon"].ToString());
```

3. 设置全局应用程序类 Global.asax

（1）在“解决方案资源管理器”窗口中右击项目，选择快捷菜单中的“添加新项”命令。在“添加新项”窗口中选择“全局应用程序类”模板，并将文件命名为 Global.asax，单击“添加”按钮。

（2）在“解决方案资源管理器”窗口中双击打开 Global.asax，在 Application_Start 事件中输入以下代码：

```
void Application_Start(object sender, EventArgs e)
{
    Application["mcount"] = 0;
    Application["chatcon"] = "";
    Application["userlist"] = "所有人";
    Application.UnLock();
}
```

Application_Start 事件在首次创建新的会话时被触发。代码中，Application["mcount"]、Application["chatcon"]和 Application["userlist"]对象分别用于存储当前在线用户量、聊天内容和在线用户昵称，并用 Application.UnLock()将 Application 对象解锁。

（3）在 Session_Start 事件中输入以下代码：

```
void Session_Start(object sender, EventArgs e)
{
    Application.Lock();
    Application["mcount"] = Convert.ToInt32(Application["mcount"].ToString()) + 1;
```

```
        Application.UnLock();
    }
```

Session_Start 事件在一个新用户访问应用程序 Web 站点时被触发。上述代码中，先使用 Application.Lock()将 Application 对象进行加锁，然后对 Application["mcount"]数据增加 1，修改完成后使用 Application.UnLock()将对象解锁。加锁机制可以有效地解决多用户同步操作变量而出现的数据异常问题。

（4）在 Session_End 事件中输入以下代码：

```
void Session_End(object sender, EventArgs e)
{
    Application.Lock();
    Application["mcount"] = Convert.ToInt32(Application["mcount"].ToString()) - 1;
    Application.UnLock();
}
```

Session_End 事件在一个用户的会话超时、结束或用户离开应用程序 Web 站点时被触发。

7.3.2 用户登录实现

（1）在“解决方案资源管理器”窗口中右击项目，选择快捷菜单中的“添加新项”命令添加一个 Web 窗体，命名为 chatlogin.aspx。

（2）在页面中添加一个 6 行 2 列的表格，将表格中的第 1、2、5 和 6 行的 2 列单元格分别进行合并。在第 1 行单元格中输入“聊天室登录”，并设置单元格格式。

（3）在第 2 行单元格中输入“欢迎访问聊天室，当前在线人数：”，并在文本后添加 1 个 Label 控件，设置其 ID 属性为“lblnum”。

（4）在第 3 行左侧单元格中输入“昵称：”；在右侧单元格中添加 TextBox 控件，设置其 ID 属性为“txtname”；在右侧添加 RequiredFieldValidator 验证控件，设置其 ID 属性为“rqcname”，ControlToValidate 属性为“txtname”，ErrorMessage 属性为“用户名必须输入”。

（5）在第 4 行左侧单元格中输入“密码：”；在右侧单元格中添加 TextBox 控件，设置其 ID 属性为“txtpwd”，TextMode 属性为“Password”；在右侧单元格中添加 RequiredFieldValidator 验证控件，设置其 ID 属性为“rqcpwd”，ControlToValidate 属性为“txtpwd”，ErrorMessage 属性为“密码必须输入”。

（6）在第 5 行单元格中添加一个 RequiredFieldValidator 复选框控件，设置其 ID 属性为“ckbrem”，Text 属性为“记录我的信息”。

（7）在第 6 行单元格中添加两个 Button 控件。设置第 1 个 Button 控件的 ID 属性为“btnlogin”，Text 属性为“登录”；设置第 2 个 Button 控件的 ID 属性为“btncancel”，Text 属性为“取消”。

（8）双击“登录”控件，输入 btnlogin_Click 单击事件的代码如下：

```
protected void btnlogin_Click(object sender, EventArgs e)
    {
        //用户登录单击事件
        string uname = txtname.Text.Trim();
        string upwd = txtpwd.Text.Trim();
        string strcon = WebConfigurationManager.ConnectionStrings["strcon"].ToString();
```

```
            OleDbConnection conn = new OleDbConnection(strcon);
            string sql0 = "select count(*) from chatmem where mname='" + uname.ToLower() + "' and mpwd='"
                          + upwd.ToLower() + "'";
            conn.Open();
            OleDbCommand ocmd = new OleDbCommand(sql0, conn);
            if (Convert.ToInt32(ocmd.ExecuteScalar()) > 0)
            {
                //判断用户是否选择“记录我的信息”复选项
                if (ckbrem.Checked)
                {
                    //保存用户 Cookie 信息
                    Response.Cookies["ckname"].Value = uname;
                    Response.Cookies["ckname"].Expires = DateTime.Now.AddDays(15);
                }
                //保存用户名 Session 信息
                Session["uname"] = uname;
                Application["userlist"] += "," + uname;
                Response.Redirect("chatmain.aspx");
            }
            else
            {
                Response.Write("<script>alert('用户信息不正确！');</script>");
            }
        }
```

上述代码在定义变量 sql0 时使用了“变量.ToLower()”的方法，将变量值转化为小写字母，这样可以实现不区分大小写的目的。

程序在完成用户信息判断之后，将用户信息分别保存到 Cookie、Session 和 Application 对象中。在这里，Cookie 对象用于记住用户信息，方便再次使用；Session 对象用于保存用户昵称，用于会话过程中的用户身份验证；Application 对象用于保存当前在线用户信息。

同时，由于页面要对 Access 数据库进行访问，所以需要添加相应的数据库引用，即 using System.Data.OleDb。

（9）双击“取消”按钮，输入 btncancel_Click 单击事件的代码如下：

```
protected void btncancel_Click(object sender, EventArgs e)
{
    Response.AddHeader("Refresh", "0");
}
```

（10）双击页面空白处，在打开的窗口中并输入以下代码。

```
protected void Page_Load(object sender, EventArgs e)
    {
        //页面加载事件
        if (Application["mcount"] == null)
            lblnum.Text = "0";
        else
            lblnum.Text = Application["mcount"].ToString();
        if (!IsPostBack)
        {
```

```
            if (Request.Cookies["ckname"] != null)
            {
                txtname.Text = Request.Cookies["ckname"].Value;
            }
        }
    }
```

（11）完成上述操作后保存文件，按 F5 键运行，效果如图 7-1 所示。

chatlogin.aspx 文件代码如下：

```
<%@ Page Language="C#" AutoEventWireup="true" CodeFile="Chatlogin.aspx.cs" Inherits="Chatlogin" %>
<!DOCTYPE html>
<html xmlns="http://www.w3.org/1999/xhtml">
<head runat="server">
<meta http-equiv="Content-Type" content="text/html; charset=utf-8"/>
    <title>在线聊天室</title>
</head>
<body>
    <form id="form1" runat="server">
    <div align="center">
        <table cellpadding="0" cellspacing="0"
            style="border: 2px double #FF9900; width: 400px; height: 260px;">
            <tr>
                <td align="center" colspan="2"
                    style="background-color: #FF9900; color: #FFFFFF; font-size: 26px">
                    聊天室登录</td>
            </tr>
            <tr>
                <td align="left" colspan="2" style="background-color: #CCCCCC">
                    欢迎访问聊天室，当前在线人数：<asp:Label ID="lblnum" runat="server"
                    ForeColor="Red"></asp:Label>
                </td>
            </tr>
            <tr>
                <td align="right">
                    昵称：</td>
                <td align="left">
                    <asp:TextBox ID="txtname" runat="server" Width="84px"></asp:TextBox>
                    <asp:RequiredFieldValidator ID="rqcname" runat="server"
                        ControlToValidate="txtname" ErrorMessage="用户名必须输入">*
                                        </asp:RequiredFieldValidator>
                </td>
            </tr>
            <tr>
                <td align="right">
                    密码：</td>
                <td align="left">
                    <asp:TextBox ID="txtpwd" runat="server" Width="139px" TextMode=
```

```
                    "Password"></asp:TextBox>
                <asp:RequiredFieldValidator ID="rqcpwd" runat="server" ControlToValidate
                    ="txtpwd" ErrorMessage="密码必须输入">*
                                </asp:RequiredFieldValidator>
            </td>
        </tr>
        <tr>
            <td align="center" colspan="2">
                <asp:CheckBox ID="ckbrem" runat="server" Text="记录我的信息" />
            </td>
        </tr>
        <tr>
            <td align="center" colspan="2">
                <asp:Button ID="btnlogin" runat="server" Text="登录" onclick="btnlogin_Click" />
                     <asp:Button ID="btncancel" runat="server" Text="取消" onclick=
                    "btncancel_Click" style="height: 26px" />
            </td>
        </tr>
    </table>
  </div>
  </form>
</body>
</html>
```

chatlogin.aspx.cs 文件主要代码如下：

```
using System.Data.OleDb;

protected void Page_Load(object sender, EventArgs e)
    {
        //页面加载事件
        if (Application["mcount"] == null)
            lblnum.Text = "0";
        else
            lblnum.Text = Application["mcount"].ToString();
        if (!IsPostBack)
        {
            if (Request.Cookies["ckname"] != null)
            {
                txtname.Text = Request.Cookies["ckname"].Value;
            }
        }
    }

protected void btnlogin_Click(object sender, EventArgs e)
    {
        //用户登录单击事件
        string uname = txtname.Text.Trim();
```

```
            string upwd = txtpwd.Text.Trim();
            string strcon = WebConfigurationManager.ConnectionStrings["strcon"].ToString();
            OleDbConnection conn = new OleDbConnection(strcon);
            string sql0 = "select count(*) from chatmem where mname='" + uname.ToLower() + "' and mpwd='"
                         + upwd.ToLower() + "'";
            conn.Open();
            OleDbCommand ocmd = new OleDbCommand(sql0, conn);
            if (Convert.ToInt32(ocmd.ExecuteScalar()) > 0)
            {
                //判断用户是否选择“记录我的信息”复选项
                if (ckbrem.Checked)
                {
                    //保存用户 Cookie 信息
                    Response.Cookies["ckname"].Value = uname;
                    Response.Cookies["ckname"].Expires = DateTime.Now.AddDays(15);
                }
                //保存用户名 Session 信息
                Session["uname"] = uname;
                Application["userlist"] += "," + uname;
                Response.Redirect("chatmain.aspx");
            }
            else
            {
                Response.Write("<script>alert('用户信息不正确！');</script>");
            }
        }

    protected void btncancel_Click(object sender, EventArgs e)
        {
            //取消单击事件
            Response.AddHeader("Refresh", "0");
        }
```

7.3.3 在线聊天室的实现

扫码看视频

（1）在“解决方案资源管理器”窗口中右击项目，选择快捷菜单中的“添加新项”命令，添加一个 Web 窗体，命名为 chatmain.aspx。

（2）在页面中添加一个 4 行 1 列的表格。在第 1 个单元格中输入“在线聊天室”，并设置单元格格式。

（3）在第 2 个单元格中添加一个 Label 控件，设置其 ID 属性为“lblchat”，宽度和表格宽度一致，并设置背景色等属性，用于显示聊天内容。

（4）在第 3 个单元格中添加一个 Label 控件，设置其 ID 属性为“lblname，用于显示当前用户昵称信息，对应 Session["uname"]对象。再添加一个 DropDownList 控件，设置其 ID 属性为“ddluser”，用于显示当前在线用户昵称信息，对应 Application["userlist"]对象。

（5）在第 4 个单元格中添加一个 TextBox 控件，设置其 ID 属性为“txtme”，TextMode

属性为“MultiLine”，并设置控件宽度和高度等属性，用于输入聊天内容。

（6）在 txtme 控件右侧添加一个 Button 控件，设置其 ID 属性为“btnsend”，Text 属性为“发送”。

（7）双击页面空白处，打开后台代码文件 chatmain.aspx.cs。输入以下 Page_Load 事件代码：

```
protected void Page_Load(object sender, EventArgs e)
    {
        //判断页面是否为第 1 次加载
        if (!IsPostBack)
        {
            //判断用户是否登录
            if (Session["uname"] != null)
            {
                lblname.Text = Session["uname"].ToString() + "  对";
                //用于显示当前在线用户昵称信息
                string[] userlist = Application["userlist"].ToString().Split('，');
                for (int i = 0; i < userlist.Length; i++)
                {
                    ddluser.Items.Add(userlist[i]);
                }
                //显示聊天内容
                if (Application["chatcon"] == null)
                    lblchat.Text = "";
                else
                    lblchat.Text = Application["chatcon"].ToString();
            }
            else
            {
                Response.Redirect("chatlogin.aspx");
            }
        }
    }
```

在上述代码中，根据 Session["uname"]对象是否为空判断用户是否登录，这与用户登录页面相对应。Application["userlist"].ToString().Split('，')是将 Application 对象中的字符串按“，”进行截取，并保存到字符串数组中，用于当前在线用户的显示。

（8）双击页面中的“发送”按钮 btnsend，添加以下 btnsend_Click 事件代码：

```
protected void btnsend_Click(object sender, EventArgs e)
    {
        string user = Session["uname"].ToString();
        string touser = ddluser.SelectedValue;
        //采用加锁机制，更新 Application 对象内容
        Application.Lock();
        Application["chatcon"] += "<br>" + user + "对" + touser + "说：" + txtme.Text;
        Application.UnLock();
```

```
        lblchat.Text = Application["chatcon"].ToString();
    }
```

（9）保存文件，完成在线聊天室的实现任务，最终程序运行效果如图 7-2 所示。

7.4 知识拓展

7.4.1 Server 对象

Server 对象由 System.Web.HttpServerUtility 类实现，定义了与 Web 服务器相关的类，用于提供服务器端的信息和控制方法。Server 对象的常用属性和方法说明见表 7-8。

表 7-8 Server 对象的常用属性和方法及其说明

属性和方法的名称	说明
ScriptTimeOut 属性	获取或设置请求超时值（单位为秒），默认值为 90
Execute 方法	终止当前页的执行，调用另一个页面，执行完毕后返回原页面
MapPath 方法	将 Web 服务器的虚拟路径转换为实际路径
Transfer 方法	停止当前页的执行，转向另一个页面，类似于重定向功能
HtmlEncode 方法	将字符串转换成 HTML 格式输出
HtmlDecode 方法	对用 HtmlEncode 方法编码的文本进行解码还原

【例 7-9】使用 Server 对象的 MapPath 方法查看文件在服务器的实际路径信息。运行效果如图 7-11 所示（Ex7-9.aspx）。

扫码看视频

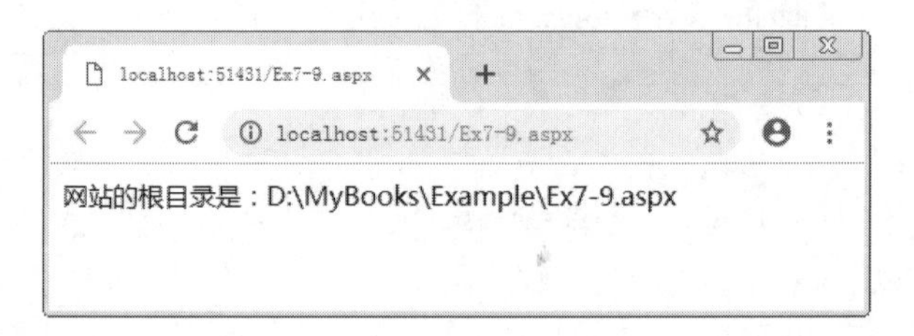

图 7-11 Ex7-9.aspx 运行效果图

Ex7-9.aspx 文件代码如下：

```
<%@ Page Language="C#" AutoEventWireup="true" CodeFile="Ex7-9.aspx.cs" Inherits="Ex7_9" %>
<!DOCTYPE html>
<html xmlns="http://www.w3.org/1999/xhtml">
<head runat="server">
<meta http-equiv="Content-Type" content="text/html; charset=utf-8"/>
    <title></title>
</head>
<body>
    <form id="form1" runat="server">
    <div>
        网站的根目录是：<asp:Label ID="Label1" runat="server" Text="Label"></asp:Label>
    </div>
```

```
    </form>
</body>
</html>
```

Ex7-9.aspx.cs 文件中的 Page_Load 事件代码如下：

```
protected void Page_Load(object sender, EventArgs e)
{
    Label1.Text = Server.MapPath("Ex7-9.aspx");
}
```

7.4.2　网上投票系统的实现

扫码看视频

目前，许多网站都具备了网上调查功能，通过用户选择选项获取反馈信息。本节将通过实例描述的方式，详细介绍网上投票系统的实现过程。

具体操作步骤如下所述。

（1）打开 Access 数据库 mychat.mdb，新建一个投票主题表 votename。设置表中 vid 字段为“自动编号”数据类型，并设置其为表的主键；设置 vtitle 字段为“文本”数据类型。

（2）新建一个投票选项表 voteitems，依次添加以下字段：选项编号 vitmid（自动编号，主键）、选项文本 vitmtitle（文本，30 个字符长度）、选项得票数 vitmnum（数字，长整型）、投票主题编号 vid（数字，整数）。

（3）在“解决方案资源管理器”窗口中右击项目，选择快捷菜单中的“添加新项”命令添加一个 Web 窗体，命名为 Ex7-10.aspx。

（4）在页面中添加一个 4 行 1 列的表格，并添加相应对象。第 1 个单元格中添加文本“网上投票系统”；第 2 个单元格中添加一个 Label 控件，设置其 ID 属性为“lbltitle”，用于显示投票主题；第 3 个单元格中添加一个 RadioButtonList 控件，设置其 ID 属性为“rdblvote”，用于显示投票各个选项；第 4 个单元格中添加一个 Button 控件，设置其 ID 属性为“btnvote”，Text 属性为“投票”。

最终页面文件 Ex7-10.aspx 代码如下：

```
<%@ Page Language="C#" AutoEventWireup="true" CodeFile="Ex7-10.aspx.cs" Inherits="Ex7_10" %>
<!DOCTYPE html>
<html xmlns="http://www.w3.org/1999/xhtml">
<head runat="server">
<meta http-equiv="Content-Type" content="text/html; charset=utf-8"/>
    <title></title>
</head>
<body>
    <form id="form1" runat="server">
    <div align="center">
        <table cellpadding="0" cellspacing="0" style="width: 386px">
            <tr>
                <td align="center" colspan="2">
                    <b>网上投票系统</b></td>
            </tr>
            <tr>
                <td align="left" colspan="2" valign="middle">
                    <asp:Label ID="lbltitle" runat="server" Text="Label"></asp:Label>
```

```
                    </td>
                </tr>
                <tr>
                    <td style="width: 10px">
                         </td>
                    <td align="left" valign="top">
                        <asp:RadioButtonList ID="rdblvote" runat="server">
                        </asp:RadioButtonList>
                    </td>
                </tr>
                <tr>
                    <td align="center" colspan="2">
                        <asp:Button ID="btnvote" runat="server" Text="投  票" Width="78px"
                            onclick="btnvote_Click" />
                    </td>
                </tr>
            </table>
        </div>
        </form>
    </body>
    </html>
```

（5）双击页面空白处，打开代码文件 Ex7-10.aspx.cs，输入页面加载事件 Page_Load()代码。

（6）双击页面文件中的“投票”按钮，在代码文件 Ex7-10.aspx.cs 中输入按钮单击事件 btnvote_Click()的代码。

最终页面文件 Ex7-10.aspx.cs 代码如下：

```
using System.Data.OleDb;
using System.Data;
using System.Configuration;

public partial class Ex7_10 : System.Web.UI.Page
{
    //定义静态全局变量 strcon 和 voteid
    static string strcon = ConfigurationManager.ConnectionStrings["strcon"].ToString();
    static int voteid;
    OleDbConnection ocon = new OleDbConnection(strcon);

    protected void Page_Load(object sender, EventArgs e)
    {
        //判断页面是否为第 1 次加载
        if (!IsPostBack)
        {
            OleDbDataAdapter oda = new OleDbDataAdapter("select top 1 * from votename", ocon);
            DataSet ds = new DataSet();
            oda.Fill(ds);
            //获取满足条件的第 1 行记录
            DataRow dr = ds.Tables[0].Rows[0];
            lbltitle.Text = dr[1].ToString();
            voteid = Convert.ToInt32(dr[0]);
            //绑定数据表到投票选项
```

```
            OleDbDataAdapter oda2 = new OleDbDataAdapter("select * from voteitems where vid=" +
                                                voteid, ocon);
            DataSet ds2 = new DataSet();
            oda2.Fill(ds2);
            rdblvote.DataSource = ds2;
            rdblvote.DataTextField = "vitmtitle";
            rdblvote.DataValueField = "vitmid";
            rdblvote.DataBind();
        }
    }

    protected void btnvote_Click(object sender, EventArgs e)
    {
        //判断用户是否选择了投票选项
        if (rdblvote.SelectedItem != null)
        {
            //修改投票选项的得票数
            string sqlstr = "update voteitems set vitmnum=vitmnum+1 where vitmid=" +
                            Convert.ToInt32(rdblvote.SelectedValue);
            ocon.Open();
            OleDbCommand ocmd = new OleDbCommand(sqlstr, ocon);
            ocmd.ExecuteNonQuery();
            ocon.Close();
            Response.Write("<script>alert('投票成功，感谢你的参与！');</script>");
            Response.Redirect("Ex7-10(2).aspx?vid=" + voteid);
        }
        else
        {
            Response.Write("<script>alert('你没有选择选项！');</script>");
        }
    }
}
```

网上投票系统运行效果如图 7-12 所示。

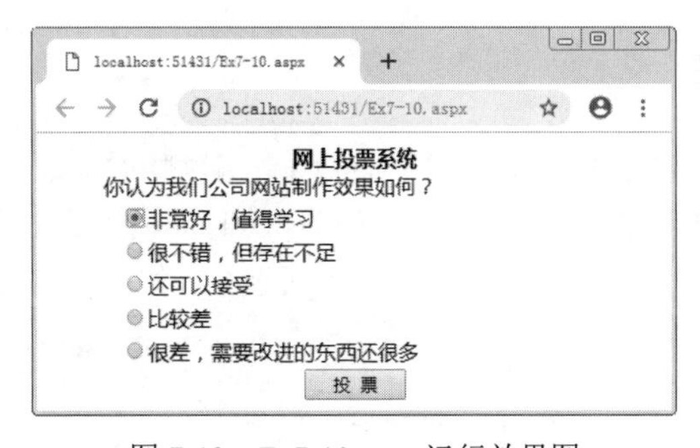

图 7-12 Ex7-10.aspx 运行效果图

（7）在“解决方案资源管理器”窗口中右击项目，选择快捷菜单中的“添加新项”命令添加一个 Web 窗体，命名为 Ex7-10(2).aspx。

（8）在页面中添加一个 GridView 控件，设置其 ID 属性为“gdvvote”。

（9）通过“GridView 任务”的“编辑列”命令，依次添加“序号”“选项”和“得票”

三个字段，分别设置其 DataField 属性为“vidmid”“vitmtitle”和“vitmnum”。

（10）双击页面空白处，打开代码文件 Ex7-10(2).aspx.cs，输入页面加载事件 Page_Load()的代码如下：

```
using System.Data.OleDb;
using System.Data;
using System.Configuration;

protected void Page_Load(object sender, EventArgs e)
    {
        int voteid = Convert.ToInt32(Request.QueryString["vid"]);
        string strcon = ConfigurationManager.ConnectionStrings["strcon"].ToString();
        OleDbConnection ocon = new OleDbConnection(strcon);
        OleDbDataAdapter oda = new OleDbDataAdapter("select * from voteitems where vid=" + voteid, ocon);
        DataSet ds = new DataSet();
        oda.Fill(ds);
        gdvvote.DataSource = ds;
        gdvvote.DataBind();
    }
```

由于页面要使用 Access 数据库，所以需要在命名空间引用处添加“using System.Data.OleDb;”代码。

网上投票系统投票结果显示效果如图 7-13 所示。

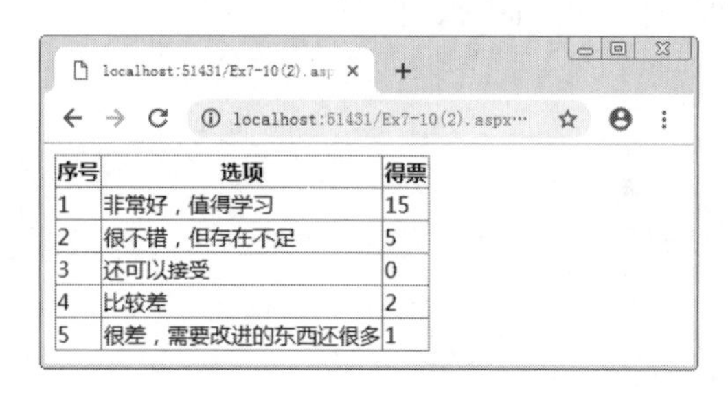

图 7-13 Ex7-10(2).aspx 运行效果图

7.4.3 防止重复投票

在上述网上投票系统实现的基础上，结合前面介绍过的 Cookie 对象，进一步改进网上投票系统。增加用户 IP 锁定功能，限制一个 IP 在指定的时间内（如 1 小时）只能进行一次投票，从而有效防止恶意投票行为。运行效果如图 7-14 所示。

扫码看视频

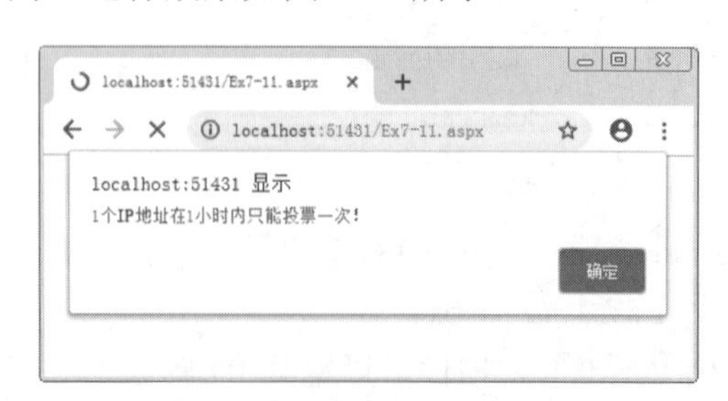

图 7-14 Ex7-11.aspx 运行效果图

打开网上投票网页，双击“投票”按钮，在后台代码页面输入 btnvote_Click 事件代码如下：

```
protected void btnvote_Click(object sender, EventArgs e)
{
    string userip = Request.UserHostAddress.ToString();
    HttpCookie oldcookie = Request.Cookies["uip"];
    //判断用户 IP 是否已存在，或者用户 IP 是否和当前 IP 相同。若 IP 不存在或者不相同，则说明符合
     规定，准予投票
    if (oldcookie == null || oldcookie.Values.ToString() !=userip)
    {
        //判断用户是否选择了投票选项
        if (rdblvote.SelectedItem != null)
        {
            //修改投票选项的得票数
            string sqlstr = "update voteitems set vitmnum=vitmnum+1 where vitmid=" +
                        Convert.ToInt32 (rdblvote.SelectedValue);
            ocon.Open();
            OleDbCommand ocmd = new OleDbCommand(sqlstr, ocon);
            ocmd.ExecuteNonQuery();
            ocon.Close();
            //保存用户 IP 到 Cookies 对象
            Response.Cookies["uip"].Value = userip;
            Response.Cookies["uip"].Expires = DateTime.Now.AddHours(1);
            Response.Write("<script>alert('投票成功，感谢你的参与！');</script>");
            Response.Redirect("Ex7-10(2).aspx?vid=" + voteid);
        }
        else
        {
            Response.Write("<script>alert('你没有选择选项！');</script>");
        }
    }
    else
    {
        Response.Write("<script>alert('1 个 IP 地址在 1 小时内只能投票一次！');</script>");
    }
}
```

单击事件代码的实现思路：首先获取用户客户端 IP 地址，然后判断 Request.Cookies["uip"]对象中的 IP 地址是否存在，或者与现在的客户端 IP 地址是否相同。如果不存在或者两次 IP 地址不同，则说明符合规定，准予投票。并在投票操作完成后，将客户端 IP 地址收录到 Cookie 对象中。读者可以在源文件 Ex7-11.aspx 中查阅其他程序代码。

第 8 章　文件处理

【学习目标】

通过本章知识的学习，读者应在深入理解文件处理相关知识的基础上，掌握文件操作中最为常见的上传和下载，以及文件在数据库中的管理等内容，并利用本章知识实现网页提交作品案例。通过本章内容的学习，读者可以达到以下学习目的：

- 掌握 FileUpload 服务器控件的使用方法。
- 理解文件上传操作中的 HasFile、SaveAs 等方法的使用方法。
- 掌握文件下载的实现方法。
- 掌握文件上传过程中文件名的获取和保存路径的相关知识。

8.1　情景分析

网站应用程序中经常需要交换各种信息，而文件上传和下载是重要的信息交换方式之一。ASP.NET 提供了 FileUpload 服务器控件，用于上传文件到 Web 服务器。

8.2　文件上传和下载

文件上传和下载是网站开发常见的操作。下面结合实际案例来详细介绍其操作方法和使用技巧，学习将文件上传至服务器和从服务器下载到本地的方法。

8.2.1　文件上传

FileUpload 控件显示 1 个文本框控件和 1 个浏览按钮，使用户恶意选择客户端上的文件并上传到 Web 服务器。

【例 8-1】利用服务器控件 FileUpload 实现文件上传操作，完成上传后将文件保存到指定位置。运行效果如图 8-1 所示（Ex8-1.aspx）。

扫码看视频

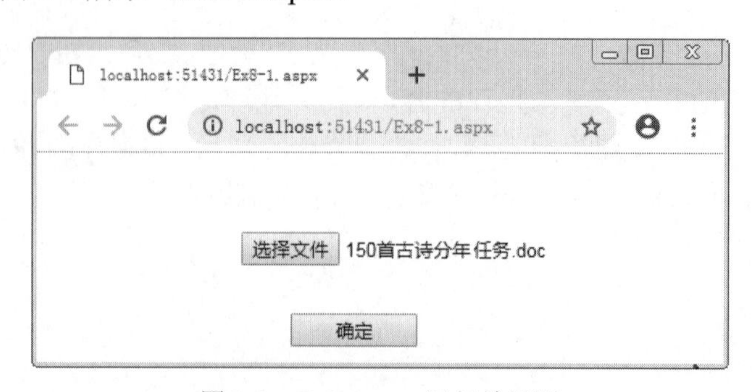

图 8-1　Ex8-1.aspx 运行效果图

Ex8-1.aspx 文件代码如下：

```
<%@ Page Language="C#" AutoEventWireup="true" CodeFile="Ex8-1.aspx.cs" Inherits="Ex8_1" %>
<!DOCTYPE html>
<html xmlns="http://www.w3.org/1999/xhtml">
<head runat="server">
<meta http-equiv="Content-Type" content="text/html; charset=utf-8"/>
    <title></title>
</head>
<body>
    <form id="form1" runat="server">
        <div>
            <asp:FileUpload ID="FileUpload1" runat="server" />
            <asp:Button ID="Button1" runat="server" OnClick="Button1_Click" Text="上传文件" />
        </div>
    </form>
</body>
</html>
```

Ex8-1.aspx.cs 文件中的主要代码如下：

```
protected void Button1_Click(object sender, EventArgs e)
    {
        if (FileUpload1.HasFile)
            FileUpload1.SaveAs(Server.MapPath("upload/") + FileUpload1.FileName);
    }
```

程序说明：

在页面的 Button1_Click 事件中，利用 FileUpload 控件的 HasFile 属性判断是否选择了上传文件，进而将文件上传到服务器。

8.2.2　文件下载

文件下载通过设置 Response 对象的 AddHeader 方法来实现。

【例 8-2】通过列表控件 ListBox 显示服务器文件夹中要下载文件的文件名，单击“下载”按钮，将文件保存到本地。运行效果如图 8-2 所示（Ex8-2.aspx）。

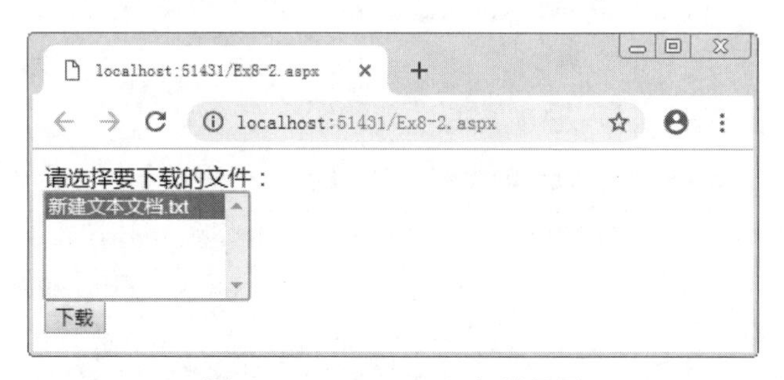

图 8-2　Ex8-2.aspx 运行效果图

Ex8-2.aspx 文件代码如下：

```
<%@ Page Language="C#" AutoEventWireup="true" CodeFile="Ex8-2.aspx.cs" Inherits="Ex8_2" %>
<!DOCTYPE html>
```

```
<html xmlns="http://www.w3.org/1999/xhtml">
<head runat="server">
<meta http-equiv="Content-Type" content="text/html; charset=utf-8"/>
    <title></title>
</head>
<body>
    <form id="form1" runat="server">
        <div>

            请选择要下载的文件：<br />
            <asp:ListBox ID="ListBox1" runat="server" Height="74px" Width="143px"></asp:ListBox>
            <br />
            <asp:Button ID="Button1" runat="server" OnClick="Button1_Click" Text="下载" />

        </div>
    </form>
</body>
</html>
```

Ex8-2.aspx.cs 文件主要代码如下：

```
using System.IO;

protected void Page_Load(object sender, EventArgs e)
    {
        if (!Page.IsPostBack)
        {
            string[] str = Directory.GetFiles(Server.MapPath("upload"));
            foreach (string filename in str)
            {
                ListBox1.Items.Add(Path.GetFileName(filename));
            }
        }
    }

    protected void Button1_Click(object sender, EventArgs e)
    {
        if (ListBox1.SelectedValue != "")
        {
            string path = Server.MapPath("upload/") + ListBox1.SelectedValue;
            FileInfo fi = new FileInfo(path);
            if (fi.Exists)
            {
                Response.Clear();
                Response.ClearHeaders();
                Response.ContentType = "application/octet-stream";
                Response.ContentEncoding = System.Text.Encoding.UTF8;
                Response.AddHeader("content-disposition", "attachment;filename=" +
                        System.Web.HttpUtility.UrlEncode(fi.Name));
```

```
                Response.AddHeader("content-length", fi.Length.ToString());
                Response.Filter.Close();
                Response.WriteFile(fi.FullName);
                Response.End();
            }
            else
            {
                Response.Write("<script>alert('对不起，文件不存在!');</script>");
                return;
            }
        }
    }
```

程序说明：

- 首先通过 Directory 类的 GetFiles 方法来获取服务器文件夹 upload 下的各个文件，将各个文件依次与 ListBox 控件的 Items 属性绑定。字符串数组 str 保存的是文件的完全限定名，Path 类的 GetFileName 方法用来获取指定路径字符串的文件名和扩展名，故在 ListBox 控件中显示的是各个文件的文件名和扩展名。
- 在代码段中，首先通过 Server 对象的 MapPath 获取文件的路径，然后通过 Response 对象的一些方法和属性设置 HTTP 标头信息。

8.3 作品提交页面的实现

结合本章学习内容和文件上传控件，开发一个简单的作品提交管理器。其功能是上传、浏览和删除文件。

【例 8-3】创建一个网页文件，实现将上传文件保存到网站根目录下的 upload 文件夹中，并实时更新上传文件列表。运行效果如图 8-3 所示（Ex8-3.aspx）。

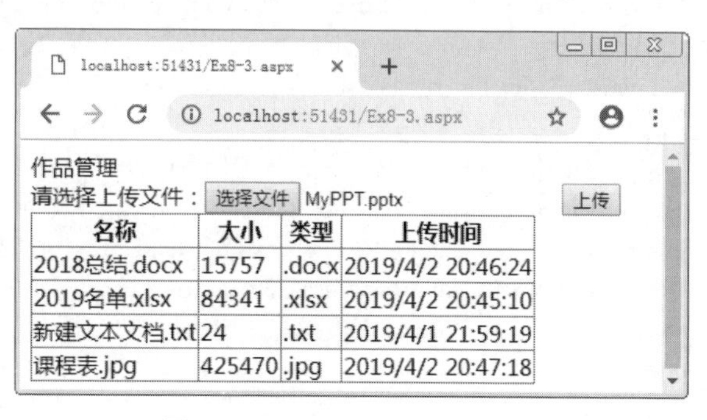

图 8-3 Ex8-3.aspx 运行效果图

具体操作步骤如下：

（1）添加一个新的 Web 窗体，命名为 Ex8-3.aspx，并在该窗体中依次输入文本“作品管理”“请选择上传文件：”。

（2）依次添加服务器控件 FileUpload 和 Button，并设置 FileUpload 控件的 ID 属性为“fldfile”，Button 控件的 Text 属性为“上传”。

（3）添加服务器控件 GridView，并设置其 ID 属性为“grdvfile”，用于显示已上传的文件列表。

（4）通过执行“GridView 任务”→“编辑列”命令，打开“字段”对话框，并设置其 AutoGenerateColumns 属性为“False”。

（5）在“字段”对话框中添加四个 BoundField 字段，并依次设置其“DataField”属性和“HeaderText”属性。其中，第 1 个 BoundField 字段的“DataField”属性为“name”，“HeaderText”属性为“名称”；第 2 个 BoundField 字段的“DataField”属性为“length”，“HeaderText”属性为“大小”；第 3 个 BoundField 字段的“DataField”属性为“Extension”，“HeaderText”属性为“类型”；第 4 个 BoundField 的“DataField”属性为“LastWriteTime”，“HeaderText”属性为“上传时间”。

（6）双击页面空白处，进入后台代码界面，添加命名空间“using System.IO;”，并定义一个 binddata()方法实现数据绑定。

（7）依次输入 Page_Load 事件代码和“上传”按钮的 Click 事件代码。

Ex8-3.aspx 文件代码如下：

```
<%@ Page Language="C#" AutoEventWireup="true" CodeFile="Ex8-3.aspx.cs" Inherits="Ex8_3" %>
<!DOCTYPE html>
<html xmlns="http://www.w3.org/1999/xhtml">
<head runat="server">
<meta http-equiv="Content-Type" content="text/html; charset=utf-8"/>
    <title></title>
</head>
<body>
    <form id="form1" runat="server">
        <div>
            作品管理<br />
            请选择上传文件：<asp:FileUpload ID="fldfile" runat="server" />
 <asp:Button ID="Button1" runat="server" Text="上传" OnClick="Button1_Click" />
            <br />
            <asp:GridView ID="grdvfile" runat="server" AutoGenerateColumns="False">
                <Columns>
                    <asp:BoundField DataField="name" HeaderText="名称" />
                    <asp:BoundField DataField="length" HeaderText="大小" />
                    <asp:BoundField DataField="Extension" HeaderText="类型" />
                    <asp:BoundField DataField="LastWriteTime" HeaderText="上传时间" />
                </Columns>
            </asp:GridView>
        </div>
    </form>
</body>
</html>
```

Ex8-3.aspx.cs 文件中主要代码如下：

```
using System.IO;

void binddata()
    {
```

```
            DirectoryInfo mydir = new DirectoryInfo(Server.MapPath("upload"));
            grdvfile.DataSource = mydir.GetFiles();
            grdvfile.DataBind();
        }

protected void Page_Load(object sender, EventArgs e)
        {
            binddata();
        }

protected void Button1_Click(object sender, EventArgs e)
        {
            if (fldfile.HasFile)
                fldfile.SaveAs(Server.MapPath("upload/") + fldfile.FileName);
            binddata();
        }
```

程序说明：

- 后台代码中的 binddata()为自定义方法，用于实现对已上传文件的读取和显示。在该页面的其他位置对其进行调用，如 Page_Load 事件和 Button1_Click 事件，从而减少代码的重复编写，提高代码重用率。
- 程序使用了 DirectoryInfo()方法读取网页根目录下 upload 文件夹中的文件目录，并作为 GridView 控件的数据源。这里必须使用 name、length、Extension 和 LastWriteTime，来分别显示文件的名称、大小、类型和上传时间。

8.4　知识拓展

我们已经介绍了将文件上传到服务器的方法。该方法适用于多种类型文件的上传，包括图片文件。下面介绍将图像文件的存储路径保存到数据库，并将图片文件上传到服务器的操作方法。

【例 8-4】上传图片文件到服务器，并保存图片文件的存储路径到数据库。运行效果如图 8-4 所示（Ex8-4.aspx）。

图 8-4　Ex8-4.aspx 运行效果图

具体操作步骤如下：

（1）启动 Access 数据库，创建一个数据库文件 mydata.mdb，并在数据库中创建一个 images 表，表结构中的各字段见表 8-1。

表 8-1　images 表结构

字段名称	数据类型	约束	说明
pid	自动编号	主键	编号
panme	短文本		图片名称
ptype	短文本	非空	图片类型
ptext	短文本		图片说明
pdate	日期/时间	默认值为 now()	图片的上传时间
ppath	短文本		图片的存储路径

（2）修改网站配置文件 Web.config，添加数据库连接字符串代码“<connectionStrings> <add name="accon" connectionString="Provider=Microsoft.Jet.OLEDB.4.0;Data Source=|DataDirectory| mydata.mdb"/></connectionStrings>”。

（3）创建 Web 窗体文件 Ex8-4.aspx，运行效果如图 8-4 所示。具体代码如下：

```
<%@ Page Language="C#" AutoEventWireup="true" CodeFile="Ex8-4.aspx.cs" Inherits="Ex8_4" %>
<!DOCTYPE html>
<html xmlns="http://www.w3.org/1999/xhtml">
<head runat="server">
<meta http-equiv="Content-Type" content="text/html; charset=utf-8"/>
    <title></title>
    <style type="text/css">
        .auto-style1 {
            width: 600px;
        }
    </style>
</head>
<body>
    <form id="form1" runat="server">
        <div>
            <table class="auto-style1">
                <tr>
                    <td rowspan="5">
                        <asp:Image ID="imgpic" runat="server" Height="181px" Width="177px" />
                    </td>
                    <td>选择图片</td>
                    <td>
                        <asp:FileUpload ID="fulpic" runat="server" />
                    </td>
                </tr>
                <tr>
```

```
                <td>名称</td>
                <td>
                    <asp:TextBox ID="txtname" runat="server"></asp:TextBox>
                </td>
            </tr>
            <tr>
                <td>时间</td>
                <td>
                    <asp:Label ID="lbltime" runat="server" Text="Label"></asp:Label>
                </td>
            </tr>
            <tr>
                <td>说明</td>
                <td>
                    <asp:TextBox ID="txtp" runat="server"></asp:TextBox>
                </td>
            </tr>
            <tr>
                <td colspan="2">
                    <asp:Button ID="Button1" runat="server" Text="上传" OnClick=
                                    "Button1_Click" style="height: 21px" />
                </td>
            </tr>
        </table>
    </div>
</form>
</body>
</html>
```

（4）双击“上传”按钮，进入后台代码编辑区域，输入 Page_Load 事件和 Button1_Click 事件代码。具体代码如下：

```
using System.Data.OleDb;
using System.Data;
using System.Configuration;

protected void Page_Load(object sender, EventArgs e)
    {
        lbltime.Text = DateTime.Now.ToString();
    }

    protected void Button1_Click(object sender, EventArgs e)
    {
        string imgtype, filename, imgpath;
        string[] str;
        if (fulpic.PostedFile.ContentLength != 0)
        {
            filename = fulpic.PostedFile.FileName.ToString();
```

```
                str = filename.Split('.');
                imgtype = (str[str.Length - 1]).ToLower();
                if (imgtype == "jpg" || imgtype == "gif" || imgtype == "png")
                {
                    filename = txtname.Text.Trim() + "." + imgtype;
                    imgpath = "~/upload/" + fulpic.FileName;
                    fulpic.PostedFile.SaveAs(Server.MapPath("~/upload/") + fulpic.FileName);
                    string strsql = "insert into images(pname,ptype,ptext,ppath) values('" + filename + "',
                                    '" + imgtype + "','" + txtp + "','" + imgpath + "')";
                    OleDbConnection conn =
                        new OleDbConnection(ConfigurationManager.ConnectionStrings["accon"].ToString());
                    conn.Open();
                    OleDbCommand cmd = new OleDbCommand(strsql, conn);
                    cmd.ExecuteNonQuery();
                    imgpic.ImageUrl = imgpath;
                    conn.Close();
                    Response.Write("<script language='javascript'>alert('上传图片成功！');</script>");
                }
                else
                {
                    Response.Write("<script language='javascript'>alert('选择的不是图片格式，请重新选择！');
                    </script>");
                }
            }
        }
```

程序说明：

- 通过 FileUpload 控件，将文件上传至站点 upload 文件夹下，并将此路径保存于数据库中。其中，在数据库中存储的文件路径为相对路径，保存在站点 upload 文件夹下的路径为绝对路径。
- 代码“string[] str;”定义了一个数组，通过代码“str = filename.Split('.');”对文件名进行分割，从而代码“imgtype = (str[str.Length - 1]).ToLower();”获取文件扩展名。

第 9 章　外观设计

【学习目标】

通过本章知识的学习，读者可以了解和掌握在网页外观设计中，样式和主题的使用方法，并结合 Web 用户控件和网站母版页等常用开发方法，实现网页外观美化、页面结构布局合理的设计效果。通过本章学习，读者可以达到以下学习目的：

- 理解和掌握样式和主题的概念和作用。
- 熟练掌握 Web 用户控件的创建和使用方法。
- 熟练掌握母版页在 Web 应用程序中的使用方法。

9.1　情景分析

当设计一个包含多个页面的网站时，必须考虑页面结构问题，常见的做法就是使站点的多个页面使用通用的页面布局。例如，整个站点的所有页面中都显示 Logo 图片导航栏，以及带有版权信息的页脚栏。ASP.NET 提供的主题和母版页都是为了快速地进行网站的设计开发和后期能对网站进行有效的维护和管理。不同之处在于，主题负责的对象是页面或服务器控件的样式，而母版页负责的对象是整个网站页面的布局结构。使用母版页可以创建通用的页面布局以及在多个页面中显示的通用的内容。

9.2　样式

从 ASP.NET 2.0 开始，就包括了样式和主题。使用样式和主题能够将样式和布局信息分解到单独的文件中，使布局代码和页面代码分离。主题可以应用到各个站点。当需要更改页面主题时，无须对每个页面进行更改，只需要针对主题代码页进行更改即可。

9.2.1　CSS 简介

层叠样式表（Cascading Style Sheets，CSS）是一种用来表现 HTML（标准通用标记语言的一个应用）或 XML（标准通用标记语言的一个子集）等文件样式的计算机语言。CSS 不仅可以静态地修饰网页，还可以配合各种脚本语言动态地对网页各元素进行格式化。在 Web 应用程序的开发过程中，CSS 是非常重要的页面布局方法，而且也是非常高效的页面布局方法。CSS 是一组定义的格式设置规则，用于控制 Web 页面的外观，目前在网页设计中有着广泛的应用。

CSS 通常支持三种定义方式：一是直接将样式控制放置于单个 HTML 元素内，称为内联式；二是在网页的 head 部分定义样式，称为嵌入式；三是以扩展名为 css 的文件保存样式，称为外联式。这三种样式适用于不同的场合，内联式适用于对单个标签进行样式控制；嵌入式可以控制一个网页的多个样式，当需要对网页样式进行修改时，只需要修改 head 标签中的 style 标签即可；而外联式能够将布局代码和页面代码分离，在维护过程中能够减少工作量。

9.2.2 CSS 基础

CSS 样式的代码位于文件头部<head>…</head>之间，页面内容存放在 HTML 文档中，而用于定义表现形式的 CSS 规则存放在另一个文件中或 HTML 文档的某一部分，通常为文件头部分。将内容与表现形式分离，不仅可以使维护站点的外观更加容易，而且可以使 HTML 文档代码更加简练，缩短浏览器的内容加载时间。CSS 能够通过编写样式控制代码进行页面布局，在编写相应的 HTML 标签时，可以通过 style 属性进行 CSS 样式控制，示例代码如下：

```
<body>
<div style=""font-size:14px;">您好！ </div>
</body>
```

上述代码使用内联方式进行样式控制，并将属性设置为 font-size:14px，其意义是定义文字的大小为 14px；同样，如果需要定义多个属性，可以写在同一个 style 属性中，示例代码如下：

```
<body>
<div style=""font-size:14px;">您好！ </div>
<div style=""font-size:14px;font-weight:bolder">您好！ </div>
<div style=""font-size:14px;font-style:italic">您好！ </div>
<div style=""font-size:14px;color:red">您好！ </div>
</body>
```

上述代码分别定义了相关属性来控制样式，并且都使用内联式定义样式。用内联式的方法进行样式控制固然简单，但是在维护过程中却非常复杂和难以控制。当需要对页面中的布局进行更改时，需要对每个页面的每个标签的样式进行更改，这无疑增大了工作量。当需要对页面进行布局时，也可以使用嵌入式的方法进行页面布局，示例代码如下：

```
<head>
<title>欢迎您！
</title>
<style type=""text/css">
 .font1
   {
      font-size:14px;
   }
.font2
   {
      font-size:14px;
      font-weight:bolder;
   }
.font3
   {
      font-size:14px;
      font-style:italic;
   }
```

```
.font4
  {
    font-size:14px;
    color:red;
  }
</style>
</head>
```

上述代码分别定义了 4 种样式。这些样式是通过“.”号加样式名称进行定义的。在定义了字体样式后，就可以在相应的标签中使用 class 属性来定义样式，示例代码如下：

```
<body>
<div class="""font1">您好！</div>
<div class="font2">您好！</div>
<div class="font3">您好！</div>
<div class="font4">您好！</div>
</body>
```

这样编写代码在维护上更加方便，只需要找到 head 中的 style 标签，就可以对样式进行全面控制。虽然嵌入式能够解决单个页面的样式问题，但是这只能针对单个页面进行样式控制。在很多网站的开发应用中，虽然大量的页面样式基本相同，但也有少数的页面不相同，这种情况就可以使用外联式。使用外联式时，必须创建一个扩展名为 css 的文件，并在当前页面中添加引用。首先右击“解决方案资源管理器”，添加一个样式表文件，并将其命名为 style.css，然后添加如下代码：

```
.font1
  {
    font-size:14px;
  }
.font2
  {
    font-size:14px;
    font-weight:bolder;
  }
.font3
  {
    font-size:14px;
    font-style:italic;
  }
.font4
  {
    font-size:14px;
    color:red;
  }
```

在编写完成 style.css 文件后，需要在使用该样式表的页面的 head 标签中添加引用。例如：

```
<link href=""style.css" type="text/css" rel="stylesheet"></link>
```

由于添加了对 style.css 文件的引用，浏览器可以在 style.css 文件中找到当前页面的一些样式并进行解析。使用外联式后，页面的 HTML 代码就能够变得简单和整洁，可以很好地将页面布局的代码和 HTML 代码分离。这样不仅能够让多个页面同时使用一个 CSS 样式表进行样式控制，同时在维护过程中，只需要修改相应的 CSS 文件中的样式属性，即可实现该样式在所有的页面中都进行更新操作。这样既减少了工作量，也提高了代码的可维护性。

CSS 不仅能控制字体的样式，还具有强大的样式控制功能，包括背景、边框、边距等属性。这些属性能够为网页布局提供良好的保障，提高 Web 应用的友好度。

9.2.3 创建 CSS

使用 VS 提供的样式创建器，只需要根据它提供的对话框进行一些选择就可以生成满足需要的样式。一般情况下，样式格式设置包含内联式、嵌入式和外联式 3 种。

1. 内联式

内联式样式格式设置是指在网页文件代码中，针对某一个控件、标签等的具体代码中添加的 CSS 样式代码。

【例 9-1】采用内联式 CSS 样式文件方式，设计一个包含按钮、文本框和标签控件的网页文件，效果如图 9-1 所示（Ex9-1.aspx）。

扫码看视频

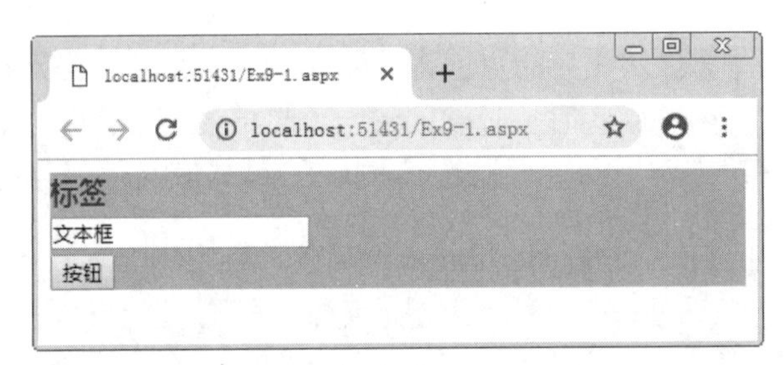

图 9-1 Ex9-1.aspx 运行效果图

Ex9-1.aspx 文件代码如下：

```
<%@ Page Language="C#" AutoEventWireup="true" CodeFile="Ex9-1.aspx.cs" Inherits="Ex9_1" %>
<!DOCTYPE html>
<html xmlns="http://www.w3.org/1999/xhtml">
<head runat="server">
<meta http-equiv="Content-Type" content="text/html; charset=utf-8"/>
    <title></title>
</head>
<body>
    <form id="form1" runat="server">
        <div style="font-size: 14pt; font-weight: bold; font-style: normal; color: #FF0000; font-family: 微软
                    雅黑; background-color: #C0C0C0">
            <asp:Label ID="Label1" runat="server" Text="标签"></asp:Label>
            <br />
            <asp:TextBox ID="TextBox1" runat="server">文本框</asp:TextBox>
            <br />
            <asp:Button ID="Button1" runat="server" Text="按钮" />
        </div>
    </form>
</body>
</html>
```

程序说明：

- 代码<div style="font-size: 14pt; font-weight: bold; font-style: normal; color: #FF0000; font-family: 微软雅黑; background-color: #C0C0C0">，采用的就是内联式 CSS 方法进行格式显示的。
- 根据样式文件的级联性，div 标签内的其他标签在没有特殊说明时，优先采用 div 样式要求显示，如案例中的 Label1 标签文本显示效果。

2. 嵌入式

嵌入式样式是指在网页文件的<head>节内声明的样式格式，样式代码必须包含在“<style type="text/css">”和“</style>”中。网页内的控件或标签调用其中的样式格式。

【例 9-2】采用嵌入式 CSS 样式文件方式，设计一个包含按钮、文本框和标签控件的网页文件，效果如图 9-2 所示（Ex9-2.aspx）。

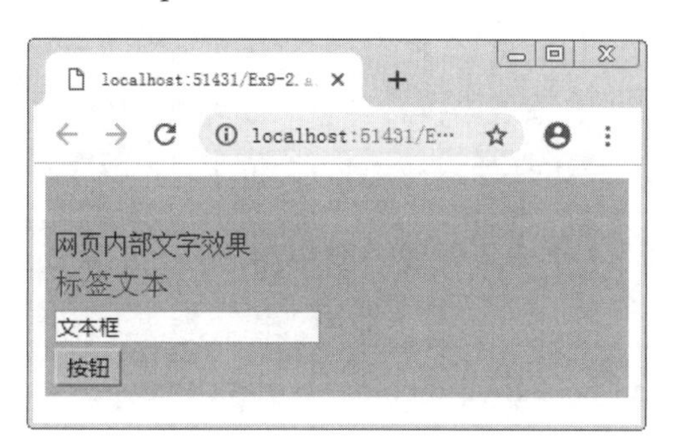

图 9-2　Ex9-2.aspx 运行效果图

Ex9-2.aspx 文件代码如下：

```
<%@ Page Language="C#" AutoEventWireup="true" CodeFile="Ex9-2.aspx.cs" Inherits="Ex9_2" %>
<!DOCTYPE html>
<html xmlns="http://www.w3.org/1999/xhtml">
<head runat="server">
<meta http-equiv="Content-Type" content="text/html; charset=utf-8"/>
    <title></title>
    <style type="text/css">
        div {
            font-family: 宋体, Arial, Helvetica, sans-serif; font-size: 12pt; color: #333333; line-height: 26px;
                background-color: #C0C0C0; padding:6px;
        }
        .btn{
            background-color:#b6ff00; font-size:14px;
        }
        .lbltex{
            font-size: 14pt; color: red;
        }
    </style>
</head>
<body>
```

```
        <form id="form1" runat="server">
            <div>
                网页内部文字效果<br />
                <asp:Label ID="Label1" runat="server" Text="标签文本" CssClass="lbltex"></asp:Label>
                <br />
                <asp:TextBox ID="TextBox1" runat="server" Text="文本框"></asp:TextBox>
                <br />
                <asp:Button ID="Button1" runat="server" Text="按钮" CssClass="btn"/>
            </div>
        </form>
    </body>
    </html>
```

程序说明：

- 在打开网页文件设计视图的基础上，通过依次执行“格式”→“新建样式”命令，在打开的“新建样式”对话框中进行设置，如图 9-3 所示。
- 代码“<style type="text/css">…</style>”位于<head>节中。
- 样式代码中，“div {font-family: 宋体, Arial, Helvetica, sans-serif; font-size: 12pt; color: #333333; line-height: 26px; background-color: #C0C0C0; padding:6px;}”属于元素选择器。网页中 div 元素会自动使用该样式效果，不需要单独声明。
- 样式代码中，“.btn{ background-color:#b6ff00; font-size:14px;}”属于类选择器，网页中的元素运用该样式效果时必须声明，如“<asp:Button ID="Button1" runat="server" Text="按钮" CssClass="btn"/>”。

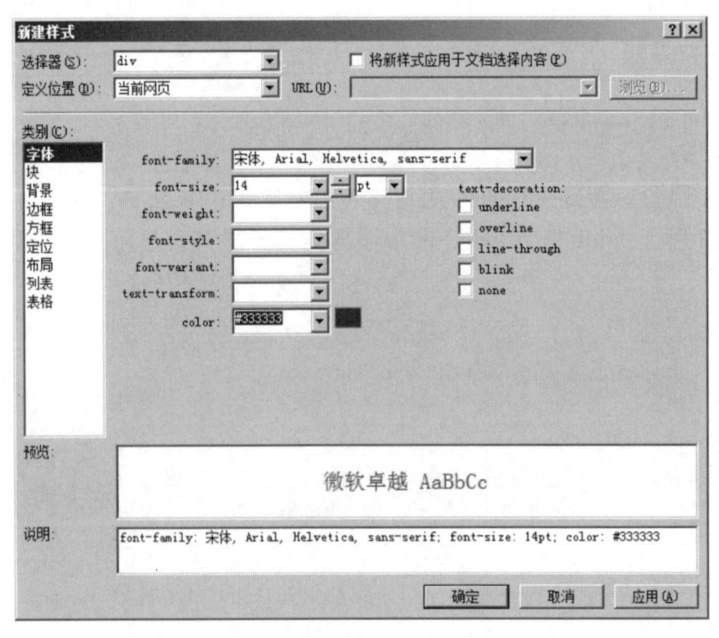

图 9-3 “新建样式”对话框

3. 外联式

外联式样式常用于整个网站，并独立存储为 CSS 样式文件。通过使用<link>元素将外联式样式表链接到网页文件中。一个样式文件可以同时被多个网页文件调用，这就有效地提高了代码的重用率。

【例 9-3】采用外联式 CSS 样式文件方式，重新设计例 9-2。采用 Ex-9-3.css 文件保存样式文件代码（Ex-9-3.css 和 Ex9-3.aspx）。

Ex9-3.aspx 文件代码如下：

```
<%@ Page Language="C#" AutoEventWireup="true" CodeFile="Ex9-3.aspx.cs" Inherits="Ex9_3" %>
<!DOCTYPE html>
<html xmlns="http://www.w3.org/1999/xhtml">
<head runat="server">
<meta http-equiv="Content-Type" content="text/html; charset=utf-8"/>
    <title></title>
    <link href="Ex9-3.css" rel="stylesheet" />
</head>
<body>
    <form id="form1" runat="server">
        <div>
            网页内部文字效果<br />
            <asp:Label ID="Label1" runat="server" Text="标签文本" CssClass="lbltex"></asp:Label>
            <br />
            <asp:TextBox ID="TextBox1" runat="server" Text="文本框"></asp:TextBox>
            <br />
            <asp:Button ID="Button1" runat="server" Text="按钮" CssClass="btn"/>
        </div>
    </form>
</body>
</html>
```

扫码看视频

Ex9-3.css 文件代码如下：

```
div {
    font-family: 宋体, Arial, Helvetica, sans-serif;
    font-size: 12pt;
    color: #333333;
    line-height: 26px;
    background-color: #C0C0C0;
    padding: 6px;
}
.btn {
    background-color: #b6ff00;
    font-size: 14px;
}
.lbltex {
    font-size: 14pt;
    color: red;
}
```

程序说明：

- 用户可以通过“解决方案”右击项目名称，依次执行“添加”→“添加新项”命令，在打开的“添加新项”对话框中，选择“样式表”进行样式文件创建。
- 网页文件调用该样式文件时，将样式文件拖拽到网页文件内部，即可完成操作。此时，网页文件中<head>节会自动添加样式文件应用代码，如“<link href="Ex9-3.css" rel="stylesheet" />”。

9.3 主题

与 CSS 类似，主题是包含定义页面和控件外观的属性集合。其一般包括外观文件和 CSS 样式、图片等的相关文件，并存储在主题文件夹 App_Themes 中。当一个网站存在多个主题文件时，用户就可以通过选择不同主题文件来显示不同风格的网站。

9.3.1 主题

主题是有关页面和控件的外观属性设置的集合，由一组元素组成，包括外观文件、级联样式表（CSS）、图像和其他资源。

主题至少包含外观文件（.skin 文件），它是在网站或 Web 服务器上的特殊目录中定义的。一般把这个特殊目录称为专用目录，这个专用目录的名字为 App_Themes。App_Themes 目录下可以包含多个主题目录，主题目录的命名由程序员自己决定。外观文件等资源也放在主题目录下。图 9-4 所示为一个主题目录结构示例。专用目录 App_Themes 下包含三个主题目录，每个主题目录下包含一个外观文件。

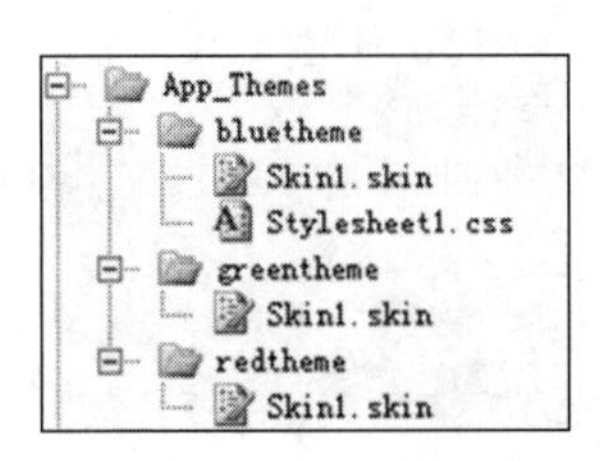

图 9-4　主题目录示例

9.3.2 创建主题

网站主题必须包含至少一个外观文件，也可以包含多个外观文件。网站借助于 theme 属性调用主题文件。

【例 9-4】创建一个网站主题，并在该主题下创建一个外观文件，实现 Label 控件的不同外观设置，效果如图 9-5 所示（Ex9-4.aspx）。

扫码看视频

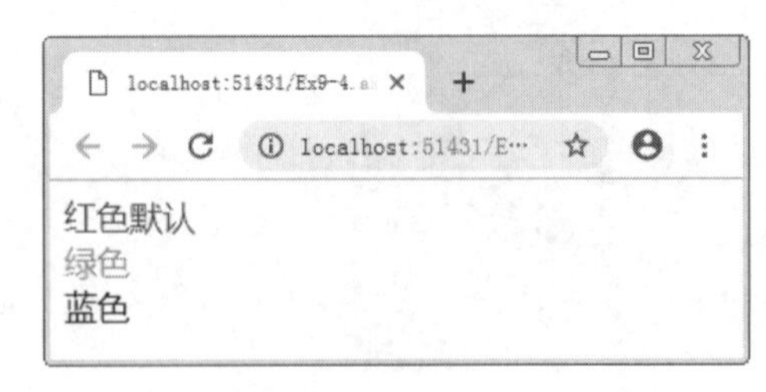

图 9-5　Ex9-4.aspx 运行效果图

具体操作步骤如下：

（1）右击要为之创建主题的网站项目，在弹出的快捷菜单中选择“添加 ASP.NET 文件夹”→“主题”命令。此时系统就会在该网站项目下添加一个名为 App_Themes 的文件夹，并在该文件夹中自动添加一个名为“主题 1”的文件夹。

（2）右击“主题 1”文件夹，在弹出的快捷菜单中选择“重命名”命令，将该主题文件夹名称修改为“redtheme”。右击“redtheme”主题文件夹，选择“添加”→“外观文件”命令，在弹出的“指定项名称”对话框中输入“red”，即可创建并打开“red.skin”文件。

（3）在“red.skin”文件中定义不同类型控件的外观属性，具体的 red.skin 文件代码如下：

```
<asp:Label runat="server" ForeColor="#FF0000" Font-Size="14pt" />
<asp:Label runat="server" ForeColor="#00FF00" Font-Size="14pt" SkinID="lblgreen" />
<asp:Label runat="server" ForeColor="#0000FF" Font-Size="14pt" SkinID="lblblue" />
```

在上述代码中，定义了三种不同的 Label 控件外观。其中，第一种 Label 外观没有定义 SkinID 属性值，表示为默认 Label 外观。定义了 SkinID 属性的两种外观称为已命名外观。在使用已命名外观时，需要设置相应的控件 SkinID 属性。

（4）在网站解决方案上创建一个网页文件，命名为“Ex9-4.aspx”。在网页文件中添加三个 Label 标签控件，分别设置其 Text 属性和 SkinID 属性，代码如下：

```
<%@ Page Language="C#" AutoEventWireup="true" CodeFile="Ex9-4.aspx.cs" Inherits="Ex9_4" %>
<!DOCTYPE html>
<html xmlns="http://www.w3.org/1999/xhtml">
<head runat="server">
<meta http-equiv="Content-Type" content="text/html; charset=utf-8"/>
    <title></title>
</head>
<body>
    <form id="form1" runat="server">
        <div>
            <asp:Label ID="Label1" runat="server" Text="红色默认"></asp:Label>
            <br />
            <asp:Label ID="Label2" runat="server" Text="绿色" SkinID="lblgreen"></asp:Label>
            <br />
            <asp:Label ID="Label3" runat="server" Text="蓝色" SkinID="lblblue"></asp:Label>
        </div>
    </form>
</body>
</html>
```

（5）为了使网页文件调用外观文件，这里需要使用@page 指令的 Theme 或 StylesheetTheme 属性，即修改 Ex9-4.aspx 的首行代码如下：

```
<%@ Page Language="C#" AutoEventWireup="true" CodeFile="Ex9-4.aspx.cs" Inherits="Ex9_4" Theme=
"redtheme" %>
```

（6）按 F5 键运行该网页文件，效果如图 9-5 所示。

9.3.3 应用主题

自定义或从网站下载主题后，就可以在 Web 应用程序中使用主题。使用主题时，有单个网页使用、整个网站所有网页使用，或者部分网页使用等多种情况。

1. *为单个网页应用主题*

在单个网页使用主题时，需要使用@Page 指令的 Themes 或 StylesheetTheme 属性。代码如下：

```
<%@ Page Theme="ThemeName" ... % >
<%@ Page StylesheetTheme="ThemeName" ... % >
```

2. 为网站所用网页使用主题

为了将主题应用于整个项目，可以在项目根目录下的 Web.config 文件中进行配置。示例代码如下：

```
<configuration>
    <system.web>
    <pages theme="ThemeName"></pages>
  </system.web>
</configuration>
```

上述方法可以实现为网站中所有页面应用主题。

若为网站中部分页面设置主题时，往往有两种方法：一种是将相同主题的网页文件放到一个文件夹内，然后在该文件夹中建立 Web.config 文件，从而实现主题配置；一种是在根目录下的 Web.config 文件中通过<Location>元素指定子文件夹，该子文件夹中的网页应用该主题，代码如下：

```
<?xml version="1.0"?>
<configuration>
  <location path="Sonweb">
    <system.web>
      <pages theme="ThemeName"></pages>
    </system.web>
  </location>
</configuration>
```

9.3.4 禁用主题

默认情况下，主题将重写网页和控件外观。如果不使用默认主题属性，而是单独给某些控件或网页预定义外观的话，可以通过禁用主题来实现。具体实现时，是借助网页文件的 EnableTheming 属性来完成，代码如下：

```
<%@   Page   EnableTheming="false" ... % >
```

9.4 动态切换网站外观

一个网站允许有多个主题，一个主题下允许有多个外观文件，可以通过网站代码来实现网站外观的动态修改。

【例 9-5】制作一个网页文件，实现根据用户选择改变网页外观，运行效果如图 9-6 所示（Ex9-5.aspx）。

扫码看视频

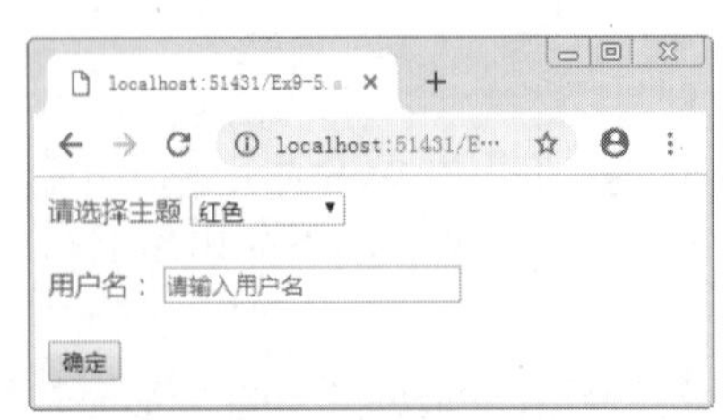

图 9-6　Ex9-5.aspx 运行效果图

Ex9-5.aspx 文件代码如下：

```
<%@ Page Language="C#" AutoEventWireup="true" CodeFile="Ex9-5.aspx.cs" Inherits="Ex9_5" %>
<!DOCTYPE html>
<html xmlns="http://www.w3.org/1999/xhtml">
<head runat="server">
<meta http-equiv="Content-Type" content="text/html; charset=utf-8"/>
    <title></title>
</head>
<body>
    <form id="form1" runat="server">
        <div>
            <asp:Label ID="Label2" runat="server" Text="请选择主题" EnableTheming="true">
                        </asp:Label>
            <asp:DropDownList ID="ddl0" runat="server" AutoPostBack="True">
                <asp:ListItem Value="0" Selected="True">请选择主题</asp:ListItem>
                <asp:ListItem Value="red">红色</asp:ListItem>
                <asp:ListItem Value="green">绿色</asp:ListItem>
                <asp:ListItem Value="blue">蓝色</asp:ListItem>
            </asp:DropDownList>
            <br />
            <br />
            <asp:Label ID="Label1" runat="server" Text="用户名：" EnableTheming="true"></asp:Label>
            <asp:TextBox ID="TextBox1" runat="server" EnableTheming="true">请输入用户名
                        </asp:TextBox>
            <br />
            <br />
            <asp:Button ID="Button1" runat="server" Text="确定"   EnableTheming="false"/>
        </div>
    </form>
</body>
</html>
```

Ex9-5.aspx.cs 文件的 Page_PreInit 事件代码如下：

```
protected void Page_PreInit(object sender, EventArgs e)
    {
        if (Request["ddl0"] != "0")
            Page.Theme = Request["ddl0"];
    }
```

同时，在 App_Themes 主题文件夹中分别创建 red、blue 和 green 三个主题，并分别在各主题下创建 red.skin、blue.skin 和 green.skin 外观文件。三个外观文件的代码仅有颜色（red，blue，green）区别，代码结构雷同。

red.skin 的代码如下：

```
<asp:Label runat="server" ForeColor="red" />
<asp:TextBox runat="server" ForeColor="red" />
<asp:Button runat="server" ForeColor="red" />
```

blue.skin 的代码如下：

```
<asp:Label runat="server" ForeColor="blue" />
<asp:TextBox runat="server" ForeColor="blue" />
```

```
<asp:Button runat="server" ForeColor="blue" />
<asp:Button runat="server" ForeColor="red" />
```

green.skin 的代码如下：

```
<asp:Label runat="server" ForeColor="green" />
<asp:TextBox runat="server" ForeColor="green" />
<asp:Button runat="server" ForeColor="green" />
```

程序说明：

- 由于后台代码要动态地引用 theme 实现页面主题变化，必须设置 Page.Theme 属性。而该属性要求必须在页面请求的最早期应用，即必须在页面初始化之前来定义，所以代码写在了在 Page_PreInit 事件中。
- Page_PreInit 事件中，通过获取 DropDownList 控件的值实现了动态改变 Page.Theme 值的目的。
- red.skin 外观文件代码分别设置了 Label、TextBox 和 Button 控件的 ForeColor 属性为 red。当 Label、TextBox 和 Button 控件的 EnableTheming 属性为 true 时，控件文本颜色显示为红色。页面中，Button1 控件由于 EnableTheming="false"，所以各元素外观不会发生改变。

9.5 知识拓展

9.5.1 用户控件

在 ASP.NET 页面设计过程中，除了可以使用 Web 服务器控件外，用户还可以根据自己的需要创建自定义控件，一般包括 Web 用户控件和自定义控件两种。创建 Web 用户控件和自定义控件都是为了实现代码的重用，提高开发效率。创建 Web 用户控件要比创建自定义控件方便很多，因为它可以重用现有的控件进行创建，相比自定义控件编译代码方式更易于实现，所以被广泛使用。用户控件是一种复合类控件，工作原理类似于网页文件本身，能够包含当前已有的 Web 服务器控件，并可定义控件属性和方法，常被用于统一网页布局风格。

用户控件与网页文件相似，可以同时具备用户界面和方法代码。操作时，可以采取和创建网页窗体类似的方式创建用户控件，然后向其中添加所需的控件，最后根据需要添加方法代码。需要注意的是，为用户控件文件命名时不要和已有的网页文件重名，以免在网站生成时产生冲突。用户控件和 Web 网页窗体文件的区别如下：

（1）用户控件的扩展名为 ascx，而网页文件的扩展名为 aspx。

（2）用户控件没有@page 指令，但包括@Control 指令。

（3）用户控件不能单独运行，必须被包含在其他网页文件中才可以使用。

（4）用户控件中不能使用<html>、<head>、<body>和<form>等元素，这些元素必须在宿主网页中使用。

扫码看视频

【例 9-6】创建一个 Web 用户控件用于显示用户信息，并根据用户权限的不同显示不同的超链接，从而实现网页的分权限导航（Ex9-6.aspx）。

具体操作步骤如下：

（1）在解决方案管理器中右击站点文件，在弹出的快捷菜单中选择“添加新项”命令，在弹出的对话框中选择“Web 用户控件”选项，命名为 E906.ascx。单击“添加”按钮，即可添加一个 Web 用户控件，并启动其编辑窗口。

（2）在 E906.ascx 用户控件编辑界面，依次添加服务器控件 Label、LinkButton 和 HyperLink，并设置相关属性。具体代码如下：

```
<%@ Control Language="C#" AutoEventWireup="true" CodeFile="E906.ascx.cs" Inherits="E906" %>
<asp:Label ID="lblmes" runat="server"></asp:Label>
<br />
<asp:LinkButton ID="lbtnuser" runat="server" OnClick="lbtnuser_Click">登录</asp:LinkButton> 
<asp:HyperLink ID="hplgo" runat="server" NavigateUrl="Ex9-6(2).aspx" Target="_self" Visible="False">后
台管理中心</asp:HyperLink>
```

（3）双击 E906.ascx 用户控件中的 LinkButton 控件，进入用户控件的后台代码编辑区，依次输入 lbtnuser_Click 事件和 Page_Load 事件的代码，完成后保存文件。具体代码如下：

```
protected void Page_Load(object sender, EventArgs e)
    {
        if(Session["uname"]!=null)
        {
            lblmes.Text = "用户名：" + Session["uname"].ToString() + "<br/>角色：" + Session["utype"].
                        ToString();
            lbtnuser.Text = "退出";
            if (Session["utype"].ToString() == "管理员")
                hplgo.Visible = true;
            else
                hplgo.Visible = false;
        }
        else
        {
            lblmes.Text = "未登录用户";
            lbtnuser.Text = "登录";
            hplgo.Visible = false;
        }
    }

    protected void lbtnuser_Click(object sender, EventArgs e)
    {
        if (lbtnuser.Text == "登录")
            Response.Redirect("Ex9-6(1).aspx");
        else
        {
            Session.Clear();
            Response.Redirect("Ex9-6.aspx");
        }
    }
```

（4）在解决方案管理器中添加一个 Web 窗体文件 Ex9-6.aspx，打开其编辑窗体，将解决方案管理器中的 E906.ascx 用户控件拖拽至该文件中，从而实现网页文件应用用户控件的目的，保存文件。Ex9-6.aspx 的具体代码如下：

```
<%@ Page Language="C#" AutoEventWireup="true" CodeFile="Ex9-6.aspx.cs" Inherits="Ex9_6" %>
<%@ Register src="E906.ascx" tagname="E906" tagprefix="uc1" %>
```

```
<!DOCTYPE html>
<html xmlns="http://www.w3.org/1999/xhtml">
<head runat="server">
<meta http-equiv="Content-Type" content="text/html; charset=utf-8"/>
    <title></title>
</head>
<body>
    <form id="form1" runat="server">
        <div>
            <uc1:E906 ID="E9061" runat="server" />
        </div>
    </form>
</body>
</html>
```

（5）在解决方案管理器中添加一个 Web 窗体文件 Ex9-6(1).aspx，设计其为用户登录界面，具体网页前台代码如下：

```
<%@ Page Language="C#" AutoEventWireup="true" CodeFile="Ex9-6(1).aspx.cs" Inherits="Ex9_6(1)" %>
<!DOCTYPE html>
<html xmlns="http://www.w3.org/1999/xhtml">
<head runat="server">
<meta http-equiv="Content-Type" content="text/html; charset=utf-8"/>
    <title></title>
</head>
<body>
    <form id="form1" runat="server">
        <div>
            用户名：<asp:TextBox ID="txtname" runat="server"></asp:TextBox>
            <br />
            密码：<asp:TextBox ID="txtpwd" runat="server"></asp:TextBox>
            <br />
            角色：<asp:DropDownList ID="ddltype" runat="server">
                <asp:ListItem Selected="True">普通用户</asp:ListItem>
                <asp:ListItem>管理员</asp:ListItem>
            </asp:DropDownList>
            <br />
            <asp:Button ID="Button1" runat="server" OnClick="Button1_Click" Text="登录" />
        </div>
    </form>
</body>
</html>
```

（6）Ex9-6(1).aspx 页面中的“登录”按钮的后台代码如下：

```
protected void Button1_Click(object sender, EventArgs e)
    {
            Session["uname"] = txtname.Text;
            Session["utype"] = ddltype.SelectedValue;
            Response.Redirect("Ex9-6.aspx");
    }
```

（7）在解决方案管理器中添加一个 Web 窗体文件 Ex9-6(2).aspx，设计其为网页后台管理界面，具体网页前台代码如下：

```
<%@ Page Language="C#" AutoEventWireup="true" CodeFile="Ex9-6(2).aspx.cs" Inherits="Ex9_6(2)" %>
<!DOCTYPE html>
<html xmlns="http://www.w3.org/1999/xhtml">
<head runat="server">
<meta http-equiv="Content-Type" content="text/html; charset=utf-8"/>
    <title></title>
</head>
<body>
    <form id="form1" runat="server">
        <div>
            <asp:Label ID="lbluser" runat="server" Text="Label"></asp:Label>
            的管理后台</div>
    </form>
</body>
</html>
```

（8）Ex9-6(2).aspx 网页文件的 Page_Load 事件代码如下：

```
protected void Page_Load(object sender, EventArgs e)
    {
        lbluser.Text = Session["uname"].ToString();
    }
```

（9）设置 Ex9-6.aspx 为起始页，按 F5 启动网页，由于当前无用户登录信息，其效果如图 9-7 所示。

（10）单击“登录”链接转到用户登录页面 Ex9-6(1).aspx，依次输入用户名和密码，并选择角色为“管理员”，效果如图 9-8 所示。

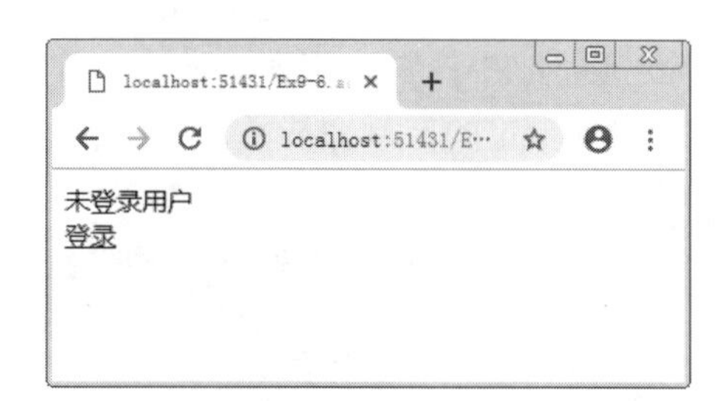

图 9-7　Ex9-6.aspx 运行效果图

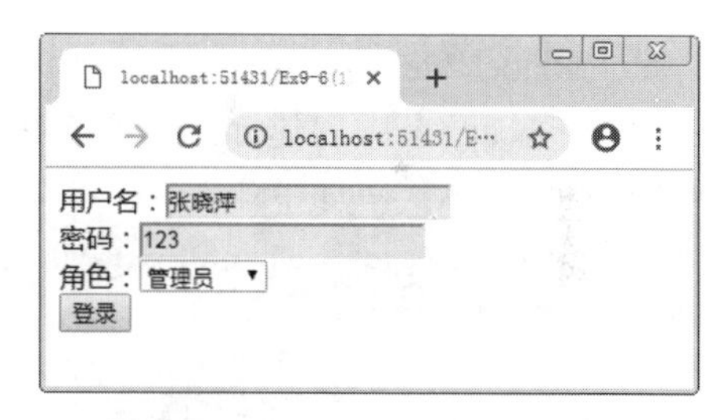

图 9-8　Ex9-6(1).aspx 运行效果图

（11）单击“登录”按钮，转到用户信息显示页面 Ex9-6.aspx，效果如图 9-9 所示。

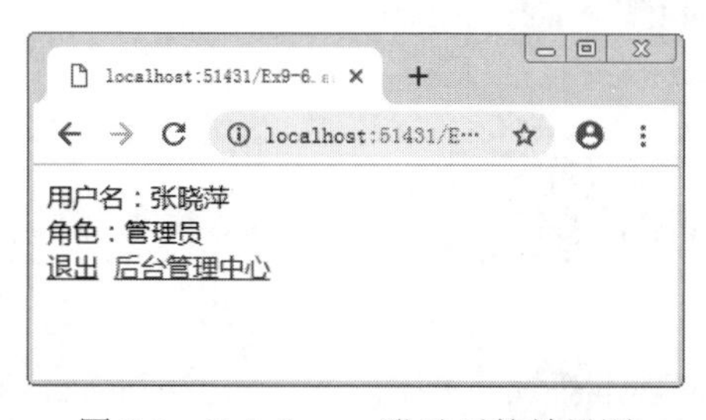

图 9-9　Ex9-6.aspx 登录后的效果图

（12）由于登录时选择了管理员角色，所以页面会显示出“后台管理中心”的超链接。如果登录时选择的是普通用户，则不出现该超链接。单击“后台管理中心”超链接转到后台管理界面；单击“退出”按钮会清除登录信息。

9.5.2 母版页

母版是统一网站页面的重要手段，可以有效降低网站开发和维护成本。母版页为页面定义所需的外观和标准行为，使用时，在母版页基础上创建要显示的各个内容页。当用户请求内容页时，内容页将与母版页合并输出。

母版页是具有扩展名 master 的 ASP.NET 文件，可以包括静态文本、HTML 元素和服务器控件的预定义布局。母版页由特殊的@Master 指令识别，该指令替换了用于普通.aspx 页的@Page 指令。除 Master 指令外，母版页还包含其他 XHTML 元素，如<html>、<head>和<form>。母版页需要包含一个或多个占位符控件 ContentPlaceHolder，这些占位符控件将来会被内容页所代替。

母版页文件的扩展名为 master，内容页通过 MasterPageFile 属性指定母版页的路径。内容页有与母版页相对应的 Content 控件，并借助于 ContentPlaceHolderID 属性与母版页中的 ContentPlaceHolder 控件相联系。

扫码看视频

【例 9-7】创建一个母版页，并利用该母版页创建两个内容页，实现两个网页结构一致（Ex9-7.aspx）。

（1）在解决方案管理器中右击站点文件，在弹出的快捷菜单中选择“添加新项”命令，在弹出的对话框中选择“母版页”选项，命名为 E907.master，单击“添加”按钮，即可添加一个母版页，并启动其编辑窗口。

（2）在母版页 E907.master 编辑区，在 body 中依次添加<header>、<section>和<footer>节，分别作为网页的导航区、内容区和版权区。将可编辑区代码“<asp:ContentPlaceHolder ID="ContentPlaceHolder1" runat="server"></asp:ContentPlaceHolder>”移动到<section>节里。

（3）在<head>节中创建样式，并将相应的样式引用到指定的节，完成后保存文件。母版页 E907.master 具体代码如下：

```
<%@ Master Language="C#" AutoEventWireup="true" CodeFile="E907.master.cs" Inherits="E907" %>
<!DOCTYPE html>
<html>
<head runat="server">
    <meta http-equiv="Content-Type" content="text/html; charset=utf-8" />
    <title></title>
    <asp:ContentPlaceHolder ID="head" runat="server">
    </asp:ContentPlaceHolder>
    <style type="text/css">
        .h1 {
            background-color: red; padding:6px;color:white; text-align:center;font-size:14pt;
        }
        .c1{
            background-color:white; color:black; text-align:left;font-size:12pt;
        }
        .f1{
            background-color: blue; padding:6px;color:white; text-align:center;font-size:12pt;
        }
    </style>
```

```
</head>
<body>
    <form id="form1" runat="server">
        <div>
            <header class="h1">
                网页导航区</header>
            <section class="c1">
                <asp:ContentPlaceHolder ID="ContentPlaceHolder1" runat="server">
                </asp:ContentPlaceHolder>
            </section>
            <footer class="f1">
                网站版权区</footer>
        </div>
    </form>
</body>
</html>
```

（4）在解决方案管理器中右击站点文件，依次执行“添加新项”→“Web 窗体”命令，修改文件名称为“Ex9-7.aspx”。在“添加新项”对话框中勾选“选择母版页”选项，然后单击“添加”按钮，在弹出的对话框中选择“母版页”选项，命名为 E907.master。单击“添加”按钮，在打开的“选择母版页”对话框中选择 E907.master 母版文件，然后单击“确定”按钮，即完成了基于母版页的内容页创建，并启动 Ex9-7.aspx 编辑页面。

（5）在 Ex9-7.aspx 文件的代码编辑区输入相关内容，保存文件。具体代码如下：

```
<%@ Page Title="" Language="C#" MasterPageFile="~/E907.master" AutoEventWireup="true"
CodeFile="Ex9-7.aspx.cs" Inherits="Ex9_7" %>
<asp:Content ID="Content1" ContentPlaceHolderID="head" Runat="Server">
</asp:Content>
<asp:Content ID="Content2" ContentPlaceHolderID="ContentPlaceHolder1" Runat="Server">
    这里是第一个内容页的内容，左对齐的哟！
</asp:Content>
```

（6）运行 Ex9-7.aspx 网页，效果如图 9-10 所示。

（7）利用同样的操作方法，完成创建 Ex9-7(2).aspx 内容网页的创建，运行效果如图 9-11 所示。

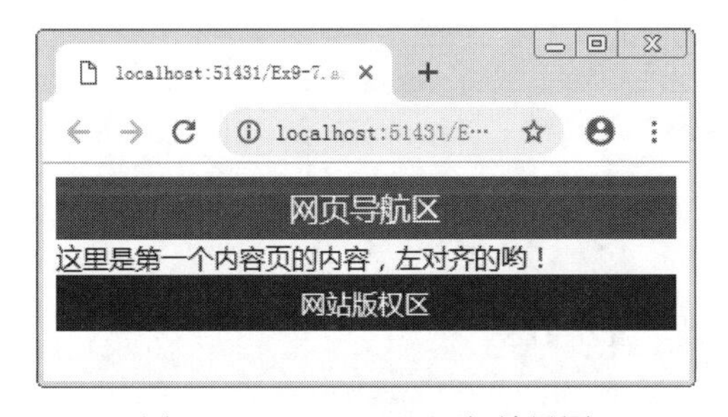

图 9-10　Ex9-7.aspx 运行效果图

图 9-11　Ex9-7(2).aspx 运行效果图

第10章　页面导航

【学习目标】

通过本章知识的学习，读者可对页面导航和站点地图有一个初步的了解，并应理解页面导航和站点地图在网站开发中的作用。结合案例掌握 TreeView、Menu、SiteMapPathSite 和 MapDataSource 等控件的使用方法，并利用本章的知识完成网站后台管理的页面实现。通过本章内容的学习，读者可以达到以下学习目的:

- 理解站点地图和页面导航的含义。
- 熟练掌握页面导航控件 TreeView、Menu 和 SiteMapPath 的使用方法。
- 掌握 SiteMapDataSource 控件的使用方法。

10.1　情景分析

一个完整的网站都是由若干个网页文件组成的，一些大型网站都会包括很多个页面。为了实现这些页面之间的链接和跳转，早期的开发者都是通过超链接来实现的。一旦网页改名就必须修改多个相关的链接路径，维护难度大。而采用页面导航可以创建页面的集中网站地图，使得网页间的导航管理变得非常简单。

作为企业网站的管理后台，往往存在着多个网络链接路径，如新闻管理下的新闻添加、新闻编辑、新闻删除等。本章的网站后台管理页面设计，就是借助页面导航功能来实现的，最终运行效果如图 10-1 所示。

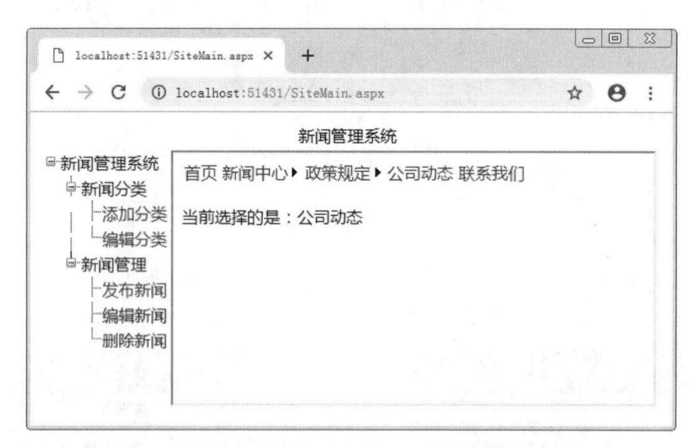

图 10-1　网站后台管理页面效果图

10.2　站点地图

ASP.NET 导航系统的目标是创建网站所有页面集中的站点地图，使得网站中的页面管理变得轻松简单。要为站点创建一致的、容易管理的导航解决方案，可以使用 ASP.NET 页面导航功能。ASP.NET 页面导航能够将指向所有页面的链接存储在一个位置，并在列表中呈现这些链接，或用一个特定的 Web 服务器控件在每页上呈现导航菜单。ASP.NET 中的导航控件主要有 SiteMapPath 控件、Menu 控件和 TreeView 控件。

10.2.1 TreeView 控件

TreeView 控件以树状结构显示菜单的节点，利用 TreeView 控件可以实现页面导航，也可以显示 XML、表格或关系数据。可以说，凡是树形层次结构的数据都可以采用该控件。TreeView 控件中每个项都称为一个节点，每一个节点都有一个 TreeNode 对象。节点分为根节点、父节点、子节点和叶节点。最上层是根节点，没有子节点的节点称为叶节点。

【例 10-1】使用 TreeView 控件创建一个页面导航，效果如图 10-2 所示（Ex10-1.aspx）。

图 10-2　Ex10-1.aspx 运行效果图

（1）在解决方案的网站上右击，添加一个 Web 窗体文件 Ex10-1.aspx。

（2）在 Ex10-1.aspx 设计视图下，双击工具箱中的导航组下的 TreeView 控件，将该控件添加到页面文件中。

（3）选择 TreeView 控件，单击右上角的 TreeView 任务，选择“编辑节点”命令，在弹出的“TreeView 节点编辑器”对话框中为 TreeView 控件添加根节点和子节点，如图 10-3 所示。

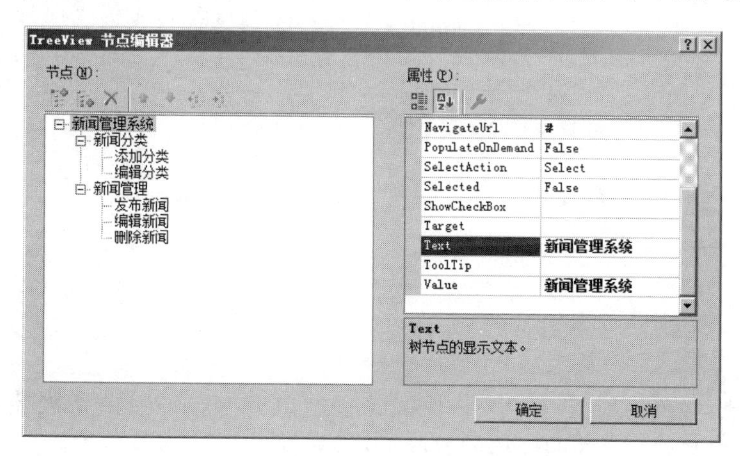

图 10-3　“TreeView 节点编辑器”对话框

（4）单击“确定”按钮，完成 TreeView 控件设置。

（5）选择该 TreeView 控件，在属性窗口中设置 ShowLines 属性为 True，即显示节点间的连接线。

（6）选择该 TreeView 控件，在其事件窗口中双击 OnSelectedNodeChanged 属性，设置其后台代码如下：

```
protected void TreeView1_SelectedNodeChanged(object sender, EventArgs e)
    {
        Response.Write(TreeView1.SelectedValue);
    }
```

（7）完成后保存文件，按 F5 键运行。

Ex10-1.aspx 的具体代码如下：

```
<%@ Page Language="C#" AutoEventWireup="true" CodeFile="Ex10-1.aspx.cs" Inherits="Ex10_1" %>
<!DOCTYPE html>
<html xmlns="http://www.w3.org/1999/xhtml">
<head runat="server">
<meta http-equiv="Content-Type" content="text/html; charset=utf-8"/>
    <title></title>
</head>
<body>
    <form id="form1" runat="server">
        <div>
            <asp:TreeView ID="TreeView1" runat="server" OnSelectedNodeChanged=
                            "TreeView1_SelectedNodeChanged" ShowLines="True">
                <Nodes>
                    <asp:TreeNode NavigateUrl="#" Text="新闻管理系统" Value="新闻管理系统">
                        <asp:TreeNode Text="新闻分类" Value="新闻分类">
                            <asp:TreeNode Text="添加分类" Value="添加分类"></asp:TreeNode>
                            <asp:TreeNode Text="编辑分类" Value="编辑分类"></asp:TreeNode>
                        </asp:TreeNode>
                        <asp:TreeNode Text="新闻管理" Value="新闻管理">
                            <asp:TreeNode Text="发布新闻" Value="发布新闻"></asp:TreeNode>
                            <asp:TreeNode Text="编辑新闻" Value="编辑新闻"></asp:TreeNode>
                            <asp:TreeNode Text="删除新闻" Value="删除新闻"></asp:TreeNode>
                        </asp:TreeNode>
                    </asp:TreeNode>
                </Nodes>
            </asp:TreeView>
        </div>
    </form>
</body>
</html>
```

程序说明：

- TreeView 控件中的节点主要有 Text、ImageUrl 和 NavigateUrl 等属性，分别表示节点的名称、节点显示的图标和该节点的链接地址。
- TreeView 控件本身主要有 SelectedNode、SelectedValue 和 ShowLines 等属性，分别表示 TreeView 控件被选中的节点、控件被选中的节点值和是否显示节点间的连接线。

- TreeView 控件的 SelectedNodeChanged 事件属性，表示在该控件节点的选择改变时触发该事件。它是 TreeView 控件的关键事件。

10.2.2　Menu 控件

Menu 控件和 TreeView 控件具有相同的功能，只是外观不同。Menu 控件具有静态和动态两种显示模式。静态模式意味着 Menu 控件始终是展开的，整个结构都是可视的，用户可以单击任何部位。在以动态模式显示的菜单中，只有指定的部分是静态的，只有当用户将鼠标指针放在某菜单项的父节点上时才会显示其子菜单项。

Menu 控件的使用方法和 TreeView 控件类似，可以直接配置其各节点的内容，也可以使用绑定到数据源的方式来指定其内容。

【例 10-2】使用 Menu 控件创建一个页面导航菜单，效果如图 10-4 所示（Ex10-2.aspx）。

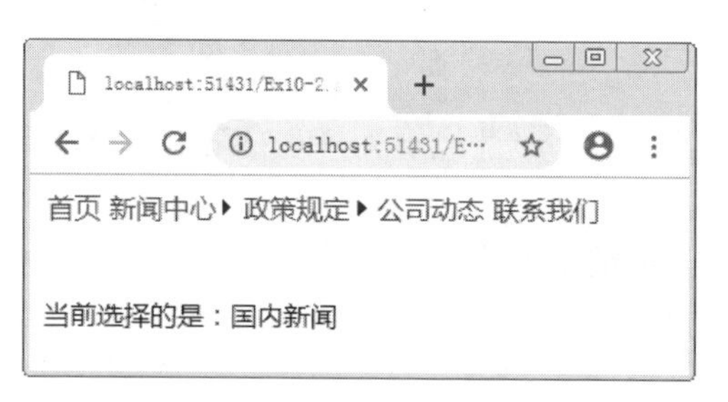

图 10-4　Ex10-2.aspx 运行效果图

Ex10-2.aspx 文件代码如下：

```
<%@ Page Language="C#" AutoEventWireup="true" CodeFile="Ex10-2.aspx.cs" Inherits="Ex10_2" %>
<!DOCTYPE html>
<html xmlns="http://www.w3.org/1999/xhtml">
<head runat="server">
<meta http-equiv="Content-Type" content="text/html; charset=utf-8"/>
    <title></title>
</head>
<body>
    <form id="form1" runat="server">
        <div>
            <asp:Menu ID="Menu1" runat="server" OnMenuItemClick="Menu1_MenuItemClick"
                        Orientation="Horizontal">
                <Items>
                    <asp:MenuItem Text="首页" Value="首页"></asp:MenuItem>
                    <asp:MenuItem Text="新闻中心" Value="新闻中心">
                        <asp:MenuItem Text="国际新闻" Value="国际新闻"></asp:MenuItem>
                        <asp:MenuItem Text="国内新闻" Value="国内新闻"></asp:MenuItem>
                    </asp:MenuItem>
                    <asp:MenuItem Text="政策规定" Value="政策规定">
                        <asp:MenuItem Text="法律法规" Value="法律法规"></asp:MenuItem>
                        <asp:MenuItem Text="行业规定" Value="行业规定"></asp:MenuItem>
                    </asp:MenuItem>
                    <asp:MenuItem Text="公司动态" Value="公司动态"></asp:MenuItem>
```

```
                <asp:MenuItem Text="联系我们" Value="联系我们"></asp:MenuItem>
            </Items>
        </asp:Menu>
        <br />
        当前选择的是：<asp:Label ID="lblmes" runat="server" Text="Label"></asp:Label>
    </div>
  </form>
</body>
</html>
```

Ex10-2.aspx.cs 文件主要代码如下：

```
protected void Menu1_MenuItemClick(object sender, MenuEventArgs e)
    {
        lblmes.Text = Menu1.SelectedValue;
    }
```

程序说明：

- Menu 控件的 Orientation 属性设置为 Horizontal，表示该控件水平排列。该属性为 Vertical 时表示垂直排列。
- Menu 控件的 MenuItemClick 事件在单击 Menu 控件的选择项时被激发，常用于获取当前选择项信息的读取。

10.2.3 SiteMapPath

SiteMapPath 控件是一个页面导航控件，该控件显示的内容为当前页面的位置，同时显示返回到主页的路径连接。SiteMapPath 控件不需要数据源，可以绑定网站地图文件 Web.sitemap。网站地图是用于描述网站中各个页面的层次结构的文件。

【例 10-3】使用 Menu 控件创建一个页面导航菜单，效果如图 10-5 所示（Ex10-3.aspx）。

扫码看视频

图 10-5　Ex10-3.aspx 运行效果图

具体操作步骤如下：

（1）在解决方案的网站上右击，依次执行“添加”→“添加新项”命令，在打开的“添加新项”窗口选择“站点地图”项，创建网站的站点地图 Web.sitemap。

（2）在站点地图 Web.sitemap 的编辑界面，输入以下代码。

```
<?xml version="1.0" encoding="utf-8" ?>
<siteMap xmlns="http://schemas.microsoft.com/AspNet/SiteMap-File-1.0" >
  <siteMapNode url="Default.aspx" title="首页"  description="返回到首页">
    <siteMapNode url="" title=""  description="新闻中心">
      <siteMapNode url="Ex10-1.aspx" title="国际新闻"  description="" />
      <siteMapNode url="Ex10-2.aspx" title="国内新闻"  description="" />
    </siteMapNode>
```

```
        <siteMapNode url="" title="政策规定"  description="">
            <siteMapNode url="" title="法律法规"  description="" />
            <siteMapNode url="Ex10-3.aspx" title="行业规定 Ex10-3"  description="" />
        </siteMapNode>
        <siteMapNode url="" title="公司动态"  description="" />
        <siteMapNode url="" title="联系我们"  description="" />
    </siteMapNode>
</siteMap>
```

（3）保存站点地图文件 Web.sitemap，再在解决方案中添加一个 Web 窗体文件 Ex10-3.aspx。

（4）在 Ex10-3.aspx 文件的设计视图中，添加一个 SiteMapPath 控件。保存文件。按 F5 键运行。

10.3　网站后台管理页面

扫码看视频

动态网站后台管理系统是网站开发必不可少的内容，当管理员输入用户名和密码并成功登录网站后台管理系统后，可以进行后台管理。后台管理系统一般是在页面左边显示树状管理菜单，用户通过选择不同的节点来跳转到不同的功能菜单。下面对网站后台管理页面开发进行详细介绍。

（1）在解决方案的网站上添加一个 Web 窗体，命名为 SiteMain.aspx。

（2）在设计视图下，添加一个两行两列的表格，并将第一行的两个单元格合并，输入“新闻管理系统”，设置文本居中对齐。

（3）复制例 Ex10-1 中的 TreeView 控件到表格第二行左侧单元格中，删除其 OnSelectedNodeChanged 事件属性值。

（4）设置第二行左侧单元格水平方向左对齐，垂直方向顶端对齐。

（5）切换到页面“源”视图，在表格第二行右侧单元格内输入代码如下：

```
<iframe name="fcontent" id="iframe1" frameborder="1px" style="width: 465px; height: 238px;
    margin-left: 0px;">
</iframe>
```

（6）设置 TreeView 控件的节点属性。每一个节点的 Target 属性为“fcontent”（必须与上述代码中的 iframe 对象的 name 属性值一致）；每一个节点的 NavigateUrl 属性指向链接页面。完成设置后保存文件。

SiteMain.aspx 文件的代码如下：

```
<%@ Page Language="C#" AutoEventWireup="true" CodeFile="SiteMain.aspx.cs" Inherits="SiteMain" %>
<!DOCTYPE html>
<html xmlns="http://www.w3.org/1999/xhtml">
<head runat="server">
    <meta http-equiv="Content-Type" content="text/html; charset=utf-8" />
    <title></title>
    <style type="text/css">
        .auto-style1 {
            width: 500px;
        }
```

```
    </style>
</head>
<body>
    <form id="form1" runat="server">
        <div>
            <table class="auto-style1">
                <tr>
                    <td colspan="2" style="text-align: center">新闻管理系统</td>
                </tr>
                <tr>
                    <td style="vertical-align: top; text-align: left">
                        <asp:TreeView ID="TreeView1" runat="server" ShowLines="True">
                            <Nodes>
                                <asp:TreeNode NavigateUrl="#" Text="新闻管理系统" Value="新闻
                                管理系统">
                                    <asp:TreeNode Text="新闻分类" Value="新闻分类">
                                        <asp:TreeNode Text="添加分类" Value="添加分类"
                                            NavigateUrl="~/Ex10-1.aspx" Target="fcontent">
                                            </asp:TreeNode>
                                        <asp:TreeNode Text="编辑分类" Value="编辑分类"
                                            NavigateUrl="~/Ex10-2.aspx" Target="fcontent">
                                            </asp:TreeNode>
                                    </asp:TreeNode>
                                    <asp:TreeNode Text="新闻管理" Value="新闻管理">
                                        <asp:TreeNode Text="发布新闻" Value="发布新闻"
                                            NavigateUrl="~/Ex10-3.aspx" Target="fcontent">
                                            </asp:TreeNode>
                                        <asp:TreeNode Text="编辑新闻" Value="编辑新闻">
                                            </asp:TreeNode>
                                        <asp:TreeNode Text="删除新闻" Value="删除新闻">
                                            </asp:TreeNode>
                                    </asp:TreeNode>
                                </asp:TreeNode>
                            </Nodes>
                        </asp:TreeView>
                    </td>
                    <td class="auto-style2">
                        <iframe name="fcontent" id="iframe1" frameborder="1px" style="width: 465px;
                            height: 238px; margin-left: 0px;"></iframe>
                    </td>
                </tr>
            </table>
        </div>
    </form>
</body>
</html>
```

10.4　知识拓展

10.4.1　站点地图

ASP.NET 站点地图的数据是基于 XML 的文本文件，使用 sitemap 扩展名。站点地图必须保存在 Web 应用程序或网站的根目录下。一个站点可能会使用多个站点地图文件。Web 应用程序或网站启动时，将站点地图数据作为静态数据进行加载。当更改地图文件时，ASP.NET 会重新加载站点地图数据。

站点地图文件的根节点是 SiteMap，包含 SiteMapNode 节点。每一个 SiteMapNode 节点还可以嵌套多个 SiteMapNode 节点。SiteMapNode 节点具有 title、url 和 description 三个重要属性。其中，title 表示显示页面的标题；url 表示节点描述的页面的地址；description 表示对指向页面的描述。

【例 10-4】创建一个站点地图（Web.sitemap），实现页面导航。运行效果如图 10-6 所示。

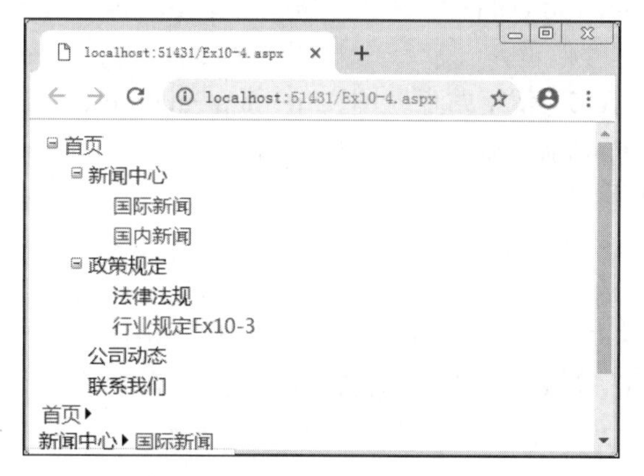

图 10-6　Ex10-4.aspx 运行效果图

具体操作步骤如下：

（1）在网站解决方案上右击，依次执行“添加”→“添加新项”命令，在打开的“添加新项”对话框中选择“站点地图”选项，将其命名为“Web.sitemap”。

（2）单击“添加”按钮，启动站点地图的创建。默认站点地图文件包含基础代码如下：

```
<?xml version="1.0" encoding="utf-8" ?>
<siteMap xmlns="http://schemas.microsoft.com/AspNet/SiteMap-File-1.0" >
  <siteMapNode url="" title=""  description="">
    <siteMapNode url="" title=""  description="" />
    <siteMapNode url="" title=""  description="" />
  </siteMapNode>
</siteMap>
```

（3）在上面代码的基础上进行修改、添加，从而完成站点地图的创建。最终 Web.sitemap 文件代码如下：

```
<?xml version="1.0" encoding="utf-8" ?>
<siteMap xmlns="http://schemas.microsoft.com/AspNet/SiteMap-File-1.0" >
```

```
    <siteMapNode url="Default.aspx" title="首页"  description="返回到首页">
      <siteMapNode url="" title="新闻中心"  description=" ">
        <siteMapNode url="Ex10-1.aspx" title="国际新闻"  description="" />
        <siteMapNode url="Ex10-2.aspx" title="国内新闻"  description="" />
      </siteMapNode>
      <siteMapNode url="" title="政策规定"  description="">
        <siteMapNode url="" title="法律法规"  description="" />
        <siteMapNode url="Ex10-3.aspx" title="行业规定 Ex10-3"  description="" />
      </siteMapNode>
      <siteMapNode url="" title="公司动态"  description="" />
      <siteMapNode url="" title="联系我们"  description="" />
    </siteMapNode>
  </siteMap>
```

10.4.2 SiteMapDataSource 控件

SiteMapDataSource 是一个数据源控件，Web 服务器控件及其他控件可使用该控件绑定到分层的站点地图数据。SiteMapDataSource 控件是站点地图数据的数据源。站点地图由为站点配置的站点地图程序进行存储。

扫码看视频

【例 10-5】使用站点地图、SiteMapDataSource、TreeView 和 Menu 控件实现多种页面导航，效果如图 10-6 所示（Ex10-4.aspx）。

具体操作步骤如下：

（1）按照例 10-3 创建站点地图文件 Web.sitemap。

（2）在网站解决方案上添加一个 Web 窗体文件 Ex10-4.aspx，通过双击工具箱中的“数据”组将 SiteMapDataSource 控件添加到页面中。

（3）依次添加 TreeView 控件和 Menu 控件，并设置它们的 DataSourceID 属性为“SiteMapDataSource1”。

（4）完成设置后，运行效果如图 10-6 所示。

第 11 章　综合实例编程

【学习目标】

结合网站开发具体要求和软件工程思想，本章通过介绍一个具体网站开发案例来综合本书的知识点，阐述网站开发的真实过程和方法。本章不仅给出系统设计的技术方法，还引入了软件开发项目管理的理念，详细描述了一个企业网站开发项目实施的具体步骤。通过本章内容的学习，读者可以达到以下学习目的：

- 巩固提高本书所学知识点。
- 熟悉并掌握企业网站开发的具体过程和实施方法。

11.1　情景分析

随着互联网的日益普及，很多公司、企业等纷纷在互联网上开设了网站，利用网站对外展示公司和企业形象、发布产品信息、收集用户反馈信息，以及尝试利用网络进行产品销售等。

我们结合某汽车美容公司网站的实际开发案例，按照网站具体功能模块划分（图 11-1）展开描述。该网站主要包含以下内容：

- 公司概况：主要介绍该公司概况和公司经营范围等。
- 新闻中心：提供该公司的最新新闻动态及汽车行业新闻等。
- 服务项目介绍：介绍该公司的服务项目及各个服务项目的详细内容。
- 服务收费标准：介绍该公司各服务项目的收费标准。
- 优秀员工：介绍公司优秀员工的相关情况和业绩，让客户更加了解公司和公司员工。
- 会员中心：查询和管理会员相关信息，记录会员历史消费记录和最新优惠政策公告等。
- 客户留言：顾客通过留言对公司服务情况的反馈及公司对顾客留言的反馈。

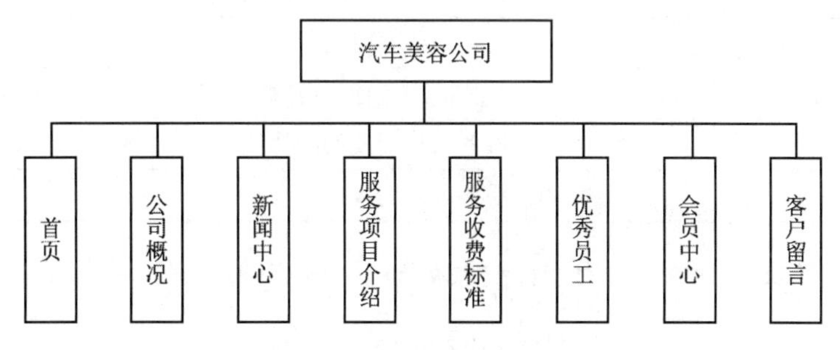

图 11-1　系统模块组织结构框图

11.2　数据库设计

考虑到网站的规模和实际需求，网站设计和开发过程中采用 Access 数据库存储相关数据（在 App_Data 文件夹里创建 mycars.mdb 数据库）。根据网站开发需要，该网站涉及的数据表主要有公司信息表、新闻表、服务项目表、会员信息表、消费记录表和留言表等。另外，根据数据库设计思想，结合消费记录表、服务项目表和会员信息表建立了一个会员消费记录的查询。

（1）公司信息表 computer，用于保存关于公司介绍的相关信息，表的结构见表 11-1。

表 11-1　公司信息表 computer

字段名	字段类型	字段大小/个	描述
cid	自动编号		公司介绍编号，主关键字
ctitle	文本	18	公司介绍标题，最多支持 18 个汉字
ctext	备注		具体的公司介绍内容
cpic	文本	255	公司介绍涉及的图片的保存路径

（2）新闻表 news，用于保存公司和行业的最新动态新闻，表的结构见表 11-2。

表 11-2　新闻表 news

字段名	字段类型	字段大小/个	描述
nid	自动编号		新闻编号，主关键字
ntitle	文本	30	公司新闻标题，最多支持 30 个汉字
ncontent	备注		具体的公司新闻内容
npic	文本	255	公司新闻涉及的图片的保存路径
Ndate	日期/时间		发布新闻的时间，默认为当前系统时间

（3）服务项目表 servers，用于保存公司服务项目介绍和收费标准，表的结构见表 11-3。

表 11-3　服务项目表 servers

字段名	字段类型	字段大小/个	描述
sid	自动编号		公司服务项目编号，主关键字
stitle	文本	30	公司服务项目名称，最多支持 30 个汉字
stext	备注		具体的服务项目内容介绍
spic	文本	255	服务项目涉及的图片的保存路径
sprice	数字		服务项目的收费标准

（4）会员信息表 members，用于保存会员和车辆的相关信息，表的结构见表 11-4。

表 11-4　会员信息表 members

字段名	字段类型	字段大小/个	描述
mid	自动编号		会员编号，主关键字
mname	文本	20	会员名称，最多支持 20 个汉字
mpwd	文本	30	会员登录系统的密码

续表

字段名	字段类型	字段大小/个	描述
mcarname	文本	20	会员车辆名称，最多支持 20 个汉字
mcartype	文本	20	会员车辆类型，默认“小轿车”
mcarpic	文本	30	会员车辆照片的保存路径
mmoney	数字		会员账户上当前的金额（单位为元），默认值为 0

（5）消费记录表 pays，用来保存会员的消费记录，表的结构见表 11-5。

表 11-5　消费记录表 pays

字段名	字段类型	字段大小/个	描述
pid	自动编号		消费记录编号，主关键字
serid	数字		服务项目编号，作为 servers 表的外关键字
memid	数字		会员编号，作为 members 表的外关键字
pcheap	数字		会员优惠金额，默认值为 0 元
pdate	日期/时间		消费时间，默认值为当前系统时间

（6）留言信息表 messages，用来保存用户的留言信息，表的结构见表 11-6。

表 11-6　留言信息表 messages

字段名	字段类型	字段大小/个	描述
mesid	自动编号		留言编号，主关键字
mesname	文本	30	留言标题，最多支持 30 个汉字
mestext	文本	255	留言内容，最多支持 255 个
mesreback	文本	255	管理员回复留言内容，最多支持 255 个

会员消费记录查询：结合消费记录表、服务项目表和会员信息表的记录信息，建立会员消费记录查询。具体的 SQL 查询语句如下：

```
select pid,mid,mname,stitle,sprice,pcheap,pdate from members,pays,servers where mid=memid and sid=
serid order by pid desc
```

11.3　公用文件

通常网站中的很多页面有一些共同的内容，如网页的页头和页脚等，而且，网页在对后台数据库的访问时，用到的数据访问代码也有很多相同和相似的地方。根据这一特点，在网站开发过程中，应该从网站配置文件、样式文件、用户自定义操作类和用户控件等方面着手，这样可以大大减少了代码书写的重复率，提高网站代码的执行效率。

扫码看视频

11.3.1　配置文件

为了方便网站的后期开发和管理，我们在公司网站的配置文件 Web.config

中设置了 Access 数据库连接字符串。

打开网站配置文件 Web.config，在<configuration>配置节中添加连接数据库字符串“ <connectionStrings><add name="acstr" connectionString="Provider=Microsoft.Jet.OLEDB.4.0; Data Source=|DataDirectory|mycars.mdb"/></connectionStrings>”，其中，name 属性用来表示连接关键字；connectionString 属性用来设置 Access 数据库连接字符串。页面需要调用时，可以通过“System.Configuration.ConfigurationManager.ConnectionStrings["acstr"]”进行访问。

Web.config 文件具体代码如下：

```
<?xml version="1.0"?>
<configuration>
  <system.web>
    <compilation debug="true" targetFramework="4.6.1"/>
    <httpRuntime targetFramework="4.6.1"/>
  </system.web>
  <connectionStrings>
    <add name="acstr" connectionString="Provider=Microsoft.Jet.OLEDB.4.0;Data Source=|DataDirectory|
mycars.mdb"/>
  </connectionStrings>
</configuration>
```

11.3.2 样式和外观文件

扫码看视频

为了保证整个网站所有页面的风格统一，在网站设计过程中采用了统一的 CSS 样式文件。通过在样式文件中定义文本、超链接、图片和按钮等元素的相关属性，在设计页面时引入样式文件，并设置控件的样式属性，即可快速完成样式的设置。下面以设置按钮风格为例进行简要介绍。

（1）建立一个样式文件 mycss.css，在文件中输入样式代码如下：

```
body,table,td,A:Link,A:Visited{font-family: "宋体";font-size: 9pt;color: #333333;line-height: 22px;
text-decoration: none;padding: 0;margin:0  auto;overflow:inherit;}
body{margin-top: 0px;margin-bottom: 0px;text-align: center;}
table{border-collapse:collapse;border-spacing:0;border:none;overflow:hidden;}
div{text-align:center;}
A:Hover{color: #5cabf0;text-decoration:none;}
.boldtitle{font-family: "黑体";font-size: 12pt;color:#333333;}
.topadd{color:#ffffff;}
img{border-width:0px;}
.button{Width:42px;height: 19px;}
.Asec:Link{color:#1180df;font-size: 10pt;}
.Asec:Visited{color:#1180df;font-size: 10pt;}
.Asec:Hover{color: #000000;font-size: 10pt;}
```

（2）在网页的<head>节中输入如下应用代码。

```
<link href="mystyle.css" rel="stylesheet" type= "text/css" />
```

扫码看视频

11.3.3 自定义操作类

为了提高网站后台代码的重用率，在网站开发代码中设置了一个用户自定义操作类文件 oper，此操作类文件默认存储在 App_Code 文件夹中。通过在类文件中编写相应的代码，完成数据库连接和表记录的查询、添加、修改、删除等操作。常用类代码如下所述。

1．数据库连接 createconn()

```
public static OleDbConnection createconn()
    {
        return new OleDbConnection(ConfigurationManager.ConnectionStrings["acstr"].ToString());
    }
```

该方法采用无参数调用，返回 OleDbConnection 类型的数据库连接。这部分内容要与 Web.config 配置文件中<connectionStrings>节的"<add name="acstr" connectionString="Provider=Microsoft.Jet.OLEDB.4.0;Data Source=|DataDirectory|mycars.mdb"/>"内容相对应，这样才能保证数据库连接的正常使用。

2．数据表查询 dt()

```
public static DataTable dt(string query)
    {
        OleDbConnection con = oper.createconn();
        OleDbDataAdapter oda = new OleDbDataAdapter(query, con);
        DataSet ds = new DataSet();
        oda.Fill(ds);
        return ds.Tables[0];
    }
```

该方法使用 SQL 结构化查询语言中的 Select 语句（如 select * from members）作为实际参数进行调用，返回一个 DataTable 类型的数据表。

3．记录行查询 dr()

```
public static DataRow dr(string query)
    {
        OleDbConnection con = oper.createconn();
        OleDbDataAdapter sda = new OleDbDataAdapter(query, con);
        DataSet ds = new DataSet();
        sda.Fill(ds);
        return ds.Tables[0].Rows[0];
    }
```

使用 SQL 结构化查询语言中查询单行记录的 Select 语句（如 select top 1 * from members where mname='张三'）作为实参进行调用，返回 DataRow 类型的数据记录行。

4．表记录操作 opertb()

```
public static void opertb(string insertstr)
{
    OleDbConnection con = oper.createconn();
    using (con)
    {
        con.Open();
        OleDbCommand cmd = new OleDbCommand(insertstr, con);
        cmd.ExecuteNonQuery();
    }
}
```

使用 SQL 结构化查询语言中的操作命令（insert、update 和 delete）语句（如“insert into members(mname,msex) values('李四', '男')、update mname='张三' where name='李四'”和“delete from members where mname='张三'”等）作为实参进行调用，完成对数据表记录的添加、修改或者删除等操作。

11.3.4 用户控件

扫码看视频

由于网站大多数页面的页头、页面导航、站内搜索和页尾部分内容相同，采用用户自定义控件可以实现一次制作多次调用，提高代码重用率，大大提高了工作效率。因此，我们在网站开发过程中制作了大量的用户控件文件，如页头、页尾和站内搜索等。这里我们以站内搜索为例进行介绍，其他自定义控件的制作，读者可以参考网站源代码。

具体操作步骤如下：

（1）在网站站点文件中添加用户控件，并命名为 search.ascx。

（2）打开 search.ascx 文件，在页面中添加文本内容和相应的控件。search.ascx 内的具体代码如下：

```
<%@ Control Language="C#" AutoEventWireup="true" CodeFile="search.ascx.cs" Inherits="search" %>
<p>
        站内信息搜索：<asp:DropDownList ID="ddltype" runat="server">
            <asp:ListItem Selected="True">请选择分类</asp:ListItem>
            <asp:ListItem Value="comany">公司介绍</asp:ListItem>
            <asp:ListItem Value="news">公司新闻</asp:ListItem>
            <asp:ListItem Value="service">服务项目</asp:ListItem>
            <asp:ListItem Value="guest">客户留言</asp:ListItem>
    </asp:DropDownList>
    <asp:TextBox ID="txtseakey" runat="server">搜索关键字</asp:TextBox>
    <asp:Button ID="btnsea" runat="server" Text="搜索" OnClick="btnsea_Click" />
</p>
```

（3）双击 search.ascx 文件中的 Button 控件，编写“搜索”按钮的 Click 事件代码如下：

```
protected void btnsea_Click(object sender, EventArgs e)
    {
        string strsea = txtseakey.Text.Trim();
        Session["seastr"] = "select * from " + ddltype.SelectedValue.Trim() + " where filename like '%" +
            strsea + "%'";
        Response.Redirect("searesult.aspx");
    }
```

（4）将用户控件添加到网站的其他相关页面，从而实现页面对用户控件进行引用，效果如图 11-2 所示。

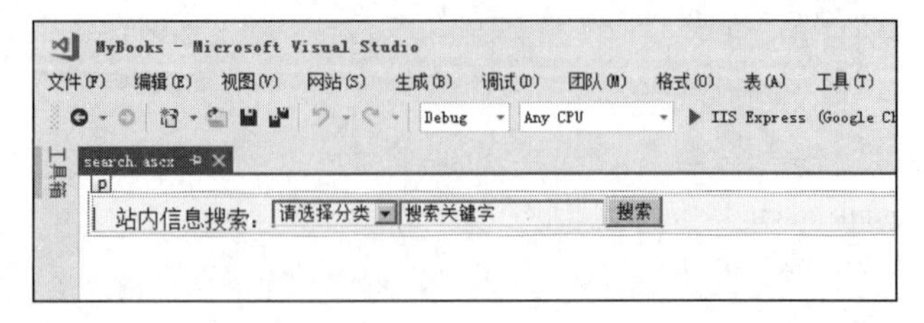

图 11-2 用户自定义控件 search.ascx

（5）用类似的方法，创建用于显示页面导航的用户控件 top.ascx，显示版权的用户控件 but.ascx，以及常用功能模块的用户控件。

11.4 主要功能界面设计

本节主要介绍网站界面设计的实现过程。考虑到前面已学习的用户自定义控件，以及网站模板的作用与功能，在此介绍网站母版设计和网站首页设计，其他内容读者可以参考网站代码源文件。

11.4.1 设计母版页 MyPage.master

考虑到网站中多数页面都存在相同或者相似的结构，网站开发过程中，除了使用用户控件，还可以设计网站母版。设计网站母版的具体操作步骤如下：

（1）在网站站点文件中添加母版页，并将其命名为 MyPage.master。

（2）在母版页的最上面和最下面放入用户控件 top.ascx 和 but.ascx，即母版页上显示页面导航和版权信息。

（3）在用户控件 top.ascx 和 but.ascx 的中间位置放入一个 1 行 2 列的 Table 控件，并在其左边的单元格中放入一个 ContentPlaceHolder 控件。

（4）在表格右边单元格中依次放入用户控件 search.ascx、表格和用户控件 servs.ascx，并在中间的表格中添加一个 ContentPlaceHolder 控件。

（5）设置页面格式并保存，最终效果如图 11-3 所示。

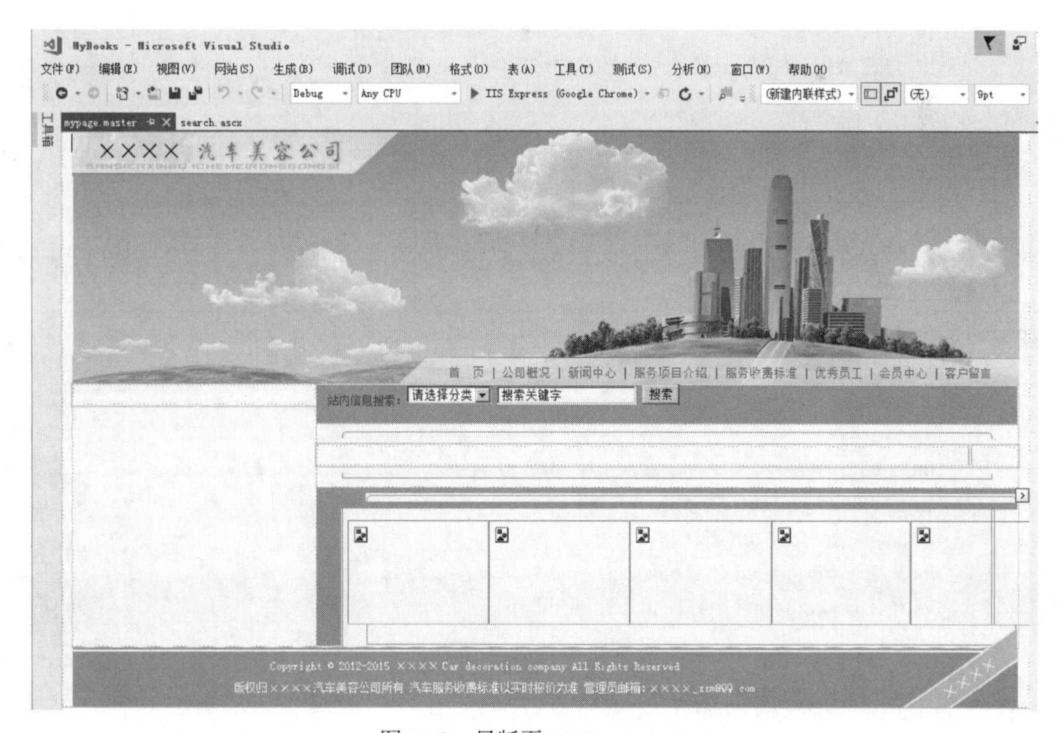

图 11-3　母版页 MyPage.master

11.4.2 设计首页 Default.aspx

（1）在网站站点文件中添加一个 Web 窗体，并命名为 Default.aspx，选择母版页 MyPage.master。

（2）在 Default.aspx 页左边的 ContentPlaceHolder 控件中，依次添加两个用户控件 topnews.ascs 和 newvote.ascs；在右边的 ContentPlaceHolder 控件中添加一个 Label 控件。

（3）用户控件 topnews.ascs 用于显示公司的最新动态，主要通过调用 Page_Load 事件代码访问数据库，读取数据库中的公司新闻将其显示在 GridView 控件的 gdvnews 中。主要后台代码如下：

```
protected void Page_Load(object sender, EventArgs e)
{
    DataTable dt = oper.dt("select top 4 * from news order by nid desc");
    gdvnews.DataSource = dt;
    gdvnews.DataKeyNames = new string[] { "nid" };
    gdvnews.DataBind();
}
protected void gdvnews_RowDataBound(object sender, GridViewRowEventArgs e)
{
    if (e.Row.RowType == DataControlRowType.DataRow)
    {
        HyperLink hpl = (HyperLink)e.Row.FindControl("HyperLink1");
        if (hpl.Text.Length >= 18)
        {
            hpl.Text = hpl.Text.Substring(0, 17) + "...";
        }
    }
}
```

（4）用户控件 newvote.ascs 用于显示服务满意度调查，主要通过调用 Page_Load 事件代码访问数据库，读取数据信息将其显示在投票标题的 Label 控件 lblvt 上和 RadioButtonList 控件的 rdbld 选项中。主要后台代码如下：

```
protected void Page_Load(object sender, EventArgs e)
{
    if (!IsPostBack)
    {
        Int32 vtid;
        string sql0 = "select top 1 * from vtitle order by vtid desc";
        DataRow dr = oper.dr(sql0);
        lblvt.Text = dr["vtname"].ToString();
        vtid = Convert.ToInt32(dr["vtid"].ToString());

        string sql1="select * from vdetail where vtid="+vtid;
        DataTable dt = oper.dt(sql1);
        rdbld.DataSource = dt;
```

```
            rdbld.DataTextField = "vdname";
            rdbld.DataValueField = "vdid";
            rdbld.DataBind();
        }
    }
```

（5）页面中间的公司简介采用一个 Label 控件，通过 Page_Load 事件代码读取数据库内容。主要后台代码如下：

```
protected void Page_Load(object sender, EventArgs e)
{
    string sql0 = "select ctext from company where cid=1";
    lblcon.Text = oper.findstr(sql0).Substring(0, 380).Replace("<br/>", "") + "...[<a href='company.aspx'>
                详细介绍</a>]";
}
```

（6）设置页面其他具体格式并保存，最终效果如图 11-4 所示。

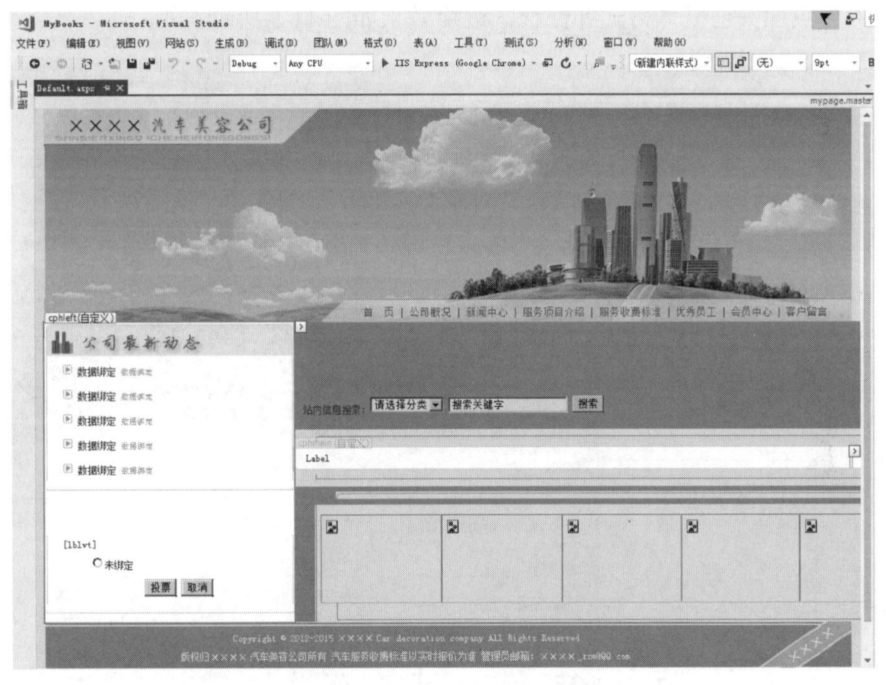

图 11-4　网站首页 Default.aspx

11.4.3　客户留言 Message.aspx

（1）在网站站点文件中添加一个 Web 窗体，将其命名为 message.aspx，并选择母版页 MyPage.master。

（2）在页面左边的 ContentPlaceHolder 控件中添加一个表格，用于撰写用户留言。在表格中依次添加 Label 标签、TextBox 文本框、Button 按钮等控件，并设置相应属性。

（3）双击 Button 控件，输入后台代码如下：

```
protected void Button1_Click(object sender, EventArgs e)
{
```

```
        string sql0 = "insert into messages(mesname,mestext) values('" + TextBox1.Text + "','" + TextBox2.Text + "')";
        oper.opertb(sql0);
        Response.Redirect("message.aspx");
    }
```

（4）在页面右边的 ContentPlaceHolder 控件中添加 DataList 控件，用于显示用户留言，并编辑 DataList 控件模板，在其 ItemTemplate 编辑项中添加一个 Table 控件，并在相应的行中添加 Label 控件，再分别输入内容并将其绑定后台数据库字段，如<%# Eval("mestime") %>等。

（5）双击页面空白处，输入 Page_Load 事件代码如下：

```
protected void Page_Load(object sender, EventArgs e)
{
    string sql0 = "select * from messages order by mesid desc";
    DataList1.DataSource = oper.dt(sql0);
    DataList1.DataBind();
}
```

（6）设置页面其他具体格式并保存，最终效果如图 11-5 所示。

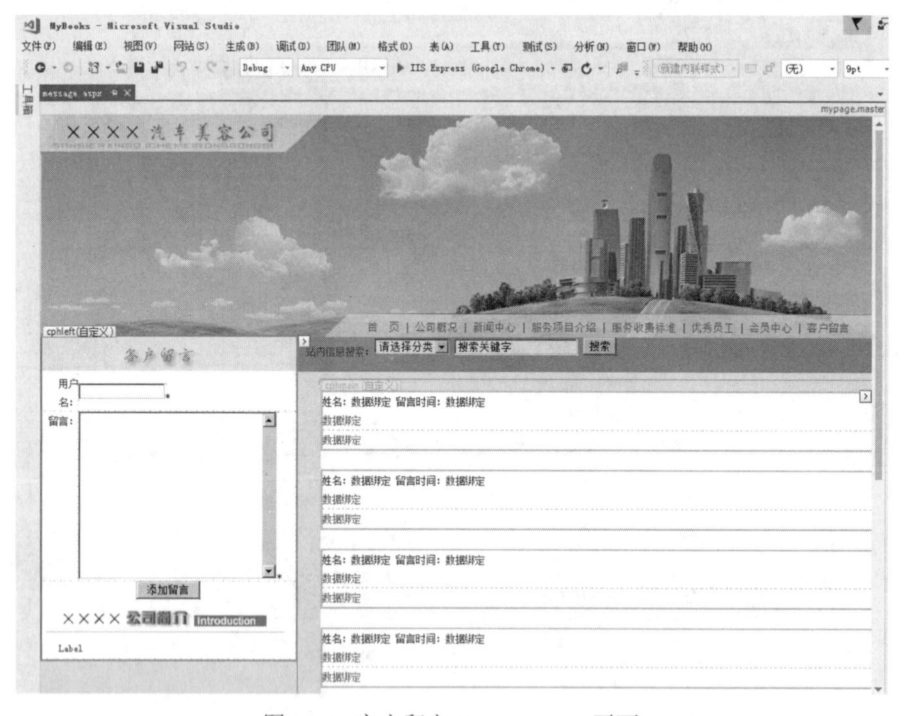

图 11-5　客户留言 Message.aspx 页面

网站其他页面设计与上述内容大同小异，这里不再赘述，需要查看的部分可以参考本书配套网站代码。

参考文献

[1] 沈士根，叶晓彤．Web 程序设计—ASP.NET 实用网站开发[M]．3 版．北京：清华大学出版社，2018．

[2] 传智播客高教产品研发部．C#程序设计基础入门教程[M]．北京：人民邮电出版社，2014．

[3] 耿超．ASP.NET 4.0 网站开发实例教程[M]．北京：清华大学出版社，2013．

[4] 房大伟．ASP.NET 开发实战 1200 例：第Ⅱ卷［M]．北京：清华大学出版社，2011．

[5] 李锡辉．ASP.NET 网站开发实例教程[M]．北京：清华大学出版社，2011．

[6] 李萍．ASP.NET（C#）动态网站开发案例教程[M]．北京：机械工业出版社，2011．

[7] 顾韵华．ASP.NET 2.0 实用教程[M]．2 版．北京：电子工业出版社，2009．